无机化学实验

李铭岫　主编

北京理工大学出版社
BEIJING INSTITUTE OF TECHNOLOGY PRESS

内 容 简 介

本书是根据教育部审定的高等化学学科实验基本内容编写。

全书共 3 部分:第 1 部分无机化学实验须知;第 2 部分无机化学实验内容,其中,基本操作有 10 个实验,基本原理有 9 个实验,元素化学有 14 个实验,设备与设计有 8 个实验,共列入 41 个实验;第 3 部分附录中有一些重要物理化学常数。

本书可作为高等院校化学、生命科学、环境科学、高分子材料等专业实验用书。

图书在版编目(CIP)数据

无机化学实验 /李铭岫主编. —北京: 北京理工大学出版社,2022.9重印
ISBN 978-7-81045-913-6

Ⅰ. 无…　Ⅱ. 李…　Ⅲ. 无机化学 – 化学实验 – 高等学校 – 教材
Ⅳ. 061 – 33

中国版本图书馆 CIP 数据核字(2002)第 059138 号

出版发行 / 北京理工大学出版社

社　　址 / 北京市海淀区中关村南大街 5 号

邮　　编 / 100081

电　　话 / (010)68914775(办公室) 68944990(批销中心) 68911084(读者服务部)

网　　址 / http://www.bitpress.com.cn

经　　销 / 全国各地新华书店

印　　刷 / 三河市天利华印刷装订有限公司

开　　本 / 787毫米 ×1092毫米 1/16

印　　张 / 11.75

字　　数 / 276千字

版　　次 / 2022年9月第1版第13次印刷

定　　价 / 35.00元

图书出现印装质量问题,本社负责调换

前　言

按照全国高等师范院校化学系《无机化学实验教学大纲》的要求，为适应新世纪高等师范院校化学专业本科、专科教学的需要，我们编写了这部《无机化学实验》教材。

本教材的写作特点是：

1. 既紧密配合无机化学理论课的教学，又注意保持《无机化学实验》作为一门课程的相对独立性和完整性。使学生通过实验更好地掌握理论课所学的知识，提高实验操作技能，养成良好的实验习惯，为后续实验课奠定坚实的基础。

2. 注重加强基本操作训练和培养，对重要的和难度较大的基本操作在不同的实验中反复出现，以使学生得到充分练习，安排一定数量的实验作业和思考题，以启发学生思维、培养动手能力。

3. 单质和化合物的性质是无机化学的精髓，在本书第二部分元素性质实验中，安排了与无机化学课程紧密相关的实验，以复习和巩固课堂学过的知识。

4. 注重素质教育，加强创新能力的培养，选编了部分综合和设计实验，以培养学生运用理论知识和实验技能解决具体问题的能力。

5. 充分体现师范特点，注意与中学化学实验教学的衔接，考虑提高学生的实验示范性，做到难易适中、重点突出、重现性好、趣味性强。

6. 注意考虑环境保护和节约实验材料、化学试剂。尽量采用小型实验容器（元素性质实验用小试管做），逐步向微型实验过渡。在实验安排上考虑前后实验的相互衔接和试剂浓度及用量的统一性与配合性。

李铭岫为本书主编；李炳焕，刘翠格，许明远，韩秀玉为副主编。参加本书编写和修改工作的有：刘翠格，许明远，宋秀芹，李炳焕，李铭岫，李维芬，孟民权，席改卿，韩秀玉（按姓氏笔画排列）等同志。初稿修改后由李铭岫教授负责统稿并定稿。南开大学化学学院廖代正教授审阅了书稿并提出了宝贵的修改意见，在本书的编写过程中，各位编者所在校系领导和同事给予大力的支持和帮助，在此，一并表示感谢。

由于编写的时间仓促，作者的水平所限，书中不足或错误之处，恳请使用本书的老师和同学们给予批评指正。

编　者

目　　录

第一部分　无机化学实验须知

一、无机化学实验的目的

无机化学是一门实验性科学,只有进行实验,才能很好地领会和牢固地掌握无机化学的基本理论和基础知识。无机化学实验是高等师范院校化学专业独立开设的一门基础课,在无机化学教学中占有重要的地位。它不仅与无机化学理论联系紧密,而且是后续实验课的基础。其主要目的是:

(1)通过实验使学生正确地掌握无机化学实验的基本操作方法、技能和技巧,学会使用无机化学实验的仪器,具有安装设计简单实验装置的能力。

(2)通过实验使学生了解一些常见无机物的制备、分离和提纯方法,掌握常见元素的单质和化合物的组成、结构、性质等知识。通过验证无机化学的基本反应规律及基本理论,加深对基本概念的理解。

(3)通过实验培养学生正确观察、记录和分析实验现象、合理处理实验数据、规范绘制仪器装置图、撰写实验报告、查阅文献资料等方面的能力。

(4)通过实验培养学生实事求是的科学态度,准确、细致、整洁的良好实验习惯,科学的思维方法,处理实验中一般事故的能力。

二、无机化学实验的学习方法

为了达到上述目的,要求学生必须有正确的学习态度和学习方法。教师要在启发学生自觉的基础上进行严格要求。为了完成好无机化学实验,必须认真做到以下几点:

1.充分预习

充分预习实验教材、教科书及其他参考资料是保证做好实验的重要环节。预习时要明确实验目的,知晓实验原理,了解实验的内容、步骤、操作过程和实验时应注意的事项。要写好预习笔记,做到心中有数。实验开始前,教师要检查学生的预习情况。若发现学生预习不够充分时,可不准其进行实验,要求在掌握实验内容之后再进行实验。

2.认真实验

在预习的基础上,按照实验步骤、试剂用量和仪器的使用方法严肃认真地进行实验。做到规范操作、细致观察、如实记录。如发现实验现象与理论不符时,应对实验过程一步一步地核查,找出失败的原因,提出改进的措施,重新操作,以便得出有益的结论或采取相应的补救措施。如有新的见解和建议,须征得老师的同意,方可改变实验方案进行试验。在实验过程中应保持肃静,并严格遵守实验室各项规章制度。

3.做好总结

实验结束后,要对实验进行全面总结,写出实验报告。应根据实验现象进行分析、解释、写出有关的反应方程式,或根据实验数据进行计算,并将计算结果与理论值比较、分析,从而做出结论。实验报告应简明扼要,书写工整,不要随意涂改,更不能相互抄袭,马虎行事。

实验报告的格式没有统一规定,不同类型实验的报告格式也不同。下面介绍几种不同类型的实验报告格式,以供参考。

[式一]无机化学制备实验报告

班级_____姓名_____同组人_____日期_____

实验名称_____

一、实验目的:
二、实验原理:
三、实验流程及主要现象:
四、实验结果:
五、问题与讨论:

[式二]无机化学测定实验报告

班级_____姓名_____同组人_____日期_____

实验名称_____

一、实验目的：
二、实验原理：
三、实验步骤：
四、数据记录与实验结果：
五、问题与讨论：

[式三]无机化学性质实验报告

班级_____姓名_____同组人_____日期_____

实验名称_____

实验目的：

实验内容	实验现象	反应方程式	解释及结论

三、无机化学实验室规则

（1）实验前要做好预习和实验准备工作，明确实验目的，了解实验内容及注意事项。预习不充分者不准进行实验。

（2）实验时要遵守纪律，保持肃静，集中精神，认真操作，仔细观察，积极思考，如实详细地做好记录。

（3）实验时应保持实验室和实验台面的整洁，仪器、药品应放在固定的位置上。

（4）要按规定量取用试剂，注意节约。不准将公用药品取走。从瓶中取出药品后，不得将药品再倒回原瓶中，以免带入杂质。取用固体药品时，切勿使其撒落在实验台上。

（5）要爱护国家财物，小心地使用仪器和实验设备。各人应取用自己的仪器，未经允许，不得动用他人仪器。仪器如有损坏，要及时登记补领，并按赔偿制度酌情赔偿。要节约水、电、煤气、酒精等。

（6）使用精密仪器时，必须严格遵守操作规程，细心谨慎。发现故障应立即停止使用，及时报告老师予以排除。

（7）实验结束后，随时将所用仪器洗刷干净，并放回实验柜内。揩净实验台及试剂架，清理水槽，关好电门、水和煤气开关。实验柜内仪器应存放有序，清洁整齐。

（8）每次实验后，由学生轮流值日，负责打扫和整理实验室，检查水、电、煤气是否关闭，关好门窗，以保持实验室的整洁与安全。

实验室内所有仪器、药品及其他用品，未经允许一律不许带出室外。

四、无机化学实验安全操作知识

1. 实验室安全守则

（1）在使用酒精、乙醚、苯、丙酮等易挥发和易燃物质时，要远离火源。

（2）能产生有毒或有刺激性气体的实验，要在通风橱内进行。

（3）在使用浓硫酸、浓硝酸、浓碱、洗液、液溴、氢氟酸及其他有强烈腐蚀性的液体时，要十分小心。切勿溅在衣服、皮肤、尤其是眼睛上。稀释浓硫酸时，必须将浓硫酸缓慢地倒入水中并不断搅拌，决不能把水倒入浓硫酸中，以免迸溅。

（4）钾、钠和白磷等暴露在空气中易燃烧。故钾、钠保存在煤油中，白磷保存在水中。取用它们时要用镊子夹取。

（5）在点燃氢气等可燃性气体之前要检验其纯度，决不可在未经检验纯度前直接在制备装置或贮气瓶气体导出管口点火，否则可能引起爆炸。

（6）不允许用手直接去取用固体药品。不能将药品任意混合。氯酸钾、硝酸钾、高锰酸钾等强氧化剂或其混合物不能研磨，否则会引起爆炸。

（7）应配备必要的防护眼镜。倾注药剂或加热液体时，不要俯视容器。加热试管时，不要将试管口对着自己或别人，以免液体溅出，受到伤害。不要用鼻孔凑到容器口上去嗅闻气体，应用手轻拂气体，将少量气体轻轻煽向自己后再嗅。

（8）有毒药品（如重铬酸钾、钡盐、铅盐、砷的化合物、汞的化合物、尤其是氰化物）不得进入口内或接触伤口。剩余的废液不要随便倒入下水道，应倒入废液缸内统一处理，以免污染环境。

（9）金属汞易挥发，会通过呼吸道进入体内，逐渐积累将引起慢性中毒，所以，用汞时要特别小心，不得使其洒落在桌上或地上。一旦洒落，要尽可能地收集起来，并用硫粉覆盖在洒落的地方,使之转化为硫化汞。

(10) 使用的玻璃管或玻璃棒切割后应马上烧熔断口,保持断口圆滑,以免割伤皮肤。

(11) 不能用湿手接触电源。水、电、煤气一经用毕立即关闭,用完点燃的火柴应立即熄灭,不得乱扔。

(12) 不准将餐具和食物带入实验室,严禁在实验室内饮食、吸烟。实验完毕要洗净双手后,再离开实验室。

2. 实验室内意外事故处理

(1) 割伤:若被玻璃割伤,应先检查伤口内有无玻璃碎片,挑出碎片后,轻伤可以涂上红汞、紫药水或碘酒,然后包扎好。伤口较重时,进行简单处理后,尽快去医务室或医院。

(2) 烫伤:烫伤后切勿用冷水冲洗。如伤处皮肤未破,可用饱和 $NaHCO_3$ 溶液或稀氨水冲洗,再涂上烫伤膏或凡士林。如伤处皮肤已破,可涂些紫药水或 10% $KMnO_4$ 溶液。

(3) 强酸(或强碱)腐蚀:若眼上或皮肤上溅着强酸(或强碱),应立即用大量水冲洗,然后用饱和 $NaHCO_3$ 溶液(或硼酸溶液)冲洗,最后再用水冲洗。

(4) 受溴、磷灼伤:被溴灼伤后先用水冲洗,然后用苯或甘油洗,再用水洗。受白磷灼伤,用 5% 硫酸铜溶液冲洗,然后用经硫酸铜溶液润湿的纱布覆盖包扎。

(5) 吸入刺激性或有毒气体:吸入氯气、氯化氢气体时,可吸入少量酒精和乙醚的混合蒸气解毒。吸入硫化氢或一氧化碳气体感到不适时,应立即到室外呼吸新鲜空气。要注意吸入氯、溴气中毒时,不可进行人工呼吸,一氧化碳中毒不可施用兴奋剂。

(6) 毒物进入口内:把 5～10 mL 稀硫酸铜溶液加入一杯温水中,内服后用手指伸入咽喉部,促使呕吐,以排出毒物,然后立即送医院。

(7) 触电:迅速切断电源,必要时进行人工呼吸。

(8) 起火:起火后,应立即针对起火原因选用合适的灭火方法。若因酒精、苯或乙醚等引起着火,火较小时,可用湿布、石棉布或沙子覆盖灭火。火势大时可用泡沫灭火器。若遇电器设备起火,必须先切断电源,再用二氧化碳、四氯化碳灭火器。在灭火的同时,要迅速移走易燃、易爆物品,以防火势蔓延。实验人员衣服着火时,切勿惊慌乱跑,应赶快脱下衣服,或用石棉布覆盖着火处。

附:实验室急救药箱

为了对实验过程中意外事故进行紧急处理,应在实验室内配备急救药箱。药箱内准备下列药品:

红药水;3% 碘酒;烫伤膏;饱和碳酸氢钠溶液;饱和硼酸溶液;2% 醋酸溶液;5% 氨水;5% 硫酸铜溶液;高锰酸钾晶体;甘油;创可贴;消毒纱布;消毒棉;剪刀;橡皮膏;棉花辊等。

五、无机化学常用仪器介绍

在表 1-1 中列出无机化学实验常见仪器的简图及其规格、用途及使用注意事项。

表 1-1　无机化学实验常见仪器简介

仪　器	规　格	用　途	注　意　事　项
试管　离心试管	分硬质和软质。有普通试管、离心试管 试管以管口外径×长度表示,离心试管以毫升表示	用作少量试剂的反应容器 离心试管还可用于定性分析中的沉淀分离	反应液体不要超过试管的 1/2。加热时不要超过 1/3 加热固体时,管口应向下倾斜 离心试管只能水浴加热
试管架	有木质和铝质。有不同的形状和大小	放试管用	加热后的试管应用试管夹夹住悬放架上
试管夹	有木质、竹质及金属丝制品,形状也不同	夹持试管用	防止烧损或锈蚀
烧瓶	以容积表示。分硬质、软质,有平底、圆底、长径、厚口等种	用作反应物多,且需长时间加热时的反应器 液体蒸馏,少量气体发生装置	盛放液体不超过容量的 2/3 加热时应放在石棉网上
毛刷	以大小和用途表示。如:试管刷、烧杯刷、滴定管刷等	洗刷玻璃仪器	小心刷子顶端的铁丝撞破玻璃仪器
烧杯	以容积大小表示。分硬质、软质,有刻度、无刻度几种	用作反应物较多时的反应容器。配制溶液用	反应液体不超过烧杯容量的 2/3 加热时放置在石棉网上

仪　器	规　格	用　途	注意事项
锥形瓶	以容积表示。分硬质、软质、有塞、无塞、广口、细口等几种	反应容器,振荡方便,适用于滴定操作	盛放液体不能太多,加热时应放置在石棉网上
漏斗	以直径大小表示。有玻璃质、瓷质,分长颈、短颈	用于过滤等操作	不能用火直接加热
分液漏斗	以容积大小和形状表示	用于互不相溶的液－液分离 气体发生器装置中加液用	不能用火直接加热。磨口的漏斗塞子不能互换,活栓处不能漏液
吸滤瓶　　布氏漏斗	吸滤瓶以容积表示。布氏漏斗为瓷质,以容量或口径表示	两者配套使用于无机制备中晶体或沉淀的减压过滤	滤纸要小于漏斗内径
表面皿	以直径大小表示	盖在烧杯上防止液体迸溅或其他用途	不能用火直接加热
量筒	以容积表示。上口大下口小的叫量杯	用于量取一定体积的液体	不能加热,不能作为反应容器

仪　器	规　格	用　途	注意事项
容量瓶	以刻度以下的容积表示	配制准确浓度的溶液时用	不能加热,不能代替试剂瓶存放液体
细口瓶　广口瓶	以容积大小表示。有无色、棕色、磨口、不磨口	细口瓶盛放液体药品,广口瓶盛放固体药品,不带磨口塞子的广口瓶可作为集气瓶	不能加热,瓶塞不能互换,盛放碱液要用橡胶塞
吸管	以刻度最大标度表示。分刻度管形和单刻度胖肚形两种	精确移取一定体积的液体时用	用时应先用少量所移取液淋洗三次,一般移液管残留量后一滴液体不吹出
滴定管	按刻度最大标度表示。分酸式、碱式两种	滴定时用 用以量取较准确体积的液体	酸管、碱管不能对调使用 装液前用预装液淋洗三次

仪 器	规 格	用 途	注 意 事 项
洗气瓶	按容量表示	净化气体时用,反接也可用作安全瓶	洗涤液注入高度的1/3,不得超过1/2
滴瓶	以容积大小表示。分棕色和无色两种	盛放少量液体试剂或溶液,便于取用	滴管专用,不能吸得太满,不能倒置,不能弄乱、弄脏
称量瓶	以外径×高表示。分扁形和高形两种	准确称取定量固体时用	瓶和塞子是配套的,不能互换
泥三角	铁丝弯成,套有瓷管。有大小之分	架放坩埚时用	灼烧后小心取下,不要摔落
研钵	以直径大小表示。有瓷质、玻璃质、玛瑙质、铁质	用于研磨固体物质	放入量不超过容积的1/3 易爆炸物只能轻压,不能研磨
燃烧匙	铜或铁制品	检验物质可燃性时用	防止锈蚀
坩埚	以容积表示,有瓷质、石英质、镍质或铂质	灼烧固体时用	灼烧的坩埚不要直接放在桌子上

仪 器	规 格	用 途	注 意 事 项
水浴锅	铜或铝制品	用于间接加热或控温实验	不能烧干锅
蒸发皿	以容积或直径表示。有瓷质、石英质、铂质	蒸发液体用	不能骤冷
坩埚钳	铜或铁制品	夹取坩埚用	夹取时应预热坩埚钳
石棉网	有大小之分。由铁丝编成,中间涂有石棉	垫上石棉网加热,可使物体受热均匀	不能与水接触
铁架台	铁制品	固定或放置反应器铁圈可以代替漏斗架使用	加热后的铁圈不能撞击或摔落在地
三角架	铁制品。有大小、高低之分	放置较大或较重的反应器	下面灯焰的位置要合适

六、化学实验中数据表达与处理

1.化学实验中的数据表达与处理

为了表示实验结果和分析其中规律,需要将实验数据归纳和整理。在无机化学中主要采用列表法和作图法。

(1)列表法。

在无机化学实验中,最常用的是函数表。将自变量 x 和应变量 y 一一对应排列成表格,以表示二者的关系。列表时注意以下几点。

① 每一表格必须有简明的名称。

② 行名与量纲。将表格分为若干行,每一变量应占表格中一行,每一行的第一列写上该行变量的名称及量纲。

③ 每一行所记数字应注意其有效数字位数。如果用指数表示数据时,为简便起见,可将指数放在行名旁。

④ 自变量的选择有一定灵活性。通常选择较简单的变量(如温度、时间、浓度等)作为自变量。

(2) 作图法。

实验数据常要用作图来处理,作图可直接显示出数据的特点,数据变化的规律,根据作图还可求得斜率、截距、外推值等。因此,作图好坏与实验结果有着直接的关系。以下简要介绍一般的作图方法。

① 准备材料。作图需要应用直角坐标纸、铅笔(以 IH 的硬铅为好)、透明直角三角板、曲线尺等。

② 选取坐标轴。在坐标纸上画两条互相垂直的直线,一条为横坐标,一条是纵坐标,分别代表实验数据的两个变量,习惯上以自变量为横坐标,应变量为纵坐标。坐标轴旁需要标明代表的变量和单位。

坐标轴上比例尺的选择原则:

(i) 从图上读出有效数字与实验测量的有效数字要一致;

(ii) 每一格所对应的数值要易读,有利于计算;

(iii) 要考虑图的大小布局,要能使数据的点分散开,有些图不必把数据的零值放在坐标原点上。

③ 标定坐标点。根据数据的两个变量在坐标内确定坐标点,符号可用 ×、⊙、△ 等表示。同一曲线上各个相应的标定点要用同一种符号表示。

④ 画出图线。用均匀光滑的曲线(或直线)连接坐标点,要求这条线能通过较多的点,不要求通过所有的点。没有被连上的点,也要均匀地分布在靠近曲线的两边。

2.误差的概念

(1) 学习误差概念的意义。

在定量测定实验中,即使是技术很熟练的操作者用最完善的分析方法和最精密的仪器,对同一样品进行多次测定,其结果也不会完全一样,这说明客观上存在着难于避免的误差,因此要得到一个合格的分析结果,就必须了解误差产生的原因和规律,总结经验,改进方法,将误差降低到最低限度。

(2) 准确度与误差。

准确度是指测定值与真实值(理论值)之间相差的程度,用"误差"表示。误差越小,表示测定结果的准确度越高,反之,准确度越低。误差又分为绝对误差和相对误差。

$$绝对误差 = 测定值 - 真实值(理论值)$$

$$相对误差 = \frac{绝对误差}{真实值} \times 100\%$$

例如:用分析天平称量某物品的绝对误差和相对误差:

实验编号	样品真实值/g	测定值/g	绝对误差/g	相对误差/%
1	2.175 1	2.175 0	− 0.000 1	− 0.005
2	0.217 6	0.217 5	− 0.000 1	− 0.05

由表中结果可知,两次实验测定的绝对误差相等,而相对误差实验编号2比实验编号1大10倍,即绝对误差与被测定物质的量的多少无关,而相对误差与被测定物质的量的多少有关。同一物质,被测定的量较大时相对误差就小,测定的准确度就高,因此,用相对误差来比较测定的准确度更合理。故一般均采用相对误差。误差有正值和负值,正值表示测定值偏高,负值表示测定值偏低。

(3)精密度与偏差。

精密度是指在相同条件下,进行多次测定所得数据相接近的程度。表现了测定结果的再现性(重复性)。精密度的高低一般用偏差的大小来表示,偏差越小,则精密度越高。偏差也分绝对偏差和相对偏差。

$$绝对偏差 = 个别测定值 - 测得平均值$$

$$相对偏差 = \frac{绝对偏差}{平均值} \times 100\%$$

偏差不计正负号。

应该指出,误差和偏差有不同的含义,误差以真实值为标准,而偏差则以平均值为标准。但二者又很难严格区分,因为物质的真实值往往是无法准确知道的,一般所指的真实值,其实就是采用各种分析方法进行多次平行分析所得到的相对正确的平均值。用这一平均值代替真实值计算误差,得到的结果仍然是偏差。

(4)误差的种类及产生原因。

产生误差的原因很多。一般是根据误差的性质和来源,将误差分为系统误差和偶然误差。

① 系统误差是由某些固定原因造成的,对测定结果的影响比较稳定,重复测定时,会重现。

其主要来源有:方法误差(由测定方法本身造成的);仪器误差(仪器本身不够精密造成的);试剂误差(试剂及蒸馏水不纯造成的);操作误差(操作者掌握操作规程与控制条件稍有出入造成的)。

系统误差可以通过改善实验方法、校正仪器、提纯试剂、做空白和对照实验等方法来减小以至消除。

② 偶然误差来源于难于控制的偶然因素引起的误差。例如,测定时温度、压力的微小波动,仪器性能的微小变化等。由于引起的原因有偶然性,因此所造成的误差是可变的,有时大,有时小,有时是正值,有时是负值。偶然误差是难以避免的。但是在多次测定中,其大小、正负出现的几率遵守正态分布曲线。通常用多次测定,取平均值的方法来减小偶然误差。

必须指出,除以上两类误差外,还有一种因操作失误造成的误差叫过失误差。如读错刻度、加错试剂、溶液溅出、砝码认错、计算错误等均可引起很大误差,这种误差,只要认真细致,加强责任感严格按操作规程进行实验,是完全可以避免的。

3.有效数字的概念和运算

在化学实验中,经常需要测量某些物理量(如质量、体积、浓度等),并根据测得的数据进行必要的计算。但是在物理量的测量时,要涉及数据应保留几位数字以及在计算时,又应保留几位数字的问题,这些数据都要符合实际。因此,需要了解有效数字的概念和运算。

(1) 概念。

有效数字是指实际能够测量到的数字。究竟应取几位有效数字要根据测量仪器和观察的准确程度来决定。例如:用台秤称量只能准至 0.1 g,因此某物在台秤上称量为 8.5 g,就可以表示为 8.5 g±0.1 g,它的有效数字是两位。如果改用分析天平称量,则能准至 0.000 1 g,得到的结果则是 8.523 1 g,这时该物质量可以表示为 8.523 1 g±0.000 1 g,它是 5 位有效数字。又比如:同一液体体积的测量用小量筒只能准至 0.1 mL(最小刻度为 1 mL),量得为 18.5 mL,表示为 18.5 mL±0.1 mL,有效数字为 3 位。用最小刻度为 0.1 mL 的滴定管测,则为 18.58 mL,其中 18.5 是直接从滴定管刻度读出的,而 0.08 是用眼估计的,可表示为 18.58 mL±0.01 mL,是四位有效数字。

从上面例子可以看出,实验数据的有效数字与所用仪器的精确程度有关,其中最后一位是估计的(也叫可疑数),其余都是准确的。因此,在记录实验数据时,任何超过或低于仪器的精确限度的有效数字,都是不恰当的。例如上述滴定管读数为 18.58 mL,不能读作 18.580 mL,也不能读作 18.6 mL,因为前者夸大了仪器的精确度,而后者又缩小了仪器的精确度。另外,从有效数字的大小可以确定测量使用什么仪器。例如:取 6.5 g 的 Na_2CO_3,表明称量用感量为 0.1 g 的台秤就可以了。若取 6.500 0 g,则表明一定要用万分之一的分析天平。

数字 1、2、3…9 都可作为有效数字,只是"0"有些特殊。它在数据的中间或小数数字后面时,则表示一定的数量,是有效数字。但是"0"在数字前面时,它只起定位作用,用来表示小数点的位置,而不是有效数字。举例如下:

数 值	0.038	0.030 8	0.308 0	3.8	38.0	38.00
有效数字	2 位	3 位	4 位	2 位	3 位	4 位

一个未涉及直接和间接测定(即非测量所得)的数值或物理量,例如一些倍数或分数的关系,它们实际上是自然数,其有效数字的位数可视为无限多位,一般不计在内。

(2) 有效数字的修约。

当一个数值的有效数字位数确定后,其余数字(尾数)应一律弃去。舍弃的原则为"四舍六入,五留双",即当尾数小于等于四时舍去;尾数大于等于六时进位;当尾数恰为五时,则看要保留下来的末位数是奇数还是偶数,若是奇数时将五进位,若是偶数时将五舍弃。总之,应保留"偶数",这样可以避免舍入后数字取平均值时又出现五,而造成系统误差。根据此规则,如将 3.142 4、3.215 6、3.623 5 和 4.624 5 处理成四位有效数字时,则分别为:3.142、3.216、3.624、4.624。

计算有效数字的位数时,若第一位有效数字大于等于 8,其有效数字的位数可多算一位,例如:9.37 实际虽只有三位,但已接近 10.00,故可认为它是四位有效数字。

(3) 有效数字的运算规则。

① 加减法。几个数值相加(减)时,其和(差)的小数后的保留位数,与这些数值中小数位数最少者相同。在运算时,为了简便,一般先将各数值按应保留的小数位数进行修约,然后再加(减)。例如:

$$0.013\ 2 + 25.64 + 1.057\ 82$$
$$= 0.01 + 25.64 + 1.06$$
$$= 25.71$$

② 乘除法。几个数值相乘(除)时,其积(商)的有效数字位数与各数值中有效数字位数最少者相同,而与小数点位置无关。一般也应先修约,后计算。例如:

$$0.121 \times 25.64 \times 1.057\ 82$$
$$= 0.121 \times 25.6 \times 1.06$$
$$= 0.328$$

最后答案应保留三位有效数字。这里需要说明的一点是,在大量数据的运算中,为了不使误差迅速积累,可在计算的中间过程中多保留一位有效数字进行运算。但最后结果必须修约为应有的有效数字位数。

③ 对数运算。在对数运算中,真数的有效数字的位数与对数的尾数相同,而与首数无关,因为首数仅供定位用,不是有效数字。例如:$\lg 15.36 = 1.186\ 4$ 是四位有效数字。既不能写成 $\lg 15.36 = 1.186$,也不能写成 $\lg 15.36 = 1.186\ 39$。再如:$pH = -\lg[H^+] = 10.31$ 为两位有效数字,此处 10 只作定位用。则 $[H^+] = 4.9 \times 10^{-11}$,也为两位有效数字,不能写成 $[H^+] = 4.898 \times 10^{-11}$,这样就变成了四位有效数字了。

第二部分　无机化学实验内容

Ⅰ.基本操作实验

实验一　仪器的认领、洗涤和干燥

一、实验目的

牢记无机化学实验室规则和要求。领取实验常用仪器,熟悉其名称、规格、主要用途和使用注意事项。练习并掌握常用玻璃仪器的洗涤和干燥方法。学习绘制仪器及实验装置简图。

二、基本操作

1.常用仪器的洗涤

为了保证实验结果的正确,实验仪器必须洗涤干净,一般来说,附着在仪器上的污物分为可溶性物质、不溶性物质、油污及有机物等。应根据实验要求、污物的性质和污染程度来选择适宜的洗涤方法。

常用的洗涤方法有:

(1) 水洗。

包括冲洗和刷洗。对于可溶性污物可用水冲洗,这主要是利用水把可溶性污物溶解而除去。为加速溶解,还需进行振荡。先用自来水冲洗仪器外部,然后向仪器中注入少量(不超过容量的1/3)的水,稍用力振荡后把水倾出,如此反复冲洗数次。对于仪器内部附有不易冲掉的污物,可选用适当大小的毛刷刷洗,利用毛刷对器壁的摩擦去掉污物。然后来回柔力刷洗,如此反复几次,将水倒掉,最后用少量蒸馏水冲洗 2～3 遍。需要强调的是,手握毛刷把的位置要适当(特别是在刷试管时),以刷子顶端刚好接触试管底部为宜,防止毛刷铁丝捅破试管。

(2) 用肥皂液或合成洗涤剂洗。

对于不溶性及用水刷洗不掉的污物,特别是仪器被油脂等有机物污染或实验准确度要求较高时,需要用毛刷蘸取肥皂液或合成洗涤剂来刷洗。然后用自来水冲洗,最后用蒸馏水冲洗 2～3 遍。

(3) 用洗液洗。

对于用肥皂液或合成洗涤剂也刷洗不掉的污物,或对仪器清洁程度要求较高以及因仪器口小、管细,不便用毛刷刷洗(如移液管、容量瓶、滴定管等),就要用少量铬酸洗液①洗。方法是,往仪器中倒入(或吸入)少量洗液,然后使仪器倾斜并慢慢转动,使仪器内部全部被洗液湿润,再转动仪器,使洗液在内壁流动,转动几圈后,将洗液倒回原瓶。对污染严重的仪器可用洗液浸泡一段时间。倒出洗液后用自来水冲洗干净,最后用少量蒸馏水冲洗 2～3 遍。

---

① 铬酸洗液的配制方法:称取工业用 $K_2Cr_2O_7$ 固体 25 g,溶于 50 mL 水中,然后向溶液中缓慢注入 450 mL 浓 H_2SO_4,边加边搅拌(注意,切勿将溶液倒入浓 H_2SO_4 中!)。冷却至室温,转入试剂瓶中密闭备用。

用铬酸洗液洗涤仪器时,应注意以下几点:

① 用洗液前,先用水冲洗仪器,并将仪器内的水尽量倒净,不能用毛刷刷洗。

② 洗液用后倒回原瓶,可重复使用。洗液应密闭存放,以防浓硫酸吸水。洗液经多次使用,如已呈绿色,则已失效,不能再用。

③ 洗液有强腐蚀性,会灼伤皮肤和破坏衣服,使用时要特别小心! 如不慎溅到衣服或皮肤上,应立即用大量水冲洗。

④ 洗液中的 Cr(Ⅵ)有毒,因此,用过的废液以及清洗残留在仪器壁上的洗液时,第一、二遍洗涤水都不能直接倒入下水道,以防止腐蚀管道和污染水环境。应回收或倒入废液缸,最后集中处理。简便的处理方法是在回收的废洗液中加入硫酸亚铁,使 Cr(Ⅵ)还原成无毒的 Cr(Ⅲ)后再排放。

由于洗液成本较高而且有毒性和强腐蚀性,因此,能用其他方法洗涤干净的仪器,就不要用铬酸洗液洗。

近年来有人试用王水代替铬酸洗液来洗涤玻璃仪器,效果很好,但王水不稳定,不宜存放,且刺激性气体味较大。

(4) 其他洗涤方法。

根据仪器器壁上附着物化学性质不同"对症下药",选择适当的药品处理。例如:仪器器壁上的二氧化锰、氧化铁等,可用草酸溶液或浓盐酸洗涤;附有硫磺可用煮沸的石灰水清洗;难溶的银盐可用硫代硫酸钠溶液洗;附在器壁上的铜或银可用硝酸洗涤;装过碘溶液或装过奈氏试剂的瓶子常有碘附在瓶壁上,用 KI 溶液或 $Na_2S_2O_3$ 溶液洗涤效果都非常好。总之,使用洗液是一种化学处理方法,应充分利用已有的化学知识来处理实际问题。

玻璃仪器洗净的标准是,清洁透明,水沿器壁流下,形成水膜而不挂水珠。洗净的仪器,不要用布或软纸擦干,以免在器壁上沾少量纤维而污染了仪器。最后用蒸馏水冲洗仪器 2~3 遍时,要遵循"少量多次"的原则节约蒸馏水。

2. 常用仪器的干燥

实验用的仪器除要求洗净外,有些实验还要求仪器必须干燥。例如,用于精密称量中的盛载器皿,用于盛放准确浓度溶液的仪器及用于高温加热的仪器。视情况不同,可采用以下方法干燥:

(1) 晾干法。

不急用的而要求一般干燥的仪器可采用晾干。将仪器洗净后倒出积水,挂在晾板(图1-1)上或倒置于干燥无尘处(试管倒置在试管架上),任其自然干燥。

(2) 烘干法。

需要干燥较多仪器时可用烘箱(图1-2)进行烘干。烘箱内温度一般控制在 110~120 ℃,烘干 1 h。要注意以下几点:

① 带有刻度的计量仪器不能用加热的方法进行干燥。

② 烘干前要倒去积存的水。

③ 对厚壁仪器和实心玻璃塞烘干时升温要慢。

④ 带有玻璃塞的仪器要拔出塞一同干燥,但木塞和橡胶塞不能放入烘箱烘干,应在干燥器中干燥。

(3) 吹干法。

马上使用而又要求干燥的仪器可用冷－热风机或气流烘干器(图1－3)吹干。

 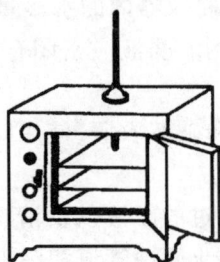 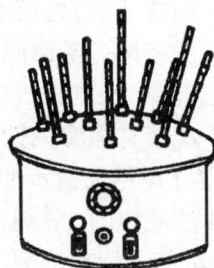

图1－1 晾板　　　　　　　图1－2 烘箱　　　　　　　图1－3 气流烘干器

(4) 烤干法。

急等使用的试管、烧杯和蒸发皿等可以烤干。加热前先将仪器外壁擦干,然后用小火烤。烤干试管时,可用试管夹夹持试管直接在火焰上加热,试管口要始终保持略向下倾斜,并不断移动试管,使其受热均匀;烤干烧杯、蒸发皿时,将其置于石棉网上,用小火加热。

(5) 快干法。

此法一般只在实验中临时使用。将仪器洗净后倒置稍控干,然后,注入少量能与水互溶且易挥发的有机溶剂(如无水乙醇或丙酮等),将仪器倾斜并转动,使器壁全部浸湿后倒出溶剂(回收),少量残留在仪器中的混合液很快挥发而使仪器干燥。如果用电吹风向仪器中吹风,则干燥得更快。此法尤其适用于不能烤干、烘干的计量仪器。

3. 常用仪器和实验装置简图的绘制

在实验报告中,有关于仪器、实验装置和操作的叙述。引入清晰、规整的示意图不仅能大大减少文字的叙述,而且形象、直观。因此,正确绘制仪器和实验装置示意图是高师学生必须掌握的一项基本技能。几种常用画法简述如下:

(1) 常用仪器的分步画法。

顺序是:先画左,次画右,再封口,后封底(或再封底,后封口)。如图1－4所示。

(2) 成套装置图的画法。

采用先画主体,后画配件。例如,画实验室制取和收集氧气的装置图,先画带塞的试管、导管、集气瓶;后画铁架台、水槽、酒精灯、木垫等。图1－5所示。

(3) 一些常用仪器的简易画法。如图1－6所示。

(4) 绘图注意事项。

① 在同一幅图中必须采用同一种透视法。一般有平面图(图1－7(a))和立体图(图1－7(b))之分。在立体图中各部分透视方向必须一致。

② 图中各部分的相对位置和彼此比例要与实际相符。

③ 要力求线条简洁,图形逼真。

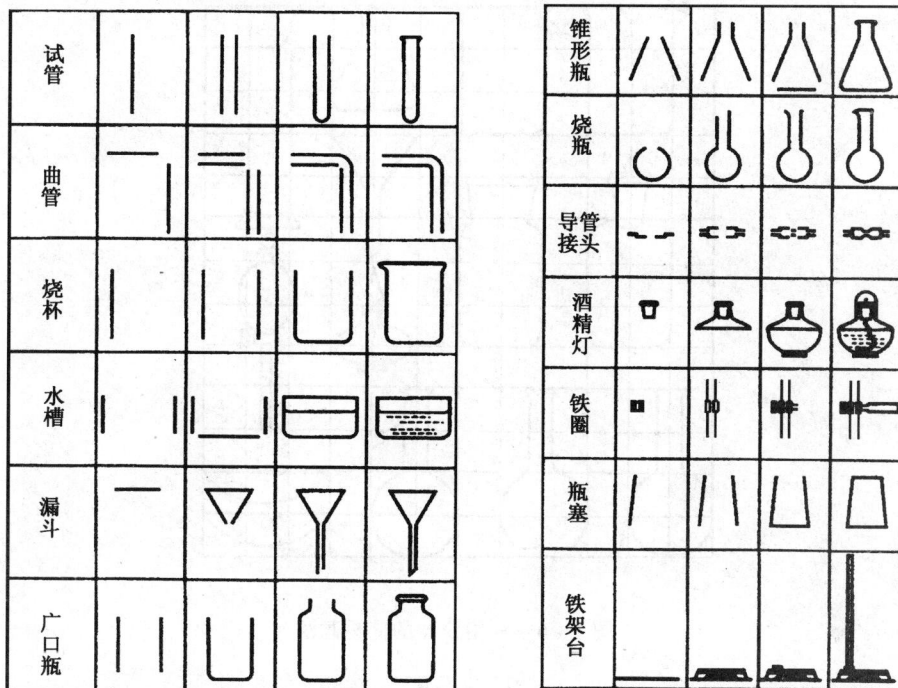

图 1-4　常见仪器的分步画法

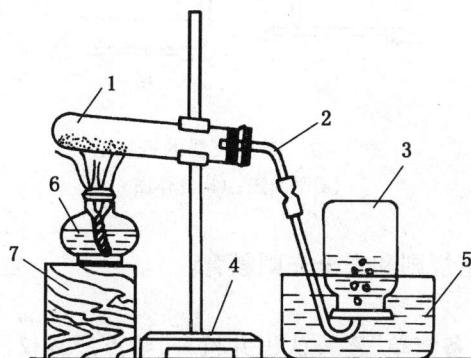

图 1-5　成套装置图的画法

1—试管；2—导管；3—集气瓶；4—铁架台；5—水槽；6—酒精灯；7—木垫

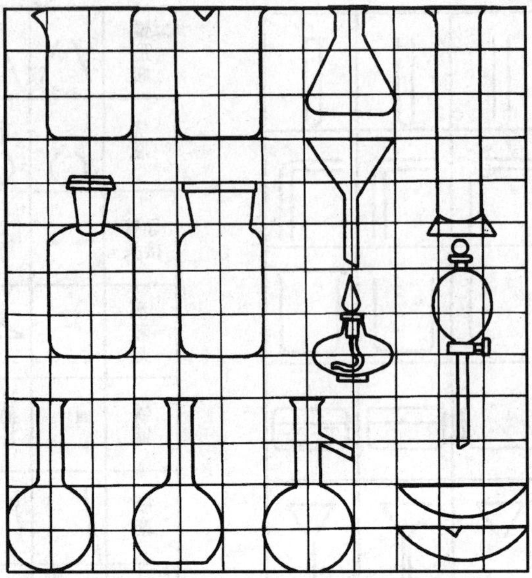

图 1－6　常用仪器的简易画法

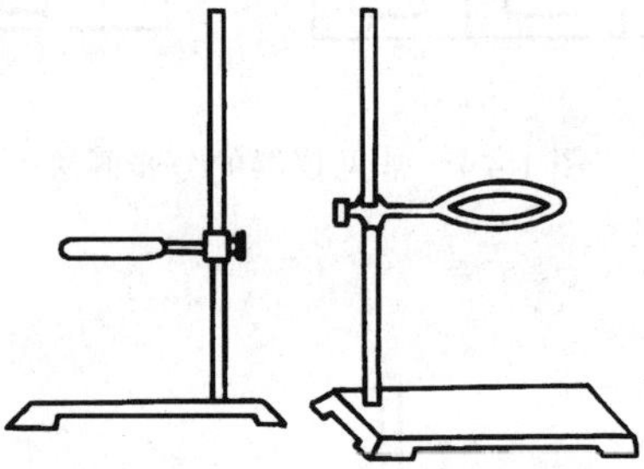

（a）　　　　　（b）

图 1－7　常用仪器的透视法
（a）平面图；（b）立体图

三、实验内容

（1）实验目的性、实验室规则和安全守则教育。

（2）认领仪器。

① 按学生"实验仪器配备清单"逐一认识并检查、清点所领仪器。

② 熟悉常用仪器的形状、规格和主要用途，并练习绘制仪器图。

③ 正确画出下列仪器简图并填写下表。

仪器名称和简图	规格	用途	仪器名称和简图	规格	用途
试　管			烧　瓶		
烧　杯			漏　斗		
锥形瓶			蒸发皿		
量　筒			容量瓶		

（3）仪器的洗涤和干燥。

① 将所领取需要洗净的仪器(试管、烧杯、锥形瓶、量筒、蒸发皿等)先用自来水刷洗,然后用洗衣粉(去污粉)或肥皂液刷洗①。

② 将洗净的试管倒置在试管架上;烧杯,锥形瓶等挂在晾板上;表面皿、蒸发皿等倒置于仪器柜内令其自然干燥。

③ 烤干两支试管,一只烧杯,交老师检查。

四、思考题

（1）常用玻璃仪器可采用哪些方法洗涤?选择洗涤方法的原则是什么?怎样判断玻璃仪器是否已洗涤干净?

（2）用铬酸洗液洗仪器时应注意哪些事项?

（3）烤干试管时为什么要始终保持管口略向下倾斜?带有刻度的计量仪器为什么不能用加热的方法干燥?

---

① 用去污粉或洗衣粉刷洗仪器时,应先用水将仪器内外浸湿后倒出水,再蘸取少量去污粉或洗衣粉直接刷洗,再用水冲洗。其效果比用相应的水溶液刷洗要好得多,容易达到清洁透明,不挂水珠的要求。

实验二 灯的使用、玻璃管加工和塞子钻孔

一、实验目的

了解酒精喷灯(或煤气灯)的构造,掌握正确的使用方法。练习玻璃管的截断、弯曲、拉细、熔光及塞子钻孔等基本操作。制作滴管、玻璃搅棒和装配洗瓶。

二、实验用品

仪器:酒精灯、酒精喷灯(或煤气灯)、锉刀(或小砂轮片)、石棉网、钻孔器、塑料瓶、烧杯、直尺、量角器。

液体药品:工业酒精。

材料:玻璃管、玻璃棒、橡胶塞、胶头、小方木块。

三、基本操作

1.酒精喷灯的使用

在没有煤气的实验室中,酒精灯和酒精喷灯是常用的加热仪器。酒精灯火焰温度较低,一般在 400 ℃ ~ 500 ℃,而酒精喷灯的火焰温度可达 700 ℃ ~ 1 000 ℃。在中学,我们已经熟悉了酒精灯的使用方法,这里主要介绍酒精喷灯的使用。酒精喷灯有挂式和座式两种,其构造如图 2 - 1 所示。

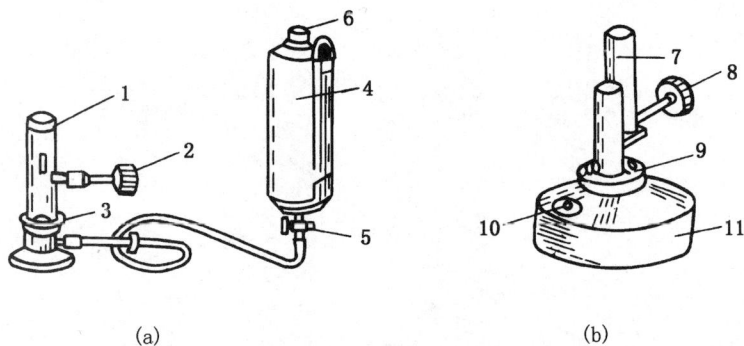

(a)   (b)

图 2 - 1 酒精喷灯的类型和构造

(a)挂式;(b)座式

1—灯管;2—空气调节器;3—预热盘;4—酒精贮罐;5—开关;6—盖子

7—灯管;8—空气调节器;9—预热盘;10—铜帽;11—酒精壶

(1) 挂式喷灯。

由酒精贮罐和喷灯两部分构成。用前应关闭贮罐下面的开关,打开上盖,添加酒精,然后拧紧上盖,将其挂于适当高处。使用时,先向预热盘中注满酒精并点燃,以预热灯管。待预热盘里酒精燃烧将尽时,打开酒精贮罐开关,酒精沿胶管流入灼热的灯管被汽化。旋开空气调节器,喷灯可自行燃着。如不着,可用火柴点燃。调节空气调节器使火焰正常,使用完毕,先关闭酒精贮罐开关,后关闭空气调节器,灯即熄灭,见图 2 - 2。

使用挂式喷灯的安全注意事项:

① 打开酒精贮罐开关前,灯管必须充分预热。即使已预热,打开酒精贮罐开关时也要控

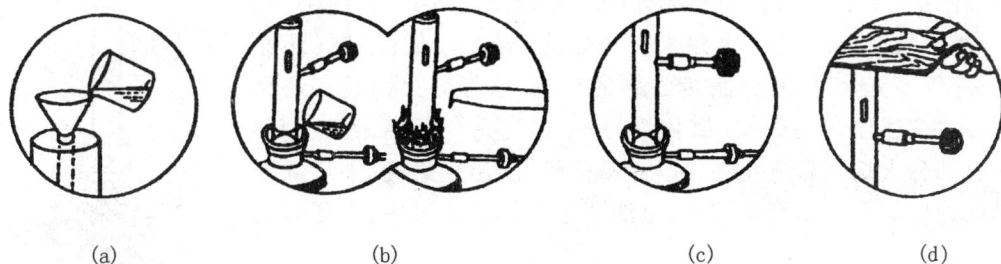

(a)　　　　　　　(b)　　　　　　　(c)　　　　　　　(d)

图 2 – 2　酒精喷灯的使用方法

(a)添加酒精；(b)预热；(c)调节；(d)熄灭

制酒精的供给量。否则，酒精不能全部汽化，液体酒精从灯管口喷出，形成"火雨"，可能引起着火事故。遇此情况应立即关闭酒精贮罐开关及空气调节器。

② 注入酒精贮罐中的酒精不得有固体残渣，否则，将堵塞贮罐开关内孔和灯管喷出孔。一旦发出堵塞，可将贮罐中的酒精倒净，再将开关与水龙头联通，用自来水冲洗。因长期放置，开关内孔被锈污堵塞，可用煤油浸泡消除。

③ 酒精贮罐内酒精不得耗尽，当剩余少量时(灯焰变小)，应停止使用。如需继续使用，应关闭喷灯，添加酒精。

(2) 座式喷灯。

使用前拧下铜帽，向灯壶内加入灯壶总容量(约 350 mL)2/3(约 250 mL)的工业酒精。不要注满，也不可过少。拧紧铜帽，不能漏气(新灯或长期未用的喷灯，点燃前应将灯体倒转 2 ~ 3 次，使灯芯浸饱酒精，防止灯芯烧焦及灯焰不正常)。然后向预热盘中添加酒精并点燃，待酒精快要燃尽时，预热盘内燃着的火焰就会将喷出的酒精蒸气点燃(必要时用火柴点燃)，此时调节空气调节器，使火焰稳定。用毕，关闭空气调节器或上移空气调节器加大空气进入量，同时用石棉网或木板覆盖燃烧管口，即可将灯熄灭。必要时将灯壶铜帽拧松减压(但不能拿掉，以防着火)，火即熄灭。

安全注意事项：

① 经两次预热，喷灯仍不能点燃时，应暂时停止使用，检查接口是否漏气，喷出口是否堵塞(可用捅针疏通)，以及灯芯是否完好(烧焦，变细应更换)。修好后方可使用。

② 喷灯连续使用时间不能超过半小时(使用时间过长，灯壶温度逐渐升高，使壶内压强过大，有崩裂的危险)。如需加热时间较长，每隔半小时要停用降温，补充酒精。也可用两个喷灯轮换使用。

2.煤气灯的使用

煤气灯是化学实验室常用的加热仪器之一，使用比较方便，它的加热温度可达 1 000 ℃左右，一般约在 800 ℃ ~ 900 ℃(所用煤气的组成不同，加热温度也有差异)。其构造如图 2 – 3 所示。主要由灯管和灯座组成，二者以螺旋连接。灯管下部还有几个通气孔，为空气入口，旋转灯管可使其完全关闭或不同程度地开启，以调节空气的进入量。灯座的侧面有煤气入口，可接上橡胶管将煤气导入灯内。灯座下面(或侧面)有一螺旋形针阀，用以调节煤气进入量。

使用煤气灯时，先将灯管圆孔完全关闭，点燃进入灯内的煤气。此时，火焰呈黄色，煤气燃烧不完全。逐渐加大空气进入量，煤气的燃烧也逐渐完全，火焰随之正常(分三层)。正常火焰的构成如图 2-4(a)所示。其各部分的性质及温度分布为:内层(焰芯)——煤气与空气的混合气并未完全燃烧,温度较低;中层(还原焰)——煤气不完全燃烧,分解为含碳的产物,这部分火焰具有还原性,所以称为"还原焰";外层(氧化焰)——煤气完全燃烧,且过剩的空气使这部分火焰带有氧化性,故称"氧化焰"。温度最高,而最高温度点是在还原焰顶端的氧化焰中,呈淡紫色火焰。实验中,多用氧化焰加热。

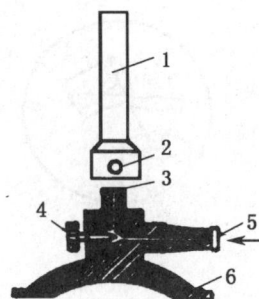

图 2-3　煤气灯的构造
1—灯管;2—空气入口;3—煤气出口;4—螺旋阀;5—煤气入口;6—灯座

如果空气或煤气的进入量调节不合适,会产生不正常火焰,当煤气和空气的进入量都很大时,火焰就临空燃烧,产生"临空焰",如图 2-4(b)。这种火焰随引燃的火柴熄灭时也自行熄灭。当煤气进入量很小,而空气进入量很大时,则煤气会在灯管内燃烧而不是在管口燃烧,这时能听到"嘶嘶"的声音和看到一根细长的火焰,叫"侵入

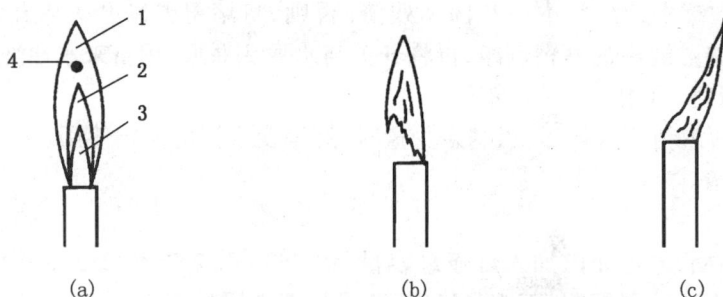

(a)　　　　　　　　　(b)　　　　　　　　　(c)

图 2-4　各种火焰
(a)正常火焰;(b)临空火焰;(c)侵入火焰
1—氧化焰,2—还原焰;3—焰芯;4—最高温度点

焰"如图 2-4(c)。如遇不正常火焰出现时应关闭煤气灯,重新调节和点燃。

四、实验内容

1. 观察酒精喷灯(或煤气灯)的各部分构造,点燃并调试

2. 玻璃管(棒)的加工

(1) 截断与熔光。

取玻璃管一根,平放在实验台上,以直尺量出要截的长度,用左手拇指按住,右手拿三角锉刀(或小砂轮片),让锉棱垂直紧压在要截断的部位,用力向前(切勿来回锉!)划一道较深的凹痕。然后,双手持玻璃管,凹痕向外,两手拇指抵住划痕的背面,向前推,同时两食指分别向外拉,即可将玻璃管截断。

注意事项:

① 划痕应与玻璃管垂直,这样截断面才平整。

② 若刻痕不明显,可按上述方法,在原痕上重复操作。

③ 下锉时应使挫棱压在玻璃管上,锉与桌面约成 45°角,按紧用力,但用力也不能太猛,压力不能太大,以防把玻璃管压碎。

④ 锉长痕时(截较粗玻璃管),锉痕应连续不断,并且始终保持与玻璃管垂直,不能斜,否

则截断后也将得不到平齐的断面。

⑤ 锉痕应清晰、深细而平直,因此,不能用锋口粗钝的锉刀。必要时在锉痕上用水沾一下,则玻璃管更易折断。玻璃管的划痕与截断如图2-5和图2-6所示。

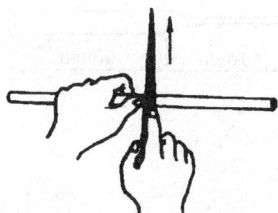

图2-5 划痕

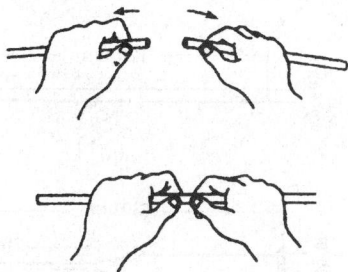

图2-6 截断

截玻璃棒时只是要求锉痕深一点,其他操作同玻璃管,否则断面不易平齐。

玻璃管(棒)截面很锋利,易割破手、橡胶管,也使其往塞子的孔内插入困难。因此必须熔光,使之平滑。方法是将玻璃管截口斜插入(角度一般为45°)喷灯氧化焰中加热,并不断缓慢转动,使玻璃管受热均匀,直至管口变成红热平滑为止。加热后的玻璃管应放在石棉网上冷却,切不可直接放在实验台上,以免烧焦台面或误触玻璃管把手烫伤。

(2) 弯曲。

截取适当长度玻璃管一根,先用抹布将玻璃管擦净,然后,双手持玻璃管,在火焰上旋转,使玻璃管均匀受热。加热到玻璃管可以弯动的程度(不要太软),先弯成一个小角度。再加热的位置要在前一次弯曲时加热部位的稍偏左或偏右处,加热到能弯动时再弯一点。这样重复进行,逐步达到所需的角度(如图2-7和2-8)。弯好后稍停片刻,再置于石棉网上冷却。弯曲合格的玻璃管,要求角度准确,里外均匀平滑,整个玻璃管处于同一平面内。

图2-7 加热玻璃管

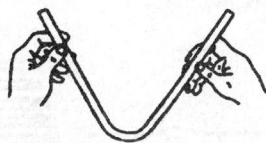

图2-8 弯曲玻璃管

练习:截取 ϕ6～ϕ8 mm,长140 mm的玻璃管三根,分别在40 mm处将玻璃管弯成120°、90°、60°的导气管。

(3) 制毛细管和滴管。

取一段玻璃管,在酒精喷灯上旋转加热,当玻璃管烧至红软时(软到不需很费力就能改变形状,此时应尽量保持玻璃管呈水平,切勿扭曲),将玻璃管从火焰中取出,一次拉成所需尖嘴形状。手持玻璃管一端让另一端下垂,待定型后放在石棉网上冷却(图2-9)。

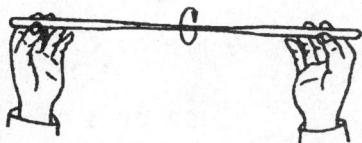

图2-9 拉细玻璃管

(4) 小玻璃搅棒和滴管的制作。

① 小搅棒的制作。截取长 200 mm,直径 4mm 的玻璃棒一根将中部置于氧化焰中加热至红软,拉细到 φ1.5 mm 为止。冷却后用锉在细处截断,将细的一端熔成小球,小搅棒即制成(图 2-10(a))。

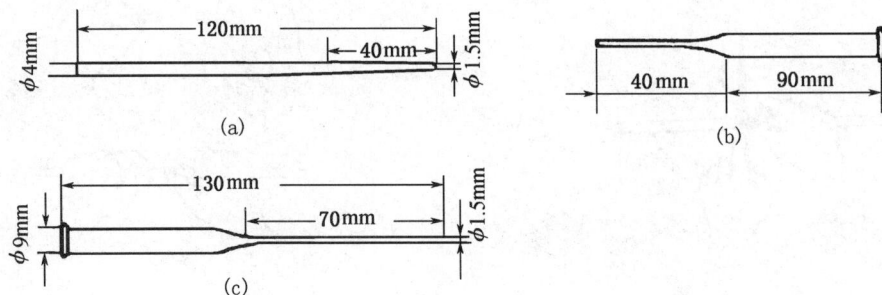

图 2-10 毛细玻璃棒和滴管
(a) 玻璃棒;(b) 普通滴管;(c) 毛细滴管

② 滴管的制作。截取长 150 mm,φ7 mm 的玻璃管一根,按图 2-10(b)和 2-10(c)的规格制作 2 支滴管。先用以上方法制成两个尖嘴管,将尖嘴管截断的截面在酒精灯上稍微烧一下,使之熔光。再把粗的一端在喷灯上烧至暗红色变软时,取出垂直放在石棉网上轻轻压一下,使管口略向外翻,冷却后套上胶头即成滴管。

3. 塞子钻孔

在化学实验中,常需要将所用的瓶子或仪器口配上合适的塞子,有时为了组成一套实验装置,还需要在塞子中插入玻璃管或温度计、漏斗等。因此,掌握配塞子钻孔操作是十分必要的。塞子钻孔一般常用工具是钻孔器(也称打孔器)。它是一组口径不同的金属管和一个圆头细铁条组成的(图 2-11),一端有手柄,另一端是环形锋利的刀刃,铁条用来捅出留在钻孔器中的橡胶芯或软木芯。

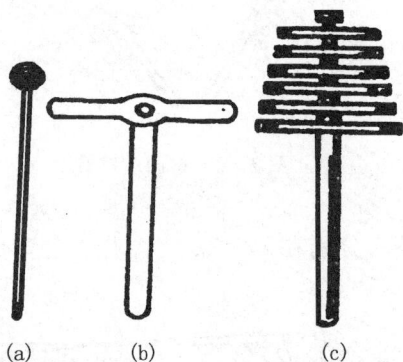

图 2-11 钻孔器
(a)插棒;(b)单个钻孔器;(c)一套钻孔器

图 2-12 钻孔手法

(1) 钻孔的方法。

选取一个与容器口径相配合的橡胶塞,通常以能塞入瓶口的 1/2 ~ 2/3 为宜。塞入过多或过少均不合要求(为什么?)。将选好的塞子小头朝上,放于实验台上的小木板上,选一个比要插入的温度计或玻璃管略粗的钻孔器(为什么?),若为软木塞则相反,要选口径略小于玻璃管口径的钻孔器。

将钻孔器端部蘸取少量甘油或水,左手按住塞子,小头朝上,右手握住钻孔器手柄,在选定的位置上垂直并来回旋转压钻(图2-12),直到钻透。若钻得的塞孔稍小或不光滑,可用圆锉打磨修整。

(2)玻璃管插入橡胶塞的方法。

将玻璃管端部蘸取少量水或甘油,左手持塞,右手握住管的前半部(为了安全,可用布包住),将玻璃管慢慢旋入塞孔(图2-13),切勿用力过猛或手离塞子太远,若不好安装,需继续用圆锉修磨胶塞孔。否则易折断玻璃管和刺伤手掌。

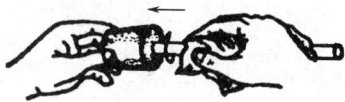

图2-13 玻璃管插入塞子的方法

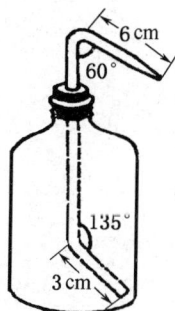

图2-14 塑料洗瓶

4. 洗瓶的装配

按图2-14要求装配一只塑料洗瓶。其喷洗管的制作顺序为:

(1)抽尖嘴和弯小角度。

取 $\phi 7 ~ \phi 8$ mm,长320 mm玻璃管1支。在距一端70 mm处拉成尖嘴,再于尖嘴60 mm处弯60°角,然后按需要长度截去多余的玻璃,熔光,备用(图2-15)

(2)配塞、钻孔,并将喷洗管插入塞子。

取250 mL或500 mL细颈塑料瓶一只配上适宜的橡胶塞,按所制喷洗管直径选适宜的钻孔器钻一个孔,然后将所制喷洗管插入塞孔(2-16(a))。

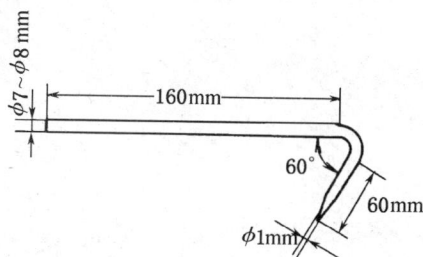

图2-15 喷洗管图

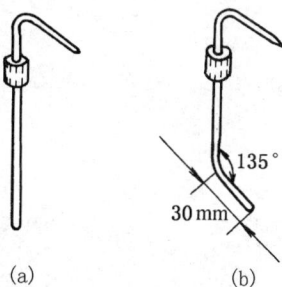

图2-16 喷洗管装配
(a)导管插入塞子;(b)弯成135°

（3）弯大角度、装配成洗瓶。

把已插入橡胶塞的喷洗管离下端口 30 mm 处弯成 135°角,要求此角和上面的 60°角在同一方向同一平面上(图 2-16(b))。冷却后,装入塑料瓶即成图 2-14 的洗瓶。

五、思考题

(1) 使用酒精灯、酒精喷灯(或煤气灯)时要注意哪些事项?

(2) 截断、熔光、弯曲和拉细玻璃管时要注意什么? 怎样弯曲小角度的玻璃管?

(3) 塞子钻孔时,如何选择钻孔器孔径? 如何正确操作?

实验三 台秤和分析天平的使用

一、实验目的

了解台秤和分析天平的基本构造、熟悉天平的使用规则。学习天平正确的称量方法(直接法)。

二、实验用品

仪器:台秤、分析天平、称量瓶。

三、基本操作

天平是进行化学实验不可缺少的称量仪器。不同类型的天平尽管在结构上以及称量的准确程度上不同,但都是根据杠杆原理设计而成的。实验中应根据对样品称量准确度的要求,而选用相应类型的天平。现就无机实验中最常用的天平分别介绍如下:

1.台秤的使用

台秤又叫托盘天平,其构造如图 3-1 所示。一般用于精确度不太高的称量,最大负荷为 200 g 的台秤能称准至 0.1 g,最大负荷为 500 g 的台秤能称准至 0.5 g。

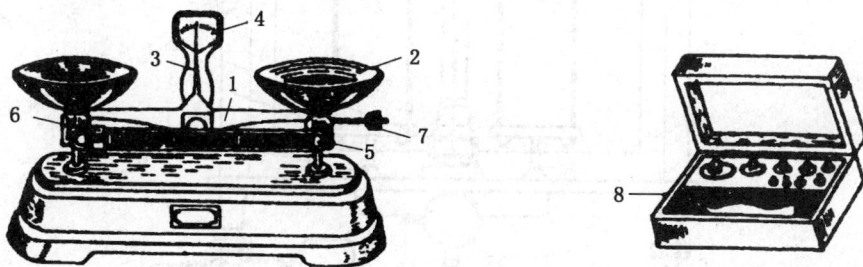

图 3-1 台秤

1—横梁;2—秤盘;3—指针;4—刻度盘;5—游码标尺;6—游码;7—平衡调节螺丝;8—砝码盒

称量前应先检查零点(即在未放物体时,台秤指针在刻度盘上的位置),零点最好在刻度中央,如偏离中央较大,可用托盘下的平衡调节螺丝,使指针停在中间位置。

称量时,左盘放称量物,右盘放砝码,用镊子夹取砝码。最大负荷为 500 g 的台秤,10 g 以下的砝码,用游码代替。当添加砝码到台秤的指针停在刻度盘的中间位置时,台秤处于平衡状态,此时指针所指位置称为停点。当停点与零点重合(允许偏差一小格以内)时,砝码的质量就是称量物的质量。

使用台秤称量时,必须注意以下几点:

(1) 不能称量热物品。

(2) 称量物不能直接放在盘上,应根据具体情况决定放在已称量的、洁净的表面皿、烧杯或称量用纸上。

(3) 称量完毕,砝码回盒,游码拨到"0"位,并将秤盘放在一侧(或用橡皮圈架起),以免台秤摆动。

(4) 保持台秤的整洁。沾有药品或其他污物时,应立即清除。

2.半自动电光分析天平的使用

分析天平一般指能精确称量到 0.000 1 g 的天平。电光天平是其中的一类,而电光天平又有半自动和全自动之分。这里重点介绍普遍使用的半自动电光分析天平。

(1)构造。

半自动电光分析天平的构造如图3-2所示。

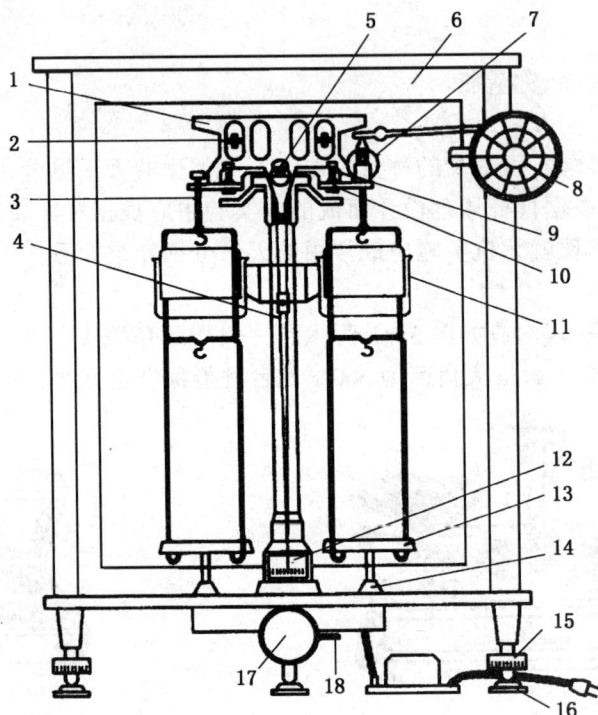

图3-2 半自动电光天平

1—横梁;2—平衡螺丝;3—吊耳;4—指针;5—支点刀;6—框罩;7—圈码;8—指数盘;9—支柱;10—托叶;11—阻尼器;12—投影屏;13—秤盘;14—盘托;15—螺旋脚;16—垫脚;17—旋钮;18—扳手(调零杆)

① 横梁(即天平梁)是天平的主要部件。梁上装有三个三棱形的玛瑙刀,一个位于天平梁的中央,刀口向下,用来支承天平梁,称为支点刀。它放在一个玛瑙平板的刀承上。另外两个玛瑙刀等距离地装在支点刀两侧,刀口向上,用来悬挂秤盘,称为承重刀。三个刀的刀口棱边完全平行,且处于同一水平面上。刀口的尖锐程度决定天平的灵敏度,直接影响称量的精确程度,因此保护刀口是十分重要的。梁的两端装有两个平衡调节螺丝,用来调节零点。

② 指针固定在天平梁的中央,天平梁摆动时,指针也随之摆动。指针下端装有微分标牌(图3-3),光源通过光学系统将标牌刻度放大,反射到投影屏上(图3-4),通过微分标牌的摆动,可以判断天平的平衡情况。

③ 吊耳(蹬)的中间面向下的部分嵌有玛瑙平板。吊耳上还装有悬挂阻尼器内筒和天平盘的挂钩。当使用天平时,承重刀通过吊耳上的玛瑙平板与悬挂的阻尼器内筒和天平盘相连接,不用时,托蹬将吊耳托住,使玛瑙刀板与承重刀口脱开。

④ 空气阻尼器(阻尼筒)是为了提高称量速度,减少天平称量时的摆动时间,在天平盘上

— 30 —

装有两只阻尼器。它是由两只空铝盒组成,内盒较外盒稍小,正好套入外盒,二者保持均匀的间隙,避免摩擦。当天平摆动时,由于两盒相对运动,盒内空气的阻力产生阻尼作用,使天平很快达到平衡态。

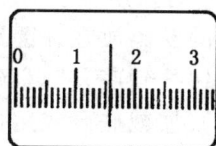

图 3-3 投影屏标牌读数

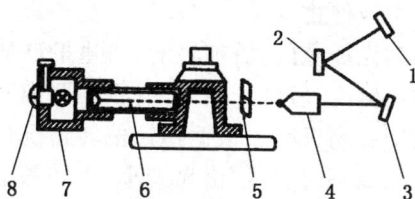

图 3-4 光学读数装置

1—投影屏;2、3—反射镜;4—物镜筒;5—微分标牌;6—聚光镜;7—照射筒;8—灯头座

⑤ 升降枢(升降旋钮)是天平的制动系统,它连接托梁架、盘托和光源。使用天平时,开启升降枢,托梁即降下,梁上的三个刀口与相应刀承接触,盘托下降,吊耳和天平盘自由摆动,天平进入了工作状态,同时也接通了光源,在屏幕上看到标尺的投影。停止称量时,关闭升降枢,则天平进入休止状态,光源切断。

⑥ 立柱位于天平正中,垂直固定在底座上,是横梁的起落架,柱上方嵌有玛瑙平板承接天平横梁上的支点刀,柱的上部装有能升降的托梁架,在天平不摆动时,托住天平梁,以保护玛瑙刀口。柱的背面还有一个供调节天平水平的气泡水平仪。

⑦ 天平箱(盒)和天平足(螺旋足)由木框玻璃制成,将天平装在箱内,用以防止灰尘、气流和潮湿等对天平和称量带来的影响。箱前面是一个可以上下移动的玻璃门,一般不开启,只有在清理和调整天平时才使用。两侧的边门,供取放称量物和加减砝码时用,要随开随关。天平箱下装有三只足,前面两只足上有螺旋,供调节天平水平位置时用(通过观察气泡水平仪确定天平是否水平)。天平后面一只足是固定的。

⑧ 砝码和圈码(环码)。每台天平都有一盒配套的砝码,而圈码则是通过机械加码装置指数盘(图 3-5)来加减的。转动加码指数盘,可往天平梁上加 10~990 mg 的圈码。指数盘上刻有圈码质量值,分内外两层,内层由 10~90 mg 组合,外层由 100~900 mg 组合,天平达到平衡时,可由内外层对准天平方向的刻线读出圈码的质量。1 g 以上的砝码在砝码盒中,砝码在盒中的排列是有一定次序的,一般按 5、2、2′、1 的组合排列,即 50 g、20 g、20′ g、10 g、5 g、2 g、2′ g、1 g 等。

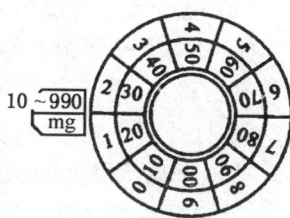

图 3-5 指数盘读数

(2) 使用方法。

① 称前检查。天平在使用之前,首先检查天平是否处于水平,圈码指数是否指在 0.00 位置,吊耳和圈码是否有脱落,砝码是否齐全,两盘是否空载,是否清洁,用毛刷将天平盘清扫一下。

② 调节零点。天平的零点是指天平"空"载时的平衡点。每次称量前,都要先测天平的零点。先接通电源,轻轻开启升降枢(应将旋钮全部开启),这时从投影屏上可以看到微分标牌在移动。当标牌停稳后,如果标牌 0.00 线不与光屏刻线重合,可拨动扳手,移动光屏位置使刻线

— 31 —

与标尺 0.00 重合,零点即调好。若光屏移到尽头还不能使刻线与标牌 0.00 重合时,需请教师通过调节平衡螺丝来调整。

③ 称量。零点调好后,关闭天平。将称量物先在台秤上粗称,然后放到分析天平上准确称量。将被称物从左侧门放在左盘中央,根据粗称的质量在天平右盘用镊子添加砝码(加砝码的原则为先加重的,后加轻的,将重的砝码放在盘子的中间,轻的砝码放在外围),随手关闭天平箱的两侧门,轻轻开启天平(手不要离开开关旋钮,不要把旋钮拧到底),观察到指针偏转情况后随即关闭天平。根据指针偏转情况(偏转方向和偏转速度),加减砝码或用指数盘加减圈码。加减圈码时遵循"由大到小,中间截取"的原则,可缩短称量时间。如此反复进行几次,直到指针缓慢移动时,再完全打开开关旋钮,使天平达到平衡状态。

④ 读数。当天平达到平衡且微分标牌不再移动时,即可从标牌上读出 10 mg 以下的质量(0.1~10 mg),微分标牌上读数 1 大格为 1 mg,1 小格为 0.1 mg。在 1 小格之内,用四舍五入法。有的天平微分标牌只有正值刻度,有的既有正值刻度又有负值刻度。称量时一般都使刻线落在正值范围,以防计算时有加有减而发生错误。这样,称量物的质量可表示如下:

$$称量物质量(g) = 砝码质量(g) + \frac{圈码质量(g)}{1000} + \frac{光标读数(g)}{1000}$$

⑤ 称后检查。称量完毕,记下物体质量,取出称量物,砝码依次放回盒内原来位置,关好天平门,将圈码指数盘恢复到 0.00 位置。用软毛刷轻轻打扫天平,再开启天平,检查一下零点。在天平使用记录本上记录天平使用情况,切断电源,罩上天平罩。

3. 电子天平的使用

(1) 电子天平简介。

电子天平是最新发展的一类天平。最大载荷分别为 100 g、200 g、2 000 g,最小读数分别为 0.01 mg、0.1 mg、0.1 g 等几种。电子天平采用 PMOS 集成电路,有磁性阻尼装置,能在几秒内稳定读数。电子天平称量快捷,使用方法简便,是目前最好的称量仪器。

图 3-6 给出的是一种电子天平的外观图。

(2) 电子天平的使用方法。

① 轻按天平面板上的控制长键,电子显示屏上出现 0.000 0 g 闪动。待数字稳定下来,表示天平已稳定,进入准备称量状态。

② 打开天平侧门,将样品放到物品托盘上(化学试剂不能直接接触托盘)。关闭天平侧门。待电子显示屏上闪动的数字稳定下来,读取数字,即为样品的称量值。

③ 连续称量功能。当称量了第一个样品以后,若再轻按控制长键,电子显示屏上又重新返回 0.000 0 g 显示,表示天平准备称量第二个样品。重复操作②,即可直接读取第二个样品的质量。如此重复,可以连续称量,累加固定的质量。

电子天平的菜单可供使用者选择测量单位、校准天平、操作时让每个键发出声音和设置打印参数等。

电子天平在使用前,必须调节水平旋钮,使天平水平泡位于中央位置。

4. 分析天平使用规则及维护

(1) 天平室应避免阳光照射,防止腐蚀性气体的侵袭。天平应放在牢固的台上,避免震动。

(2) 天平箱内应保持清洁干燥,箱内的干燥剂(变色硅胶)应定期进行干燥或更换。

(3)称量物不得超过天平的最大载重量。天平不能称量热的样品,有吸湿性或腐蚀性的样品必须放在密闭容器内称量。称量物应放在适当容器内,不准直接放在秤盘上。

(4)开关天平要平缓,在秤盘上取放称量物或加减砝码时,都必须关闭天平,以免损坏天平的刀口。

(5)取放砝码只能用镊子夹取,不能用手拿,砝码只能放在天平右盘或砝码盒内固定位置,不能乱放,以免污染和丢失。也不能使用其他天平的砝码。

(6)在同一实验中,多次称量应使用同一台天平和砝码,称量数据应及时记在记录本上,不得记在纸上或其他地方,以免遗失。

(7)称量完毕,应核对天平零点,然后使天平复原,关好天平,检查盒内砝码是否完整无缺,保持清洁,罩好天平罩,切断电源,在天平使用登记本上记录使用情况。并经指导教师允许后方可离开天平室。

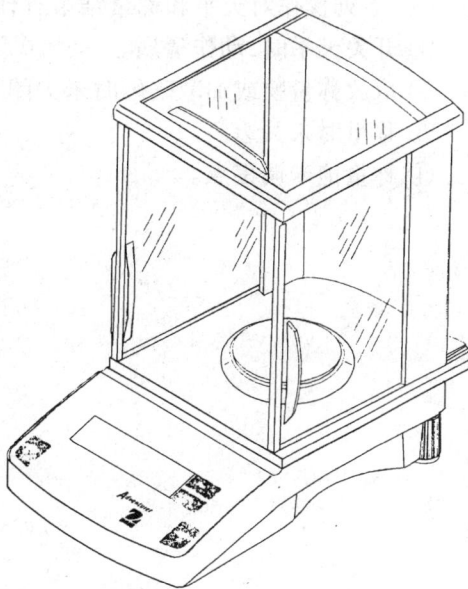

图 3-6 电子天平

四、实验内容

1.熟悉天平的基本构造

在教师指导下,了解天平的结构、性能、用法和砝码组合及在盒内的位置,将天平的零点调好。

2.称量练习-直接法

(1)向指导教师领取一个干燥、洁净、已知质量的称量瓶,取用方法如图 3-7。先将称量瓶的瓶身和瓶盖分别用台秤粗称,然后用分析天平准确称量瓶身、瓶盖以及瓶身加瓶盖的质量 m_1、m_2 和 m_3,记录称量结果。要求 m_3 与 $(m_1 + m_2)$ 相差不超过 ±0.4 mg。

(2)将天平各部件复原,砝码回盒归位,重测一下天平的零点后,关闭天平。在登记本上记下使用情况,经教师检查以后,切断电源,罩好天平罩,方可离开天平室。

图 3-7 取用称量瓶

五、思考题

(1)什么叫天平的平衡点?

(2)使用分析天平要遵守哪些规则?在天平盘上取放物体或加减砝码时,为何必须先关闭天平?

(3)使用半自动分析天平称量时,怎样确定称量物质质量(以克为单位)小数点后的第四位有效数字?

(4)用电光天平称量时,若微分标牌的投影向右偏移,天平指针向何方偏移?此时称量物比砝码重还是轻?

(5) 下列操作对天平和称量结果有什么影响?

① 开关天平时,动作猛烈。

② 取放称量物或加减砝码时未关闭天平。

③ 称量时未关边门。

④ 称量前未调零点。

实验四　试剂的取用和试管操作

一、实验目的

学习并掌握固体和液体试剂的取用以及振荡试管和加热试管中的固体和液体的方法。

二、实验用品

仪器：试管、试管夹、药匙、研钵、蒸发皿、滴管、量筒、酒精灯。

固体药品：$NaCl$、NH_4NO_3、$NaOH$、KNO_3、$CuSO_4 \cdot 5H_2O$、锌粒（片）、铜片。

液体药品：$HCl(0.1\ mol/L)$、$H_2SO_4(1\ mol/L)$、$CuSO_4(1\ mol/L)$、$NaOH(0.1\ mol/L)$、$Ca(Ac)_2$（饱和）、$KI(0.2\ mol/L)$、溴水、CCl_4、石蕊、甲基橙、酚酞。

三、基本操作

1. 试剂的取用

一般在实验室中分装化学试剂时，将固体试剂装在广口瓶中。液体试剂盛在细口瓶或带有滴管的滴瓶中。见光易分解的试剂（如硝酸银）盛在棕色瓶内。每一试剂瓶上都必须贴有标签，以表明试剂的名称、浓度和配制日期。并在标签外面涂上一薄层蜡来保护它。

取用试剂前，应看清标签。取用时，先打开瓶塞，将瓶塞反放在实验台上。如果瓶塞上端不是平顶而是扁平的，可用食指和中指将瓶塞夹住（或放在清洁的表面皿上），绝不可将它横置桌上以免玷污。不能用手接触化学试剂。应根据用量取用试剂，不必多取，这样既能节约药品，又能取得好的实验结果。取完试剂后，一定要把瓶塞盖严，绝不允许将瓶盖张冠李戴。然后把试剂瓶放回原处，以保持实验台整齐干净。

（1）液体试剂的取用。

① 从细口瓶中取用液体试剂：（i）用倾注法：先将瓶塞取下，反放在桌面上，手握住试剂瓶上贴标签的一面，逐渐倾斜瓶子，让试剂沿着洁净的试管壁流入试管或沿着洁净的玻璃棒注入烧杯中（图4-1）。注出所需量后，将试剂瓶口在容器上靠一下，再逐渐竖起瓶子，以免遗留在瓶口的液滴流到瓶的外壁。（ii）如用滴管从试剂瓶中取少量液体试剂时，则需用附置于该试剂瓶旁的专用滴管取用。装有药品的滴管不得横置或滴管口向上斜放，以免液体流入滴管的橡皮帽中。

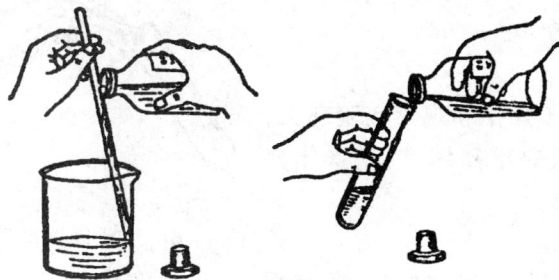

图4-1　倾注法　　　　　　　　　　　　　图4-2　滴液入试管的手法

② 从滴瓶中取用液体试剂：（i）滴瓶要定位，不要随便拿走。（ii）要用滴瓶中的滴管，滴管

决不能伸入所用的容器中,以免接触器壁而玷污药品(图4－2)。(iii)使用滴瓶中的滴管再放回时,不要插错滴瓶。

③ 在试管里进行某些实验时,取试剂不需要准确用量,只要学会估计取用液体的量即可。例如用滴管取用液体,1 mL相当多少滴,5 mL液体占一个试管容量的几分之几等。倒入试管里溶液的量,一般不超过其容积的1/3。

④ 定量取用液体时,用量筒或移液管(见实验五溶液的配制)。量筒用于量度一定体积的液体,可根据需要选用不同容量的量筒。量取液体时,要按图4－3所示,使视线与量筒内液体的弯月面的最低处保持水平,偏高或偏低都会读不准而造成较大的误差。

(2) 固体试剂的取用。

① 要用清洁、干净、干燥的药匙取试剂。药匙的两端为大小两个匙,分别用于取大量固体和取少量固体。每种试剂应配专用药匙。用过的药匙必须洗净擦干后才能再使用。

图4－3 观看量筒内液体的容积

② 注意不要超过指定用量取药,多取的不能倒回原瓶,可放在指定的容器中供他人使用。

③ 要求取用一定质量的固体试剂时,可把固体放在干燥的纸上称量。具有腐蚀性或易潮解的固体应放在表面皿上或玻璃容器内称量。

④ 往试管(特别是湿试管)中加入固体试剂时,可用药匙或将取出的药品放在对折的纸片上,伸进试管约2/3处(图4－4,图4－5)。加入块状固体时,应将试管倾斜,使其沿管壁慢慢滑下(图4－6),以免碰破管底。

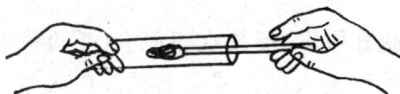

图4－4 用药匙往试管里送入固体试剂　　　图4－5 用纸槽往试管里送入固体试剂

⑤ 固体的颗粒较大时,可在清洁而干燥的研钵中研碎。研钵中所盛固体的量不要超过研钵容量的1/3。

⑥ 有毒药品要在教师指导下取用。

2.试管操作

试管是用作少量试剂的反应容器,便于操作和观察实验现象,因而是无机化学实验中用得最多的仪器,要求熟练掌握,操作自如。

(1) 振荡试管。

用拇指、食指和中指拿住试管的中上部,试管略倾斜,手腕用力振动试管。这样试管中的液体就不会振荡出来。

图4－6 块状固体沿管壁慢慢滑下

(2) 试管中液体的加热。

试管中的液体一般可直接放在火焰中加热。需要微热即可达到目的的,用手拿试管加热,需要加强热的,不要用手拿,应该用试管夹夹住试管的中上部,试管与桌面约成60°倾斜,如图

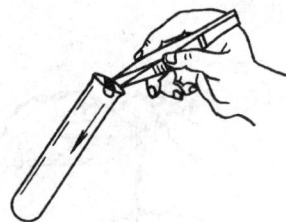

4-7所示。试管口不能对着别人或自己。先加热液体的中上部,慢慢移动试管,热及下部,然后不时地移动或振荡试管,从而使液体各部分受热均匀,避免试管内液体因局部沸腾而迸溅,引起烫伤。

图 4-7 加热试管中的液体

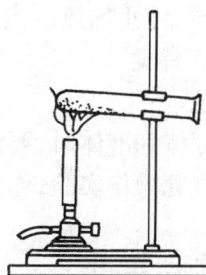

图 4-8 加热试管中的固体

(3)试管中固体试剂的加热。

将固体试剂装入试管底部,铺平,管口略向下倾斜(图4-8),以免管口冷凝的水珠倒流到试管的灼烧处而使试管炸裂。先用火焰来回预热试管,然后固定在有固体物质的部位加强热。

四、实验内容

1.试剂的取用

(1)用水反复练习估量液体体积的方法直到熟练掌握为止。

(2)随溶液中氢离子和氢氧根离子浓度的变化,指示剂呈不同的颜色。

在两支试管中各注入 1 mL 蒸馏水,在第一支试管中加入 1 滴甲基橙溶液,第二支试管中加入 1 滴酚酞溶液,记下它们在水中的颜色。然后以 0.1 mol/L HCl 和 0.1 mol/L NaOH 代替蒸馏水进行同样实验,观察颜色的变化。

介　　质	指示剂的颜色	
	甲基橙	酚　酞
中性(纯水)		
酸　性		
碱　性		

(3)取二支试管分别放入一小粒锌,并注入约 10 滴 1 mol/L H_2SO_4,然后往第一支试管中加入一小块铜片,往第二支试管中加入 5 滴 1 mol/L $CuSO_4$ 溶液。观察哪支试管反应快,哪支试管反应慢。

2.试管操作

(1)在一支试管中注入约 5 滴 0.2 mol/L 的 KI 溶液,加入几滴溴水和 CCl_4 并振荡试管,观察 CCl_4 层中碘的颜色。

(2)在盛有 5 滴溴水的试管中加入几滴 CCl_4,并加以振荡,观察 CCl_4 层中的颜色。

(3)在一支试管中加入少量 KNO_3 固体,加入 1 mL 水,加热使其溶解,再加入 KNO_3 固体制成饱和溶液。把清液倾入另一试管中,冷至室温,观察晶体的析出。

(4)同上制取饱和 NaCl 溶液。将清液倒入另一支试管中,放冷后观察是否有 NaCl 晶体析出。

(5) 在一支试管中加人 1 mL 的饱和 $Ca(Ac)_2$ 溶液,然后加热,观察有没有 $Ca(Ac)_2$ 晶体析出。

(6) 在干燥试管内放入几粒 $CuSO_4 \cdot 5H_2O$ 晶体,按前述固体试剂的加热方法加热,等所有晶体变为白色时,停止加热。当试管冷却至室温后,加入 3~5 滴水,注意颜色的变化,用手摸一下试管有什么感觉。

五、思考题

(1) 取用固体和液体时,要注意什么事项,为什么?

(2) 通过试管操作实验,你能否推论出固体物质的溶解度与温度有何关系?

附注:

试剂的级别和适用范围。

化学试剂是用以探测其他物质组成、性状及其质量优劣的纯度较高的化学物质。按照药品中杂质含量的多少,将我国生产的化学试剂的级别及适用范围列于下表:

级 别	一 级	二 级	三 级	四 级
名 称	优级纯	分析纯	化学纯	实验试剂
符 号	GR	AR	CP	LR
标签颜色	绿色	红色	蓝色	黄色
适用范围	最精确的分析和科研工作	精确分析和研究工作	一般工业分析	普通实验及制备实验

应根据实验的不同要求选用不同级别的试剂。一般说来,在无机化学实验中,化学纯级别的试剂就已能符合实验要求。但在若干实验中要使用分析纯级别的试剂。

实验五　溶液的配制

一、实验目的

掌握一般溶液的配制方法和基本操作。熟悉粗配溶液和精确配制溶液的仪器。学习并练习移液管、容量瓶及相对密度计的正确使用方法。巩固天平称量操作,练习减量法称量并配制标准草酸溶液。

二、实验用品

仪器:台称、分析天平、相对密度计、烧杯、量筒、移液管(25 mL)、容量瓶(50 mL、250 mL)、吸量管(5 mL)、洗耳球、称量瓶、试剂瓶。

固体药品:NaCl、$H_2C_2O_4 \cdot 2H_2O$、NaOH。

液体药品:HCl(浓)、H_2SO_4(浓)、HAc(2.00 mol/L)。

三、基本操作

1.容量仪器的使用

(1) 量筒(杯)的使用。

量筒是常用液体体积的量具。根据不同需要有不同规格如:5 mL、10 mL、100 mL、1 000 mL等。实验中可根据所量取液体的体积不同来选用不同规格的量筒。量取液体时,应左手持量筒,并以大拇指指示所需体积的刻度处,右手持试剂瓶(试剂瓶标签应对手心),瓶口紧靠量筒口边缘,慢慢注入液体至所需刻度,读取刻度时应手拿量筒上部无刻度处,让量筒竖直(或将其平放桌上),使视线与量筒内液面的弯月形最低处相切(保持水平)。偏高或偏低都会造成误差。见图4-3。

在有些实验中,液体的量取不要求十分准确,可不必每次都用量筒,而用估计取液的方法。如2 mL液体占试管容量的几分之几,滴管取多少滴为1 mL等。

(2) 移液管和吸量管的使用。

移液管和吸量管都是准确量取一定体积液体的仪器。二者的区别是移液管只有单刻度,只能量取整数体积的液体,可量取的容量较大,常用的有10 mL、25 mL、50 mL等规格。而吸量管(又叫刻度吸管)是有分刻度的内径均匀的玻璃尖嘴管,有10 mL、5 mL、2 mL、1 mL等规格,可以量取非整数的小体积的液体。

使用前,应依次用洗液、自来水、蒸馏水洗至内部不挂水珠,再用滤纸将尖端内外的水吸去(防止管内残留的蒸馏水稀释被取液造成误差)。最后用少量被量取的液体洗2~3遍。

吸取溶液时,一般用左手拿洗耳球,右手拇指和中指拿住管颈标线以上部位,使管的下端伸入液面下约1 cm(不可太深和太浅。太深管外壁沾液过多;太浅,液面下降后易吸入空气)。左手将洗耳球内空气排出,将洗耳球尖端对准移液管口,慢慢松左手,使溶液吸入管内,眼睛注意管内液面上升情况,同时将移管随溶液液面的下降而下伸,如图5-1(a)所示。当管内液面上升到标线以上时,移去洗耳球,迅速用右手食指按紧管口(不能用大拇指)。将移液管从溶液中取出,管的尖端仍靠在容器内壁上,稍微放松食指,用拇指和中指轻轻捻转管身,使液面平稳下降,直至溶液的弯月面与标线相切时,迅速用食指压紧管口,使溶液不再流出。将移液管移入承接溶液的容器中,使承接容器倾斜,而移液管垂直,管的尖嘴靠在承接容器的内壁,松开食指,使管内溶液自然地全部沿器壁流下,如图5-2(b)所示。待液流尽后约等10~15 s,取出移液管。注意。如果移液管上未标有"吹"字，则残留在移液管尖端的溶液不要吹出，也不要用外力使之流出，因标定移液管时也没有放出此少量残液。

吸量管的操作与移液管相同。只是有些小容量的吸量管(如0.5 mL、0.1 mL)，管口标有"吹"字，使用时末端残留液必须吹出，不允许保留。

(3) 容量瓶的使用。

容量瓶是一种细颈梨形的平底玻璃瓶，带有磨口塞子，是用来精确配制一定体积和一定浓度溶液的量器，瓶颈上刻有标线，一般表示在20 ℃时，溶液到标线(溶液弯月面最低点与刻线相切)时的体积。容量瓶在使用前应检查是否漏水。方法是：将瓶中加水至刻线附近盖好塞子，左手按紧塞子，右手拿住瓶底，将瓶倒立片刻，观察瓶塞周围有无渗水现象。不漏水时，方可使用。按常规

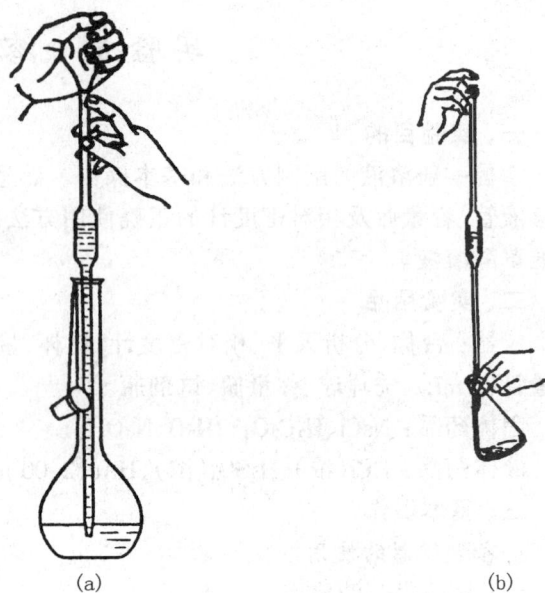

图 5-1 移液管的使用
(a)吸取液体；(b)放出液体

操作(洗液、自来水、蒸馏水)将容量瓶洗净。为避免塞子被调换(瓶和塞是配套的，调换就可能漏水)或被打碎，应用细绳或橡皮筋把塞子系在瓶颈上。

如果用固体物质配制一定体积的准确浓度的溶液，应先将准确称取的固体物质放一洁净的小烧杯中，加入少量蒸馏水，搅拌使其溶解。然后将溶液定量转移到预先洗净的容量瓶中，转移溶液的方法如图5-2(a)所示：一手拿玻璃棒，将玻璃棒伸入瓶中；一手拿烧杯，让烧杯嘴紧贴玻璃棒，慢慢倾斜烧杯使溶液沿玻璃棒流下，倾完溶液后，将烧杯沿玻璃棒轻轻上提，同时将烧杯直立，使附在玻璃棒和烧杯嘴之间的液滴回到烧杯中。再用洗瓶以少量蒸馏水冲洗烧杯3~4次，洗涤液全部转入容量瓶中(此即溶液的定量转移)。然后加蒸馏水稀释至容积2/3处时，直立旋摇容量瓶，使溶液初步混合(但此时切勿加塞倒转容量瓶)。继续加水稀释至接近标线下1 cm处时，等1~2 min，使附在瓶颈上的水流下，然后用滴管或洗瓶逐滴加水至弯月面最低点与刻线相切，盖好瓶塞，用食指压住瓶塞，另一只手托住容量瓶底部如图5-2(b)，倒转容量瓶，待气泡上升到顶部，将瓶摇动。如此反复多次，使瓶内溶液充分混匀如图5-2(c)。最后将瓶直立，轻轻地开启一下瓶塞，稍停片刻后再将其盖好。

如果是准确稀释溶液，则用吸管吸取一定体积浓溶液，放入适当的容量瓶中，按上述方法冲稀至刻线，摇匀。

注意：容量瓶是量器，而不是容器，不宜长期存放溶液，配好的溶液应转移到试剂瓶中贮存(为了保证溶液浓度不变，试剂瓶应先用少量溶液洗2~3遍，并贴好标签)。容量瓶用后应立即洗净，在瓶口与塞之间垫上纸片，以防下次用时不易打开瓶塞。

容量瓶不能加热，也不能在容量瓶里盛放热溶液，如固体是经过加热溶解的，则溶液必须冷至室温后，才能转入容量瓶。

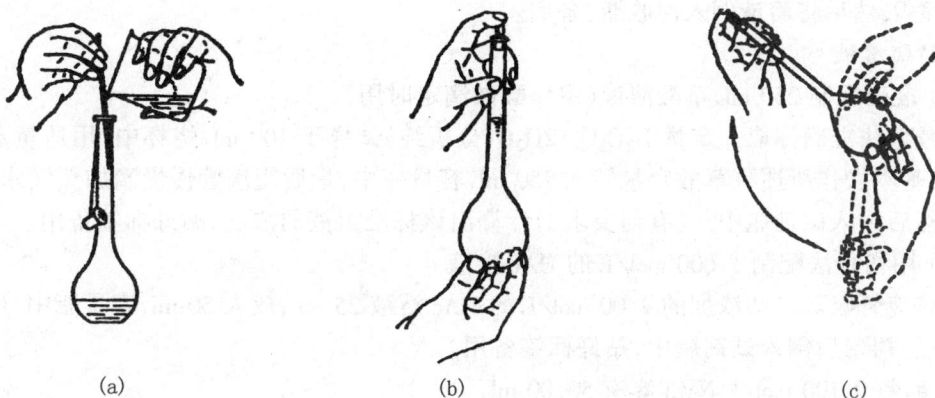

图 5-2 容量瓶的使用

(a)溶液转移入容量瓶；(b)容量瓶的拿法；(c)振荡容量瓶

此外,容量仪器的规格是以最大容量标志的①,并标有使用温度。

2.减量法称量

减量法(也叫差减法)称量样品的质量,不要求固定的数值,只需在要求的称量范围内即可。适宜连续称取多份、易吸水或在空气中性质不稳的试样。其操作方法如下:先在一个干燥洁净的称量瓶中装一些试样,粗称后放在天平上准确称其质量记为 m_1,然后从称量瓶中倾倒出一些试样于容器内,方法如图 5-3。取称量瓶,放在接样容器的上方,将称量瓶倾斜,用瓶盖轻敲瓶口上部,使试样慢慢落入容器中。当倾出试样在所需质量范围内时,慢慢地将瓶竖起,再用瓶盖轻敲口上部,使沾在瓶口的试样落在容器中。然后盖好瓶盖(这些操作都应在容器上方进行,以防止试样撒落、丢失),将称量瓶放回天平盘称其质量,记为 m_2,两次称量之差 $m_1 - m_2$,即为所取出的试样质量。如此可连续称取多份试样。

图 5-3 取出试剂

用减量法称取一份试样时,最好能在一两次内倒出所需用量,以减少可能发生的试样损失或吸湿及减小称量误差。如倾出样品过多,只能弃掉,重复称取。

四、实验内容

1.粗配溶液

(1)配制 2 mol/L NaOH 溶液 50 mL。

(2)配制 2 mol/L HCl 溶液 60 mL。

(3)配制 2 mol//L 的 H_2SO_4 溶液 50 mL。

先计算出所需浓 H_2SO_4(相对密度 1.84,浓度 98%)和水的用量,用量筒将所需蒸馏水的大部分加到烧杯中,再用小量筒量取所需的浓 H_2SO_4,然后将浓 H_2SO_4 慢慢加到水中,边加边搅拌,再用剩余的水分次洗涤量筒,一并倒入烧杯中。冷却后,将溶液倒入量筒中(观察混合后体积发生什么变化?)然后用滴管加水至 50 mL 的刻度即可,配好后用相对密度计测定此溶液的

① 容量器皿上常注明两种符号:一种为"正"表示为"量入"容器;另一种为"A",表示"量出"容器。同一容量器皿(如容量瓶)的量入刻度在量出刻度的下方。一般常用的为量入式,使用时应注意区别。

相对密度①,然后将溶液倒入回收瓶,备用。

　　2.精配溶液

　　(1) 准确配制 250 mL 草酸溶液(留作酸碱滴定时用)。

　　用减量法准确称取一定量 $H_2C_2O_4 \cdot 2H_2O$(分析纯)试样于 100 mL 烧杯中,用适量蒸馏水溶解后,按基本操作所述将草酸定量转入 250 mL 容量瓶中,最后用滴管慢慢滴加蒸馏水至刻线,摇匀。然后倒入试剂瓶中。(有何要求?)计算出该标准溶液的浓度,贴好标签备用。

　　(2) 用稀释法配制 1.000 mol/L 的 HAc 溶液。

　　用移液管吸取已知浓度的 2.00 mol/L 的 HAc 溶液 25 mL,放入 50 mL 容量瓶中,用蒸馏水稀至刻度,摇匀后倒入试剂瓶中,贴好标签备用。

　　1. 配制 0.100 mol/L NaCl 溶液 50.00 mL

　　2. 用稀释法配制 0.200 0 mol/L HAc 溶液 50.00 mL

五、思考题

　　(1) 稀释浓硫酸应如何操作,为什么?

　　(2) 用容量瓶配溶液时,要不要先把容量瓶干燥? 要不要用被稀释溶液洗三遍? 为什么?

　　(3) 用容量瓶稀释溶液时,能否用量筒取浓溶液?

　　(4) 用移液管移取液体前,为什么要用被取液洗涤?

　　(5) 使用相对密度计时应注意什么?

附注:

相对密度计(比重计)的使用。

比重的正确叫法为相对密度,因此,比重计也应称为相对密度计。

顾名思义,相对密度计是用来测定溶液相对密度的仪器。它是一支中间空的玻璃浮柱,上部有标线,下部为一重锤,内装铅粒,通常分为两种,一种是用于测量相对密度大于 1 的液体,称做重表;另一种是用于测量相对密度小于 1 的液体,称做轻表。

测定液体的相对密度时,将欲测液体注入大量筒中,将清洁干燥的相对密度计轻轻放入待测液体内,等其平稳浮起时,才能放开手。当其不再在液面上摇动而且不与器壁相碰时,即可读数。其刻度从上而下增大,一般可读准至小数点后第三位。

有些相对密度计有两行刻度,一行是相对密度 d,一行是波美度(°Bé)b。二者的换算公式为:

$$\text{重表} \quad d = \frac{145}{145 - b} \quad \text{或} \quad b = 145 - \frac{145}{d}$$

$$\text{轻表} \quad d = \frac{145}{145 + b} \quad \text{或} \quad b = \frac{145}{d} - 145$$

相对密度计用完要洗净,擦干,放回盒内。精密相对密度计盒内装有若干支成套相对密度计,每支都有一定的测量范围,可根据溶液相对密度不同而选用不同量程的相对密度计。还应注意:待测液体要有足够深度,放平稳后再松手,否则相对密度计有可能会撞到容器底部而破损,另外使用时也不要甩动相对密度计,以免损坏。

---

　　① 测定相对密度时,应把几个人所配硫酸溶液倒入 250 mL 量筒,再在此量筒中测定相对密度。

实验六　酸碱滴定

一、实验目的

通过氢氧化钠溶液和盐酸溶液浓度的测定,练习滴定操作,掌握酸碱滴定原理,学习滴定管的使用方法;巩固移液管的使用。

二、实验用品

仪器:滴定管(酸式、碱式均为 50 mL)、移液管(25 mL)、锥形瓶、铁架台、滴定管夹、洗瓶、洗耳球。

液体药品:草酸标准溶液(实验五中配制)、HCl(0.1 mol/L)、NaOH(0.1 mol/L)、酚酞溶液、甲基橙溶液。

三、实验原理

酸碱滴定是利用酸碱中和反应测定酸或碱浓度的一种定量分析方法,而中和反应的实质是:$H^+ + OH^- = H_2O$

当反应到达终点时,根据酸给出质子的物质的量与碱接受质子的物质的量相等的原则可求出酸或碱的物质的量浓度。

酸碱滴定的终点是借助指示剂的颜色变化来确定,一般强碱滴定强酸或强碱滴定弱酸,常用酚酞为指示剂;而用强酸滴定强碱,或强酸滴定弱碱时,常以甲基橙为指示剂。

四、基本操作

滴定管是具有精确刻度而内径均匀的细长玻璃管。它主要在定量分析中的滴定时用,有时也用于精确取液。通常滴定管的容量为 25.00 mL 或 50.00 mL,最小刻度为 0.10 mL,读数可估计到 0.01 mL。

滴定管分为酸式和碱式两种(见实验一)。除碱性溶液应该用碱式滴定管盛放以外,其他溶液均使用酸式滴定管[①]。酸式滴定管下端有玻璃旋塞用来控制溶液的流速。碱式滴定管下端用一段装有一玻璃珠的乳胶管控制溶液的流出。

其使用方法介绍如下:

1.用前检查

滴定管在使用前应检查是否漏水及操作是否灵活。碱管漏水或挤压玻璃珠吃力时,需更换玻璃珠或乳胶管。而酸管如有漏水或旋塞转动不灵活时,要将旋塞取出,擦净旋塞及塞槽,然后在旋塞柄一端和塞槽的小孔一端分别涂一薄层凡士林(注意:不要太多,也不能太少! 太多易堵旋塞小孔或滴定管下端尖嘴,太少则转动不灵活或仍漏水),将旋塞插入塞槽中,沿同一方向转动旋塞,直到从外面观察均匀透明为止。如果旋转仍不灵或出现纹路,表示涂油不够,如有凡士林溢出或被挤入塞孔,表示涂油太多。凡出现上述情况,均应将旋塞取出擦净,重新涂凡士林油。然后再检查是否漏液。最后,重把橡皮圈套在旋塞两端,以防使用时旋塞脱出造成漏液甚至打碎旋塞。

因涂油不当,而造成旋塞孔出口管孔被堵住,需要进行清除。若旋塞孔被堵,可把旋塞取出用细金属丝捅出。若是出口管小孔被堵,也可用细金属丝捅出。还可以用水充满全管,然后

---

① 因为相对而言,酸式滴定管的准确度较碱式滴定管高。原因是碱管由于胶管的弹性会造成液体体积变化,而引起误差。

将出口管浸在热水中温热片刻后,打开旋塞,使管内的水突然冲下,可将熔化的油带出,也可用有机溶剂如氯仿或四氯化碳等浸溶。

2.洗涤

滴定管在装液前需要洗涤,其洗涤方法与洗涤移液管相似。应该注意的是用洗液洗酸管时,应先关闭旋塞,而洗碱管时,应将下端带有玻璃珠的乳胶管取下,套上一个胶头或一头用小段玻璃棒堵死的一小段胶管。再将洗液由滴定管上口倒入,浸泡至内壁全部被洗液浸润,然后将洗液倒回原瓶,冲洗干净。装液前用滴定用溶液淋洗 3 次。

3.装液

关闭酸管的旋塞,将溶液直接从试剂瓶倒入滴定管中(不得借用漏斗、烧杯等其他容器,以免引入杂质或改变浓度),至刻度"0.00"以上。开启旋塞或挤压玻璃珠,驱逐出滴定管下端的气泡。酸管可将管稍微倾斜(约 30°),开启旋塞气泡可随溶液带出。碱管可将胶管稍向上弯曲,挤压玻璃珠稍上方部位,使溶液从管尖喷出,带出气泡(如图 6-1),然后,边挤压玻璃珠边将胶管放直。最后,将多余的溶液放出(不满的装满),调节管内液面在"0.00"刻度附近,稍等 1~2 min,待液面位置无变化时,调节液面在"0.00"刻度处。

图 6-1 碱式滴定管排气泡

4.滴定

将滴定管夹在滴定管夹上,用右手持锥形瓶颈部。使用酸管时,左手的大拇指在前,食指和中指在后控制旋塞,无名指和小指抵住滴定管,手心悬空,防止顶出旋塞造成漏液(图 6-2)。滴定时,滴定管尖嘴伸入锥形瓶口内 1~2 cm,瓶底下放一块白瓷板或衬一白纸(用滴定台时则不必放),以便于更清楚地观察滴定过程的颜色变化。慢慢开启旋塞,旋转同时稍向里用力,以使旋塞和塞槽保持密合。控制旋塞使溶液滴入锥形瓶,同时右手不断向一个方向旋摇锥形瓶(作圆周运动),使溶液混合均匀。不要前后振动,以防溶液溅出(图 6-3 (a))。

操作碱管时,用左手拇指在前,食指在后,轻轻向一边挤压玻璃珠外稍上方的胶管,使胶管与玻璃珠之间形成一条缝隙,溶液即可流出。注意,不要挤压玻璃珠下方的胶管,以防松开手时空气泡进入尖嘴管(图 6-3(b))。

图 6-2 左手控制旋塞的方法

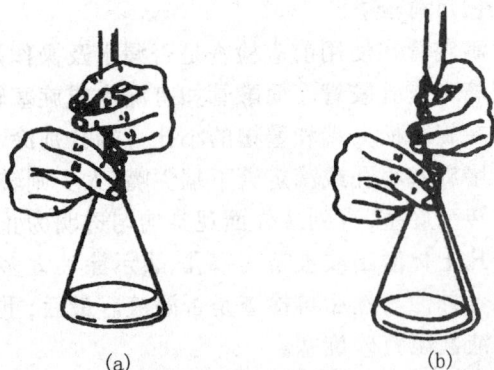

(a)　　　　　　　　(b)

图 6-3 滴定操作

(a)酸管滴定操作;(b)碱管滴定操作

开始滴定时,液滴流速可稍快些。要学会控制流速的三种方法,即连续式滴加,间歇式滴加和液滴悬而不落(半滴半滴地加)。接近终点时(此时液滴周围颜色消失较慢),应逐滴加入并把溶液摇匀,观察颜色变化。最后半滴半滴地加入,即控制溶液在尖嘴处悬而不落,用锥形瓶内壁靠下悬液,用洗瓶冲洗锥形瓶内壁,摇匀,如此反复操作,直到颜色突变后不再消失为止,即达滴定终点。稍等片刻,读数。

5.读数

滴定管读数不准是滴定误差的主要来源之一。因此在滴定前就应先进行读数练习。将装满溶液的滴定管垂直地夹在滴定管夹上,由于附着力和内聚力的作用,滴定管内的液面呈弯月形。无色水溶液的液面比较清晰,而有色溶液的弯月面清晰度较差。因此,两种情况的读数方法稍有不同。读数时应遵循下列原则:

(1)读数时应让滴定管垂直放置,注入溶液或放出溶液后,需等 1 min 后才能读数。

(2)无色或浅色溶液,应读弯月面下缘实线的最低点。读数时视线应与弯月面下缘实线最低点在同一水平线上,见图 6-4(a)。有色溶液,如高锰酸钾、碘水溶液等,视线应与液面两侧的最高点相切,见图 6-4(b)

(3)为了读数准确,还可使用读数卡(用黑纸或用中间涂有黑长方形(约 3×1.5 cm)的白纸制成)。读数时,将卡放在管的背后,使黑色部分在弯月面下面约 1 mm 处,使弯月面的反射层成为黑色,然后读取黑色弯月面下缘最低点的刻度。见图 6-4(c)。读数必须读到小数点后第二位,而且要估计到 0.01 mL。

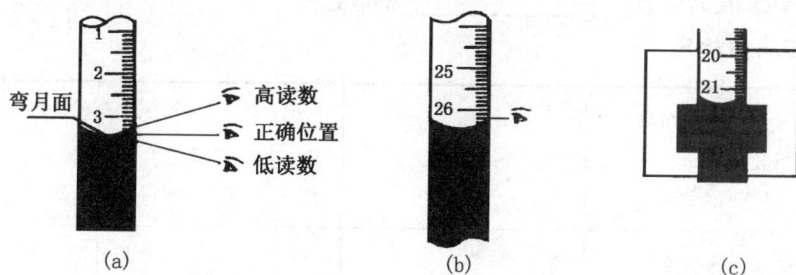

图 6-4　滴定管读数
(a) 无色及浅色溶液的读数;(b) 深色溶液的读数;(c) 使用读数卡

滴定结束后,将管内溶液倒出,如果继续使用,则将管内装满蒸馏水,用小烧杯或纸筒将滴定管上口罩好。如不再继续使用,则应将滴定管洗净,酸管取下旋塞擦净后在塞和槽之间垫上纸条,以防旋塞和槽粘在一起。

五、实验内容

1.氢氧化钠溶液浓度的标定

用草酸标准溶液(实验五配制)标定① 氢氧化钠溶液的浓度。

(1)将已洗净的碱管,用 NaOH 溶液淋洗 3 遍,原则是:"少量多次"。然后注入 NaOH 溶液至"0"刻度以上,赶出胶管和尖嘴内的气泡,调液面在"0.00"刻度处或略低,记下液面的准确读数。

(2)取一洁净的 25.00 mL 移液管,用草酸标准溶液洗 3 遍,吸取 25.00 mL 草酸标准液加

---

① 用滴定的方法,利用已知浓度的标准溶液来确定未知溶液的浓度的过程称为标定。

到洁净的锥形瓶中(平行取 2~3 份)。然后分别加 2~3 滴酚酞指示剂① 摇匀。

(3) 将碱液逐滴滴入锥形瓶内,滴定速度先快后慢(但不能形成水流)。当滴至溶液的粉红色消失较慢(已接近终点)时,每加入一滴碱液都要将溶液摇匀。观察粉红色的消失程度,再决定是否还需滴加碱液。最后,半滴半滴地加入碱液至溶液出现粉红色且半分钟后不消失,即为滴定终点。读取碱液用量并记录。

重复滴定两次(每次都要装液并调液面至"0.00"刻度处②)。三次所用 NaOH 溶液的体积相差不超过 0.05~0.10 mL 时,可取平均值计算 NaOH 溶液的浓度(取四位有效数字)。

2.盐酸溶液浓度的测定

将已洗净的酸管用待测盐酸溶液淋洗 2~3 遍,装液至"0"刻度以上,赶走气泡,调液面至"0.00"刻度。

用碱管准确放出 25.00 mL NaOH 溶液于锥形瓶中,加入 2~3 滴甲基橙指示剂。

将酸液逐滴加入锥形瓶内,同时不断摇动锥形瓶。当瓶内溶液颜色恰好由黄色变为橙色时,再滴入碱液,使溶液变为黄色,然后,再用盐酸滴到橙色③。如此反复练习滴定操作和终点观察,最后读取所用酸和碱的用量,记录。

重复滴定两次。三次计算结果与平均值的相对偏差不大于 5% 时,即取平均值为待测盐酸的浓度。

六、数据记录与结果处理

1. 标准草酸溶液的浓度 _____ mol/L

2. NaOH 溶液的标定

记录与结果 ＼ 实验序号		1	2	3
标准草酸溶液用量/mL				
NaOH 溶液的用量/mL	初读数			
	终读数			
	用 量			
测得 NaOH 的浓度/(mol·L^{-1})				
NaOH 的平均浓度/(mol·L^{-1})				

---

① 酚酞指示剂的加入量为 2 滴或 3 滴,但平行实验加入量应相同。否则会因终点颜色的深浅不同引入误差。
② 滴定过程中,平行滴定一般要求用滴定管的同一段体积,以消除因上下刻度不均匀而引起的体积误差。另外,连续进行滴定时,可能会因酸(碱)用量较大而超出滴定管下端刻度,使实验失败。
③ 此处用酸滴碱,以甲基橙为指示剂,首先是为了练习酸管的操作,其次,终点时指示剂颜色由黄色变到橙色,初学者不易掌握,故用酸碱交替滴入,练习终点判断。通常较准确的测定时多用碱来滴酸,以酚酞为指示剂,终点敏锐,容易掌握。

3．HCl 浓度的测定

实验序号 记录与结果		1	2	3
NaOH 溶液浓度/(mol·L^{-1})				
HCl 溶液的用量/mL	初读数			
	终读数			
	用　量			
测得 HCl 的浓度/(mol·L^{-1})				
HCl 的平均浓度/(mol·L^{-1})				

七、思考题

（1）下列情况对实验结果有何影响？应如何排除？

① 滴定完后，滴定管尖嘴外留有液滴。

② 滴定完后，滴定管尖嘴内留有气泡。

③ 滴定过程中，锥形瓶内壁上部溅有碱（酸）液。

（2）同一条件下，取 10.00 mL 盐酸溶液用 NaOH 溶液滴定所得结果与取 25.00 mL 盐酸溶液相比哪个误差大？

（3）为什么以酚酞为指示剂用碱滴定酸时，达终点后，放置一段时间颜色会消失？

实验七　气体的发生、收集、净化和干燥

一、实验目的

学习气体的制备和收集方法。继续练习试管中固体试剂的加热。学习启普气体发生器的构造和使用方法。

二、实验用品

仪器：烧杯、试管、量筒、广口瓶、水槽、燃烧匙、玻璃片、酒精灯、铁架台、台秤、启普发生器、药匙。

固体药品：$KClO_3$、MnO_2、CuO、红磷、木炭、细铁丝、锌粒。

液体药品：HCl(6 mol/L)、石灰水。

材料：胶塞、胶管、冰。

三、基本操作

1. 气体的发生

(1) 加热固体物质以制取气体。

可适用于 O_2、NH_3、N_2 等，一般可以在试管中进行。仪器装置图如图 7-1。

制取气体时应注意检查气密性；试管口向下倾斜，以免管口冷凝的水珠倒流到试管的灼烧处，导致试管炸裂。

(2) 利用启普发生器制备气体。

适用于制备 H_2、CO_2、H_2S、NO_2、NO 等气体。

图 7-2 是启普发生器的构造图，它由球形漏斗、玻璃容器和导气管三部分组成。固体和液体在葫芦状容器(由球体和半球体构成)上半部的球休内发生反应，球体的上部有一气体出口，与带开关的导气管相连。下半部的半球体是用于贮存液体的，其底部有一废液出口，平常用磨砂玻璃塞塞紧。

图 7-1　加热固体以制取气体的装置

使用注意事项：

① 启普发生器不能加热。

② 所用固体必须是颗粒较大或块状的。

③ 移动(拿取)启普发生器时，应用手握住葫芦状容器半球体上部凹进部位(即所谓"蜂腰"部位)，决不可用手提(握)球形漏斗，以免葫芦状容器脱落打碎，造成伤害事故。

使用方法：

① 装配：将球形漏斗颈、半球部分的玻璃塞及导管的玻璃旋塞的磨砂部分涂一薄层凡士林，并插入磨口内旋转，使之装配严密。

② 检查气密性：打开导气管的旋塞，从球形漏斗口注入水至充满半球体，先检查半球体上的玻璃塞是否漏水，若漏水需重新处理塞子(取出擦干，重涂凡士林，塞紧后再检查)。若不漏水，再检查气密性。方法是：关闭导气管旋塞，继续从球形漏斗加水至漏斗的1/2处时停止加水，记下水面的位置，静置，然后观察水面是否下降。若水面不下降则表明不漏气(否则应找出漏气的原因并进行处理)。然后从下面废液出口处将水放掉，再塞紧下口塞(为防止因容器气压增大而使其被挤出，最好用绳子把塞子紧缚在容器塞孔的外壁上)备用。

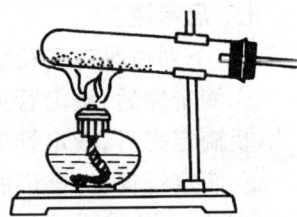

③ 加料：在葫芦状球体的下部先放些玻璃棉(或橡胶垫圈)，以防止固体掉入半球体底部而使反应无法控制。然后由气体出口放入固体药品。加入固体的量不宜过多，以不超过中间球体容积的1/3为宜(否则固液反应激烈，液体很容易被气体从导管中冲出)。然后从球形漏斗加入液体，待加入的液体与固体接触后，即关闭导气管的旋塞，再加液体至漏斗上部球体的1/4~1/3处，使反应时液体可浸没固体。加入的液体也不宜过多，否则也因反应激烈，使液体从导管口冲出。

④ 气体的发生：使用时，打开旋塞，此时中间球体内压力降低，液体即从底部进入中间球体与固体接触而产生气体。停止使用时，关闭旋塞，由于中间体内产生的气体使压力增大，将液体压到球形漏斗中，使固体与液体分离，反应自动停止。再用时，只要打开旋塞即可产生气体，还可以通过调节旋塞来控制气体的流速。

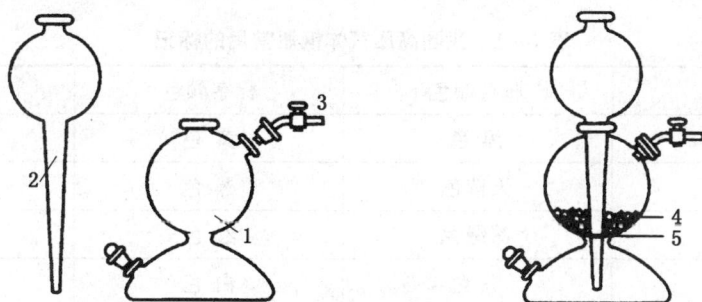

图 7-2　启普发生器装置
1—葫芦状容器；2—球形漏斗；3—旋塞导管；4—固体药品；5—玻璃棉(或橡皮垫圈)

⑤ 添加或更换试剂：发生器中的液体长久使用后浓度会变稀，使反应逐渐缓慢。当生成的气体量不足时，应及时添加或更换反应物。更换或添加固体时，先关闭旋塞，让液体压入球形漏斗中使其与固体分离。然后，用塞子将球形漏斗的上口塞紧，取下装有导气管的橡胶塞，即可从侧口更换或添加固体。换液体时(或实验结束后要将废液倒掉)，先关闭导气管旋塞，用塞子将球形漏斗的上口塞紧。然后用左手握住"蜂腰"部位(切勿握球形漏斗)，把发生器先仰放在废液缸上，使废液出口朝上，再拔出下口塞子，倾斜发生器使下口对准废液缸，慢慢松开球形漏斗的橡胶塞，控制空气的进入速度，让废液缓缓流出。废液倒出后再把下口塞子塞紧，重新从球形漏斗添加液体。实验结束，将废液倒入废液缸内(或回收)。倒出剩余固体。

(3) 利用蒸馏烧瓶和分液漏斗制备气体。

适用于 CO、SO_2、Cl_2、HCl 等气体。实验装置见图 7-3。

注意：分液漏斗下管应插入液体或小试管内；必要时可加热。

(4) 从贮气钢瓶直接获得气体。

如果需要大量或经常使用气体时，可以从压缩气体钢瓶中直接获得气体。高压钢瓶容积一般为 40~60 L，最高工作压力为 15 MPa，最低的也在 0.6 MPa 以上。为了避免在使用各种钢瓶时发生混淆，常将钢瓶漆

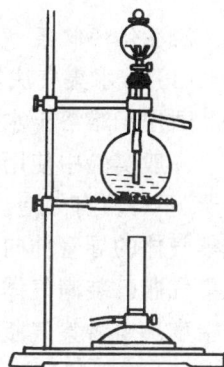

图 7-3　用蒸馏烧瓶和分液漏斗制备气体的装置

上不同的颜色,写明瓶内气体名称,见表7-1。

高压钢瓶若使用不当,会发生极危险的爆炸事故,使用者必须注意以下事项:

① 钢瓶应存放在阴凉、干燥、远离热源(如阳光、暖气、炉火)的地方。盛可燃性气体钢瓶必须与氧气钢瓶分开存放。

② 绝对不可使油或其他易燃物、有机物沾在气体钢瓶上(特别是气门嘴和减压器处)。也不得用棉、麻等物堵漏,以防燃烧引起事故。

③ 使用钢瓶中的气体时,要用减压器(气压表)。可燃性气体钢瓶的气门是逆时针拧紧的,即螺纹是反扣的(如氢气、乙炔气)。非燃或助燃性气体钢瓶的气门是顺时针拧紧的,即螺纹是正扣的。各种气体的气压表不得混用。

④ 钢瓶内的气体绝不能全部用完,一定要保留 0.05 MPa 以上的残留压力(表压)。可燃性气体如乙炔应剩余 0.2~0.3 MPa,H_2 应保留 2 MPa,以防重新充气时发生危险。

表7-1 我国高压气体钢瓶常用的标记

气体类别	瓶身颜色	标字颜色	腰带颜色
氮气	黑色	黄色	棕色
氧气	天蓝色	黑色	
氢气	深绿色	红色	
空气	黑色	白色	
氨气	黄色	黑色	
二氧化碳气	黑色	黄色	
氯气	草绿色	白色	
乙炔	白色	红色	绿色
其他一切非可燃气体	红色	白色	
其他一切可燃气体	黑色	黄色	

2.气体的收集

(1) 排水集气法。

适用于难溶于水且不与水发生化学反应的气体,如 H_2、O_2、N_2、NO、CO、CH_4、C_2H_4 等。

一般实验中使用集气瓶。先将集气瓶装满水,用毛玻璃片沿集气瓶的磨口平推以将瓶口盖严,不得留有气泡。手握集气瓶并以食指按住玻璃片把瓶子翻转倒立于盛水的水槽中。将收集气体的导管伸向集气瓶口下,气泡进入集气瓶的同时,水被排出,待瓶口有气泡排出时,说明集气瓶已装满气体。在水下用毛玻璃片盖好瓶口,将瓶从水中取出。根据气体对空气的相对密度决定将集气瓶正立或倒立在实验台上。见图7-4。

(2) 排气集气法。

适用于不与空气发生反应的气体。比空气密度小的气体,可用向下排空气法。如 H_2、NH_3、CH_4 等。比空气密度大的气体,可用向上排空气法。如 CO_2、Cl_2、SO_2 等。装置图见7-5。

3.气体的净化和干燥

实验室制备的气体常常带有酸雾和水汽。为了得到比较纯净的气体,酸雾可用水或玻璃棉除去;水汽可用浓硫酸、无水氯化钙或硅胶吸收。一般情况下使用洗气瓶(图7-6)、干燥塔(7-7)、U形管(图7-8)或干燥管(图7-9)等仪器进行净化或干燥。液体(如水、浓硫酸等)装在洗气瓶内,无水氯化钙和硅胶装在干燥塔或U形管内,玻璃棉装在U形管或干燥管内。

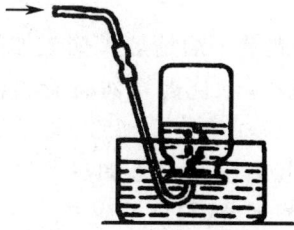

图7-4 排水法收集气体

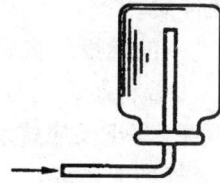

图7-5 排空气集气法

图7-6 洗气瓶

图7-7 干燥塔

图7-8 U形管

图7-9 干燥管

不同性质的气体根据具体情况,分别采用不同的洗涤液或干燥剂进行处理(见表7-2)。

表7-2 常用气体的干燥剂

气 体	干 燥 剂	气 体	干 燥 剂
H_2	$CaCl_2$、P_2O_5、H_2SO_4(浓)	H_2S	$CaCl_2$
O_2	同上	NH_3	CaO 或 $CaO-KOH$
Cl_2	$CaCl_2$	NO	$Ca(NO_3)_2$
N_2	$CaCl_2$、P_2O_5、H_2SO_4(浓)	HCl	$CaCl_2$
O_3	$CaCl_2$	HBr	$CaBr_2$
CO	$CaCl_2$、P_2O_5、H_2SO_4(浓)	HI	CaI_2
CO_2	$CaCl_2$、P_2O_5、H_2SO_4(浓)	SO_2	$CaCl_2$、P_2O_5、H_2SO_4(浓)

四、实验内容

1.氧气的发生、收集和性质

(1)氧气的发生和收集。

在台秤上称 7 g 用玻璃棒研细过的氯酸钾(为何不用研钵?),再称 1g 预先经过灼烧过的二氧化锰粉末①,混合均匀后放入 1 支硬质大试管中。在导管口放一点棉花(松紧合适),按试管中固体试剂的加热和排水集气法收集三瓶氧气,其中一瓶应留有少量水,备用。

(2) 氧气的性质。

① 磷在氧气中的燃烧。将盛有绿豆大小的红磷的燃烧匙置于酒精灯火焰上加热燃烧,观察其发光现象。接着将燃着的红磷伸进盛有氧气的集气瓶中(燃烧匙切勿碰着容器壁,为什么?)比较发光现象,写出反应式。

② 木炭在氧气中的燃烧。在燃烧匙中放入一小块木炭,置于火焰上加热至红,伸进氧气瓶中,燃烧后立即向瓶内倒入一些澄清的石灰水,摇动后观察现象,写出反应式。

③ 铁丝在氧气中的燃烧②。把一段细铁丝绕成螺旋状,一端系一段火柴梗,用坩埚钳夹住另一端,把火柴梗燃着等快要燃尽时立即伸进盛有少量水的氧气瓶中,观察现象,写出反应式。

2. 氢气的制备和性质

(1) 制备。

装配一制取氢气的启普发生器,导管尾部带一尖嘴,或自行设计一套简易装置。检验气密性。装好药品待用。

(2) 性质。

① 可燃性。开启启普发生器,制取氢气:验纯! 待氢气纯净后点燃,观察火焰颜色③。用一外壁干燥的、盛有冰水的小烧杯放在火焰上方,观察有无水珠形成,写出验纯的整个步骤。

② 还原性。取一硬质试管装入少量 CuO 粉末,固定在铁架台上(应注意什么?)。验纯后将氢气导管插入试管底部,通气片刻后加热 CuO,观察 CuO 的变化。然后撤去酒精灯,再通气片刻。待试管冷却后,停止通气,将试管中物质倒在白纸上观察。写出反应式。

五、思考题

(1) 某学生做完氧气实验后,先拿开煤气灯(或酒精灯),用嘴吹灭灯后,把导气管拿出水面;拆去装置后立即用冷水洗涤灼热的试管,你认为他的操作方法对吗? 如有错误,请指出,并说明理由。

(2) 你能用实验证明 $KClO_3$ 里含有氯元素和氧元素吗?

(3) 做铁丝在氧气中燃烧的实验时,集气瓶中为什么要留有水?

(4) 试述启普气体发生器的构造原理和使用注意事项。

(5) 点燃可燃性气体时应注意什么?

(6) 在做完氢的还原性实验后,拿开酒精灯以后,为何还要继续通氢气至试管冷却?

---

① 分解 $KClO_3$ 的催化剂可用氧化铝、氧化铁、氧化铜、沙子等。MnO_2 作催化剂时应注意不应混有机物,否则和 $KClO_3$ 反应易发生爆炸。

$KClO_3$ 是强氧化剂,与可燃物质接触、加热、摩擦或撞击容易引起燃烧和爆炸,因此决不可把它与有机物、木炭、红磷、硫粉、蔗糖等易氧化的可燃物混合起来保存。$KClO_3$ 易分解,不宜火烘烤。实验时,撒落的 $KClO_3$ 应及时清除净,不要倒入酸缸内。

② 做 Fe 在 O_2 中燃烧的实验时,集气瓶中留少量水的目的是使产生的红热的氧化铁不至于把瓶子击裂,故水量应能使氧化铁冷却下来,水层的深度不少于 1 cm,太少时仍会使集气瓶破裂。

③ H_2 的燃烧火焰应为浅蓝色,由于玻璃管中 Na^+ 离子颜色的影响而带有黄色。

附注:

可燃性气体的燃点和混合气体的爆炸范围(101.325 kPa)

气体(蒸气)	燃点/℃	混合物中爆炸限度(气体的体积分数)/%	
		与空气混合	与氧气混合
CO	650	12.5～75	13～96
H_2	585	4.1～75	4.5～9.5
H_2S	260	4.3～45.4	
NH_3	650	15.7～27.4	14.8～79
CH_4	537	5.0～15	5～60
C_2H_5OH	558	4.0～18	

实验八　物质的分离和提纯

一、实验目的

通过氯化钠的提纯实验,练习并掌握溶解、过滤、蒸发、结晶等基本操作。

二、实验用品

仪器:烧杯、量筒、普通漏斗、漏斗架、热滤漏斗、吸滤瓶、布氏漏斗、三脚架、石棉网、台秤、表面皿、抽气管、滴液漏斗、广口瓶、铁架台。

固体药品:NaCl(粗)。

液体药品:Na_2CO_3(饱和)、$BaCl_2$(1 mol/L、0.2 mol/L)、$Na_2C_2O_4$(饱和)、HCl(6 mol/L)、H_2SO_4(2 mol/L)、NaOH(6 mol/L)、对硝基偶氮间苯二酚(镁试剂)。

材料:滤纸。

三、基本操作

1.固体物质的溶解

将固体物质溶解于某一溶剂时,通常要考虑温度对物质溶解度的影响和实际需要而取用适量溶剂。

(1)加热。

加热一般可加速溶解过程,应根据物质对热的稳定性选用直接用火加热或用水浴等间接加热方法。

(2)搅动。

搅动可以使溶解速度加快。用搅拌棒搅动时,应手持搅拌棒并转动手腕使搅拌棒在液体中均匀地转圈子,不要用力过猛,不要使搅拌棒碰在器壁上,以免损坏容器。

如果固体颗粒太大不易溶解时,应先在洁净干燥的研钵中将固体研细,研钵中盛放固体的量不要超过其容量的1/3。

2.固液分离

溶液与沉淀的分离方法有三种:倾析法,过滤法,离心分离法。

(1)倾析法。

当沉淀的相对密度较大或晶体的颗粒较大,静止后能很快沉降至容器的底部时,常用倾析法进行分离和洗涤。倾析法操作如图8-1所示。即把沉淀上部的溶液倾入另一容器中而使沉淀与溶液分离。如需洗涤沉淀时,可向盛沉淀的容器内加入少量洗涤液,将沉淀和洗涤液充分搅匀。待沉淀沉降到容器的底部后,再用倾析法,倾去溶液。如此反复操作两三遍,能将沉淀洗净。

(2)过滤法。

过滤是最常用的分离方法之一。当沉淀和溶液经过过滤器时,沉淀留在过滤器上;溶液通过过滤器而进入容器中,所得溶液称作滤液。

应考虑各种因素的影响而选用不同的过滤方法。一般溶液的粘度愈小,过滤愈快。通常热的溶液粘度小,易过滤。减压过滤因产生较大的压强差故比在常压下过滤快。过滤器的孔隙大小有不同规格,应根据沉淀颗粒的大小和状态选择。孔隙太大,小颗粒沉淀易透过,孔隙太小,又易被小颗粒沉淀堵塞,使过滤难以继续进行。如果沉淀是胶状的,可在过滤前加热破坏,以免胶状沉淀透过滤纸。

常用的过滤方法有常压过滤(普通过滤)、减压过滤(吸滤)和热过滤三种。

① 常压过滤 此法最为简单、常用。使用玻璃漏斗和滤纸进行。

图 8-1 倾析法

(i) 滤纸的选择 滤纸有定性和定量两种,除了做沉淀的质量分析外,一般选用定性滤纸。滤纸按孔隙大小分为"快速""中速"和"慢速"三种;按直径大小分为 7 cm、9 cm、11 cm 等几种。应根据沉淀的性质选择滤纸的类型,细晶形沉淀,应选用"慢速"滤纸;粗晶形沉淀,宜选用"中速"滤纸;胶状沉淀,需选用"快速"滤纸过滤。根据沉淀量的多少选择滤纸的大小,一般要求沉淀的总体积不得超过滤纸锥体高度的 1/3。滤纸的大小还应与漏斗的大小相适应,一般滤纸上沿应低于漏斗上沿约 1 cm。

(ii) 漏斗 普通漏斗大多是玻璃做的,但也有搪瓷做的。通常分为长颈和短颈两种。玻璃漏斗锥体的角度为 60°,颈直径要小些,常为 3~5 mm,若太粗,不易保留水柱。选用的漏斗大小应以能容纳沉淀为宜。在热过滤时,必须用短颈漏斗;在质量分析时,必须用长颈漏斗。漏斗示意图见图 8-2。

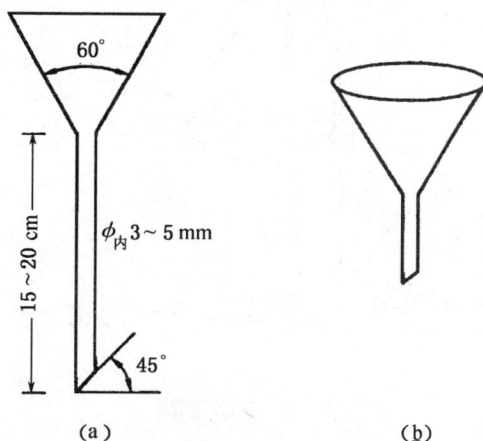
图 8-2 漏斗
(a)长颈;(b)短颈

普通漏斗的规格按斗径(深)划分,有 30 mm、40 mm、60 mm、100 mm、120 mm 等几种。过滤后欲获取滤液,应按滤液的体积选择斗径大小适当的漏斗。

(iii) 滤纸的折叠 折叠滤纸前应先把手洗净擦干。首先,将滤纸对折,然后再对折成直角,拨开一层成圆锥形,内角成 60°,见图 8-3。如果漏斗不正好为 60°角,应适当改变滤纸折叠的角度,保证滤纸与漏斗密合。滤纸锥体一个半边为三层,另一个半边为一层。为了使滤纸和漏斗内壁贴紧而无气泡,常在三层厚的外层滤纸折角处撕下一小块。

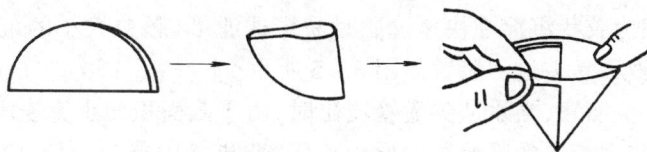

图 8-3 滤纸的折叠方法

滤纸应低于漏斗边缘 0.5~1 cm。将折叠好的滤纸放入漏斗中,用手按紧三层的一边,用少量蒸馏水润湿滤纸,轻压滤纸赶去滤纸与漏斗壁间的气泡,使滤纸紧贴在漏斗壁上。再加蒸馏水至滤纸边缘,让水全部流下,漏斗颈内应都被水充满。若不能形成完整的水柱,可用手指堵住漏斗下口,稍掀起滤纸的一边,用洗瓶向滤纸和漏斗的空隙处加水,使漏斗颈和锥体的大部分被水充满,然后压紧滤纸边,放开堵出口的手指,水柱即可形成。如果仍不能形成水柱,则可能是漏斗颈太粗,滤纸与漏斗没有密合等原因。

(iv) 过滤操作 将准备好的漏斗放在漏斗架或铁圈上,下面放一洁净的容器承接滤液,漏斗颈出口长的一边紧靠接受器内壁。漏斗位置的高低,以过滤过程中漏斗颈的出口不接触滤液为宜。先用倾注法将尽可能多的清液过滤。倾倒溶液时,烧杯尖嘴要紧靠玻璃棒,让溶液沿着玻璃棒流入漏斗中。玻璃棒应直立,下端对着三层厚的滤纸一边,并尽可能接近滤纸,但不要与滤纸接触,如图 8-4 所示。漏斗中的液面高度应低于滤纸边缘 5 mm 以下。当倾液暂停时,应将烧杯沿玻璃棒慢慢向上提一段,再立即放正烧杯,以避免烧杯嘴上的液体流到杯外壁去。移开烧杯后,将玻璃棒放到烧杯中(不要放在烧杯嘴处,以免此处的少量沉淀沾在玻璃棒上)。

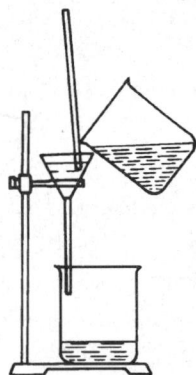

图 8-4 过滤操作

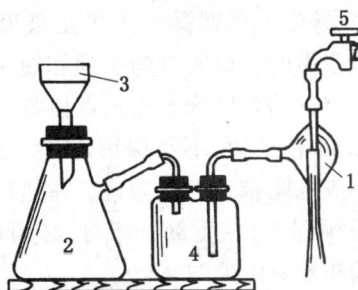

图 8-5 减压过滤的装置
1—抽气管;2—吸滤瓶;3—布氏漏斗;
4—安全瓶;5—自来水龙头

如果沉淀需要洗涤,应等溶液转移完毕后,用洗瓶吹出少量洗涤剂(沿杯壁加入),然后用玻璃棒充分搅动,静置,待沉淀下沉后,再把上层清液倒入漏斗中,如此重复洗涤两三遍,最后把沉淀转移到滤纸上。沉淀全部转移至滤纸上后,还需在滤纸上洗涤沉淀。可先用洗瓶吹出细水流,从滤纸上部按螺旋形下移,并使沉淀集中到滤纸下部。

② 减压过滤 此法可加速过滤,并把沉淀抽吸得比较干燥,但不宜用于过滤胶状沉淀和颗粒太小的沉淀。因为胶状沉淀在快速过滤时易穿透滤纸,颗粒太小的沉淀物易在滤纸上形成密实的薄层,使溶液不易透过。装置如图 8-5 所示。

抽气管管内有一尖嘴管,当水从尖嘴管流出时,由于截面积变小流速增大,压强减小,遂将周围空气带走,使得与之相连的吸滤瓶内形成负压,造成瓶内与布氏漏斗液面上的压力差,因而加快了过滤速度。

吸滤瓶用来承接滤液,其支管与抽气系统相连。布氏漏斗上面有很多小孔,漏斗颈插入单孔橡胶塞,与吸滤瓶相连。橡胶塞插入吸滤瓶内的部分不能超过塞子高度的 2/3。把斗颈下端的斜口要对准吸滤瓶的支管口。

如要保留滤液,需在吸滤瓶和抽气管之间安装一个安全瓶,以防止关闭抽气管或水的流量突然变小时,由于吸滤瓶内压力低于外界大气压而使自来水反吸入吸滤瓶内,把滤液弄脏。安装时注意安全瓶上长管和短管的连接顺序,不要连反。

减压过滤操作步骤及注意事项:

(i) 按图装好仪器后,把滤纸平放入布氏漏斗内,滤纸应略小于漏斗的内径又能把全部瓷孔盖没。用少量蒸馏水润湿滤纸后,慢慢打开水龙头,抽气,使滤纸紧贴在漏斗瓷板上。

(ii) 用倾析法先转移溶液,溶液量不得超过漏斗容量的2/3。待溶液快流尽时再转移沉淀至滤纸的中间部分。洗涤沉淀时,应关小水龙头,使洗涤剂缓缓通过沉淀,这样容易洗净。

(iii) 抽滤完毕或中间需停止抽滤时,应特别注意需先拔掉连接吸滤瓶和抽气管的橡胶管,然后关闭水龙头,以防倒吸。

(iv) 用手指或玻璃棒轻轻揭起滤纸边缘,取出滤纸和沉淀。滤液从吸滤瓶上口倒出。瓶的支管口只作连接调压装置用,不可从中倒出溶液。

③ 热过滤 有些溶质在溶液温度降低时很容易结晶析出。为了滤除这类溶液中所含的其他难溶杂质,就需要趁热过滤。过滤时将普通漏斗放在铜质的热滤漏斗内如图8-6。铜质漏斗的夹套内装有热水(水不要太满,以免加热至沸后溢出),以维持溶液的温度。热过滤时选用的普通漏斗颈越短越好,以免过滤时溶液在漏斗颈内停留过久,因散热降温,析出晶体而发生堵塞。

(3) 离心分离法。

当被分离的沉淀量很少时,应采用离心分离法,其操作简单而迅速(如图8-7)。操作时,把盛有混合物的离心管(或小试管)放入离心机的套管内,在这套管的相对位置上放一同样大小的试管,内装与混合物等体积的水,以保持转动平衡。然后使离心机由低向高逐渐加速,1~2 min后,关闭开关,使离心机自然停下。注意起动离心机和加速都不能太快,也不能用外力强制停止,否则会使离心机损坏而且易发生危险。

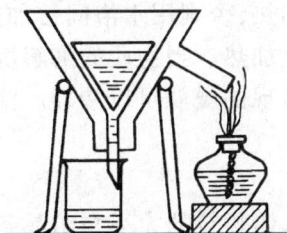

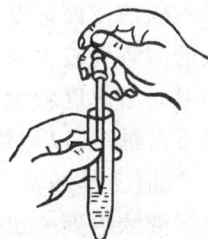

图8-6 热过滤用漏斗　　　　图8-7 离心机　　　　图8-8 用吸管吸出上层清液

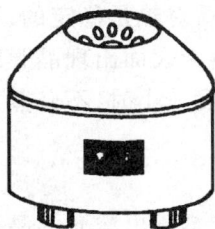

由于离心作用,沉淀紧密地聚集于离心管的尖端,上方的溶液是澄清的。可用滴管小心地吸出上方清液(图8-8),也可将其倾出。如果沉淀需要洗涤,可加入少量的洗涤液,用玻璃棒充分搅动,再进行离心分离,如此重复操作两三遍即可。

3. 热浴加热

如果要在一定范围的温度下进行较长时间的加热,则可使用水浴、蒸气浴或沙浴等。

(1) 水浴。

当被加热的物质要求受热均匀,而温度又不能超过100 ℃时,可用水浴或蒸气浴。水浴锅上放置大小不同的钢圈,用以承受不同规格的器皿。如果加热的容器是锥形瓶或小烧杯等,可直接浸入水中,但不能接触容器底部。若要蒸发浓缩溶液,可将蒸发皿放在水浴锅的钢圈上,用灯具把锅中的水煮沸,利用水蒸气加热(称蒸气浴),如图8-9。蒸发皿底部的受热面积尽可能增大但又不能浸入水里。水浴锅内盛水量不要超过其容量的2/3,长时间使用时,要随时添加热水,切勿烧干。无机实验中常用大烧杯代替水浴锅(水量占烧杯容量的1/3)。

(2) 沙浴。

当被加热的物质要求受热均匀,而温度又需高于100 ℃时,可用沙浴。沙浴是一个铺有一层均匀细沙的铁盘,被加热的容器的下部埋在热沙中。如图8-10所示。因为沙的热传导能力较差,故沙浴温度不均匀,若要测量温度,可把温度计插入沙中,水银球应紧靠反应容器。

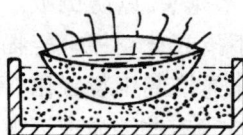

图 8-9　水浴加热　　　　　　　　　　　　　　　图 8-10　沙浴加热

4. 蒸发(浓缩)

为了使溶质从溶液中析出,常采用加热的方法使水分不断蒸发,溶液不断浓缩而析出晶体。蒸发一般在蒸发皿中进行,因为它的表面积较大,有利于快速蒸发。

蒸发皿中所盛液体的量不得超过其容量的2/3。若液体较多,蒸发皿一次盛不下,可随着水分的不断蒸发而逐渐添加。如果物质对热是稳定的,可以直接加热,否则用水浴间接加热。当物质的溶解度较大时,必须蒸发到溶液表面出现晶膜时才可停止加热。当物质的溶解度较小或高温时溶解度较大而室温时溶解度较小时,不必蒸发至液面出现晶膜就可以冷却。注意蒸发皿不可骤冷,以免炸裂。

5. 结晶(重结晶)

当溶液浓缩到一定浓度后冷却,就会析出溶质的晶体。析出晶体颗粒的大小与结晶条件有关。如果溶液的浓度高,溶质的溶解度小,溶液冷却得快,析出的晶粒就细小。反之,可得到较大颗粒的晶体。搅动溶液和静置溶液可得到不同的效果,前者有利于细晶体的生成,后者有利于大晶体的生成。从纯度来说,由于大晶体生成较慢易裹入母液或别的杂质,因而纯度不高;而细小的晶体由于生成较快,纯度较高。

当溶液出现过饱和现象时,可以振荡容器、用玻璃棒搅动或轻轻摩擦器壁、或投入几小粒晶体(俗称"晶种",该晶种可采用滴数滴溶液于干净的表面皿上,放在冰上冷却而获得),促使晶体析出。

如果第一次得到的晶体纯度不符合要求,可以将所得晶体溶解于适量的溶剂中,再重新蒸发(或冷却)、结晶、分离,便可得到较纯净的晶体,这种操作称为重结晶。若重结晶后纯度仍不符合要求时,还可进行第二次重结晶。当然产率必然会降低。

重结晶纯化物质的方法,只适用于那些溶解度随温度上升而增大的物质。对于溶解度受温度影响很小的物质则不适用。

6．干燥

干燥是用来除去晶体表面少量水分的操作，常用的方法有如下几种：

（1）晾干。

把含有少量水分的晶体放在一张滤纸上铺成薄薄一层，再用一张滤纸盖好，放置使其自然晾干。

（2）用滤纸吸干。

将晶体放在两层滤纸上，用玻璃棒把它铺开，上面再盖一张滤纸，用手轻轻挤压，晶体表面的水分即被滤纸吸收。再换新的滤纸，重复操作，直到晶体完全干燥为止。

（3）烘干。

如果晶体对热是稳定的，可把晶体放在表面皿上，在电烘箱中烘干。也可以把晶体放在蒸发皿内，用水浴或酒精灯加热烘干。

（4）有机溶剂干燥。

有些带结晶水的晶体，可以用能与水混溶的低沸点有机溶剂（如酒精、丙酮）洗涤后晾干。

（5）在干燥器内干燥。

有些含有微量水分的晶体，可放入干燥器中放置一段时间，进行干燥。

四、实验内容

粗食盐提纯

粗盐水溶液中的主要杂质有 K^+、Ca^{2+}、Mg^{2+}、Fe^{3+}、SO_4^{2-}、CO_3^{2-} 等，用 Na_2CO_3、$BaCl_2$ 和盐酸等试剂就可以使 Ca^{2+}、Mg^{2+}、Fe^{3+}、SO_4^{2-} 等生成难溶化合物的沉淀而滤除。首先，在食盐溶液中加入 $BaCl_2$ 溶液，除去 SO_4^{2-}，此时溶液中引入了 Ba^{2+}，再往溶液中加入 Na_2CO_3 溶液，可除去 Ca^{2+}、Mg^{2+} 和引入的 Ba^{2+}（过量的）。过量的 Na_2CO_3 溶液用盐酸中和。粗盐溶液中的 K^+ 和上述各沉淀剂都不起作用，仍留在溶液液中。由于 KCl 的溶解度大于 NaCl 的溶解度，而且在粗盐中的含量较少，所以在蒸发和浓缩食盐溶液时，NaCl 先结晶出来，而 KCl 则留在溶液中，从而达到提纯 NaCl 的目的。

1．粗盐的提纯

（1）粗盐的溶解：称取 10 g 粗盐倒入 250 mL 烧杯中，加 40 mL 水，加热搅拌，使粗盐溶解。放置后，泥沙等不溶性杂质沉于烧杯底部。

（2）除去 SO_4^{2-}：加热溶液近沸，充分搅拌、并逐滴加入约 2 mL 1 mol/L $BaCl_2$ 溶液，盖上表面皿放在水浴上或小火保温 5 min，使沉淀颗粒长大，易于沉降、过滤。

（3）检验 SO_4^{2-} 是否存在：将烧杯里的溶液和沉淀过滤。往滤液中加入几滴 6 mol/L HCl 溶液和几滴 1 mol/L $BaCl_2$ 溶液，如出现混浊现象表示溶液中尚存在 SO_4^{2-}，需要再加 $BaCl_2$ 溶液，沉淀，过滤，直至滤液中滴加 $BaCl_2$ 溶液，不再发生混浊。弃去沉淀保留滤液。

（4）除 Ca^{2+}、Mg^{2+}、Fe^{3+}、Fe^{2+}：将上面滤液加热近沸，边搅拌、边滴加饱和的 Na_2CO_3 溶液，用 pH 试纸测试，直至 pH＝8～9 为止，再多加 0.5 mL 饱和的 Na_2CO_3 溶液后静置。

（5）检查 Ba^{2+} 是否除尽：取上层清液少许，滴入几滴 2 mol/L H_2SO_4 溶液，如出现混浊，表示 Ba^{2+} 未除尽，将检测液倒回上述溶液中，继续滴加饱和的 Na_2CO_3 溶液，直至再往清液中滴加 2 mol/L H_2SO_4 溶液时，不出现混浊为止。过滤，弃去沉淀。

（6）用盐酸溶液调节酸度，除去剩余的 CO_3^{2-}：往溶液中滴加 6 mol/L HCl 溶液，加热搅拌，中和到 pH = 3 ~ 4 为止,为什么?

(7) 将溶液注入蒸发皿中,蒸发到稠粥状,冷却、减压过滤,将晶体抽干。再把 NaCl 晶体放在蒸发皿中,边加热,边搅拌,至晶体呈粉末状,冷却后称量。

计算其产量百分率。

2. 产品纯度的检验(与粗盐对比)

取少量粗盐和提纯后的 NaCl,分别溶于少量蒸馏水中,用下列方法检验和比较它们的纯度。

(1) SO_4^{2-} 检验:往盛有粗盐溶液和纯 NaCl 溶液的两支试管中,分别加入几滴 0.2 mol/L $BaCl_2$溶液,观察现象并说明。

(2) Ca^{2+} 的检验:往两种试液的试管中,分别加入几滴饱和的 $Na_2C_2O_4$ 溶液,充分搅拌后,观察现象并加以说明。

(3) Mg^{2+} 的检验:往两种试液中,分别滴入 6 mol/L NaOH 溶液,使呈碱性,再滴入几滴(镁试剂)① 溶液,溶液呈蓝色时,表示 Mg^{2+} 存在。试比较粗盐和提纯的 NaCl 中 Mg^{2+} 含量有何不同?

五、实验作业和思考题

(1) 在除去 Ca^{2+}、Mg^{2+}、SO_4^{2-} 等时,为什么要先加入 $BaCl_2$ 溶液,然后再加入 Na_2CO_3 溶液?

(2) 检查 SO_4^{2-} 是否存在时,要在试液中先加 HCl 溶液,然后加 $BaCl_2$,只加 $BaCl_2$ 为什么不行?

(3) 用 Na_2CO_3 除去阳离子后,为什么只检查 Ba^{2+} 除尽了没有?

(4) 如果 NaCl 的回收率过高,可能的原因是什么?

附注:

在化学试剂和医用氯化钠的产品检验中,常用容量沉淀法(吸附指示剂滴定法)测定 NaCl 含量和产品纯度检验,用容量沉淀法测定 NaCl 含量时,一般使用吸附指示剂荧光黄,其变色原理是,Ag^+ 滴定氯化物溶液的过程中,由于加入淀粉溶液,导致形成胶态 AgCl,溶液中若含有高浓度的 Cl^- 被胶体吸附为第一层。吸附指示剂是一种有机弱酸,它部分地离解为 H^+ 和带负电的荧光黄阴离子,荧光黄阴离子被 Cl^- 吸附层所排斥。但是,在滴定到达终点时,溶液中的 Cl^- 被定量沉淀,如过量滴入 1 滴 $AgNO_3$ 标准溶液,使溶液体系中有了过量的 Ag^+,AgCl 胶状沉淀就吸附 Ag^+ 为第一吸附层了,这时这层 Ag^+ 又吸附荧光黄阴离子作为第二吸附层。在溶液中带负电的荧光黄离子使溶液呈黄绿色,但当它被 Ag^+ 层吸附时,就呈现淡红色。

还可以根据 Mg^{2+} 和 Fe^{3+} 的比色分析结果确定 NaCl 产品的纯度级别。

---

① 镁试剂是对硝基偶氮间苯二酚,它在碱性环境中是红色或红紫色溶液,当它被 $Mg(OH)_2$ 沉淀吸附后,便呈天蓝色,是检验 Mg^{2+} 的试剂。

实验九 去离子水的制备

一、实验目的

了解用离子交换法制备去离子水的原理和操作方法。练习离子交换树脂的再生处理。熟悉电导率仪的使用方法。掌握水中杂质离子的检验方法。

二、实验用品

仪器：烧杯、试管、铁架台、DDS－11 型电导率仪、离子交换柱。

固体药品：732# 强酸性阳离子交换树脂、717# 强碱性阴离子交换树脂。

液体药品：HCl（2 mol/L）、HNO₃（2 mol/L）、NaOH（2 mol/L）、AgNO₃（0.1 mol/L）、BaCl₂（0.2 mol/L）、NaCl（5%）、NH₃—NH₄Cl 缓冲溶液（pH = 10）、铬黑 T 指示剂。

材料：玻璃纤维、橡胶管、pH 试纸。

三、实验原理

离子交换法是目前广泛采用的制备去离子水的一种方法。此法净化水的过程是在离子交换树脂上进行的。离子交换树脂是一种含有能与其他物质进行离子交换的活性基团的有机高分子化合物。含有酸性活性基团而能与其他物质交换阳离子的树脂叫做阳离子交换树脂；含有碱性活性基团而能与其他物质交换阴离子的树脂叫做阴离子交换树脂。按活性基团酸性（碱性）的强弱，又分为强酸（碱）性、弱酸（碱）性阳（阴离子）离子交换树脂。常用的是强酸性磺酸型（R—SO₃H）阳离子交换树脂和季胺型［R—N(CH₃)₃OH］强碱性阴离子交换树脂。

本实验是将天然水通过混合起来的阳、阴离子交换树脂来制备去离子水。

当天然水通过阳离子交换树脂时，水中的如 Ca^{2+}、Mg^{2+}、Na^+ 等阳离子被树脂吸附，发生如下的交换反应：

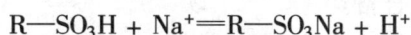

$$2\,R—SO_3H + Ca^{2+} = (R—SO_3)_2Ca + 2H^+$$

$$R—SO_3H + Na^+ = R—SO_3Na + H^+$$

当天然水通过阴离子交换树脂时，水中的 Cl^-、SO_4^{2-}、CO_3^{2-} 等阴离子被树脂吸附，并发生如下的交换反应：

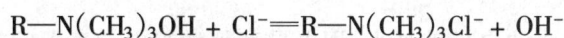

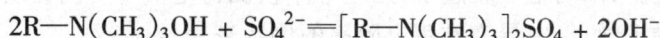

$$R—N(CH_3)_3OH + Cl^- = R—N(CH_3)_3Cl^- + OH^-$$

$$2R—N(CH_3)_3OH + SO_4^{2-} = [R—N(CH_3)_3]_2SO_4 + 2OH^-$$

经阳、阴离子交换树脂交换后产生的 H^+ 与 OH^- 发生中和反应，就得到了去离子水。

离子交换树脂的交换量是一定的，使用到一定程度后即失效。失效的阳、阴离子交换树脂可分别用稀 HCl、稀 NaOH 溶液再生。

四、实验内容

1. 树脂处理

称取约 15 g 732# 强酸性阳离子交换树脂，放入烧杯中，用 40 mL 2 mol/L HCl 溶液浸泡 24 h.倾去酸液，再用 20 mL 2 mol/L HCl 溶液浸泡并搅拌约 3 min，待树脂沉降后倾去酸液，用蒸馏水洗树脂数次，每次约用 40 mL，直至洗涤水 pH 值为 4～5 时为止。

取强碱性阴离子交换树脂 25 g 于烧杯中，用 80 mL 2 mol/L NaOH 溶液浸泡一天。倾去碱液，再用 40 mL 2 mol/L NaOH 溶液浸泡并搅拌约 3 min，待树脂沉降后倾去碱液，用适量蒸馏水冲洗树脂数次,直至洗涤水 pH 值为 8~9 时为止。

把已处理好的阳阴离子交换树脂混合并搅匀。

2.装柱

取一支长约 300 mm、直径 10 mm 的离子交换柱,固定在铁架台上。装树脂前,在交换柱的下部填入少许玻璃纤维(以防止离子交换树脂随流出液流出),下端通过橡胶管连接一尖嘴玻璃管,并用螺旋夹夹住橡胶管,然后将交换柱固定在铁架台上(图 9-1)。在柱内注入蒸馏水至 1/3 高度,排出柱内底部的玻璃纤维中及尖嘴玻璃管中的空气(打开螺旋夹放水),然后将已处理并混合好的树脂同蒸馏水搅匀,一起慢慢注入柱中,同时用手指轻敲交换柱,使树脂沉聚均匀,防止带入气泡。当树脂上部的水层达 10 mm 高度时,在柱顶部也装入一小团玻璃纤维,防止注入天然水时将树脂冲起。在装柱和以后交换的整个操作过程中,树脂要始终被水覆盖,避免空气进入树脂层,以致影响交换效果。

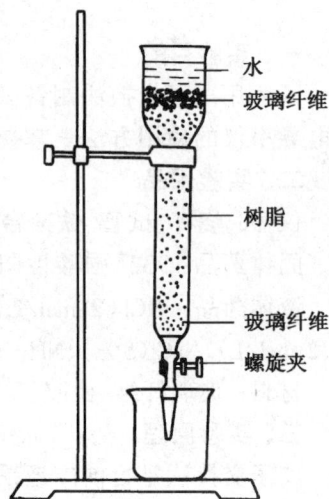
图 9-1 离子交换柱

3.去离子水的制备

将天然水慢慢注入交换柱中,同时打开螺旋夹,使水成滴滴出。待水流过约 150 mL 以后,取交换柱中流出的水样,做如下水质检验,直至合格为止。

4.水质检验①

(1)化学检验。

① Ca^{2+}、Mg^{2+} 离子检验。取 2mL 交换水,加入 5 滴 NH_3—NH_4Cl 缓冲溶液② 及铬黑 T 指示剂,呈蓝色为合格(可与天然水作对照实验)。

② Cl^- 离子检验。取 2 mL 交换水,加 4 滴 2 mol/L HNO_3 溶液,再滴入 3 滴 0.1 mol/L $AgNO_3$ 溶液,不出现白色混浊为合格。

③ SO_4^{2-} 离子的检验。取 2 mL 交换水,滴入 1 滴 0.2 mol/L $BaCl_2$ 溶液,不出现白色混浊为合格。

(2)物理检验。

水中杂质离子越少,水的电导就越小,用电导率仪测得电导率可间接表示水的纯度-可溶性杂质的总含量。物理学上,电导率常用电阻率的倒数来表示。

理想纯水的电阻率很大,其电阻率在 25 ℃时为 18×10^6 Ω·cm。普通化学实验用水电阻率在 1.0×10^5 Ω·cm,若交换水的测量值达到这个数值,即合乎要求。

本实验测量水的电导率用 DDS-11A 型电导率仪,使用方法见附注。

5.离子交换树脂的再生

将交换柱中的阳、阴离子交换树脂的混合物倒入烧杯中,先用 5%食盐水浸泡,二者因密度不同(阳离子交换树脂的密度约为 0.8,阴离子交换树脂的密度约为 0.7)而在盐水中分层。分别取出来,阳离子交换树脂可用 2 mol/L HCl 溶液浸泡半小时,使其再生,然后用去离子水冲

---

① 本实验所用的所有玻璃仪器都必须洁净,并用去离子水充分淋洗过。
② NH_3—NH_4Cl 缓冲溶液的配制称 10 gNH_4Cl 溶于适量水中,加入 50 mL 氨水(密度 0.9 g/cm³),混合后将溶液稀释至 500 mL,即为 pH = 10 的缓冲溶液。

洗至中性。阴离子交换树脂可用 2 mol/L NaOH 溶液浸泡半小时,使其再生,然后用去离子水冲洗至中性。从而保证离子交换树脂的循环使用。

五、思考题

(1) 离子交换法制备去离子水的基本原理是什么?

(2) 装柱时为什么要赶净柱中的气泡?

(3) 为什么可用测量水样的电导率来检查水质的纯度?

附注:

DDS - 11A 型电导率仪的使用。

仪器结构如图 9 - 2 所示。

使用方法:

1. 检查、准备

(1) 按说明书的规定选用电极,放在盛放待测液的烧杯中数分钟。

(2) 未接通电源前,先检查表头指针是否指在零点。若不指向零点,可调节表头螺丝,使指针指向零点。

(3) 将"高周、低周"开关扳到"低周"位置。

(4) 将"校正、测量"开关扳到"校正"位置。

(5) 把"量程选择"开关转到最大档。

(6) 接通电源并打开电源开关,预热 5 ~ 15 min。

2. 校正、测量

图 9 - 2   DDS - 11A 型电导率仪示意图

(1) 将电极夹夹紧电极胶木帽,固定在电极杆上,调节电极常数调节器,指向所用电极上标有的电极常数处。

(2) 将电极插头插入电极插口内,拧紧螺丝,并将电极浸入被测液中。

(3) 调节"调正"调节器,使指针满刻度。

(4) 将"校正。测量"开关扳向"测量"位置。此时表头所指读数乘以量程选择开关所指的倍率,即为被测液的实际电导率。

(5) 重复(3)、(4)步骤,再测量一次,取两个读数的平均值。

(6) 测量完毕,将"校正、测量"开关扳到"校正"位置,量程选择开关还原到最大挡,取出电极,用蒸馏水冲洗后放回盒内。

(7)关闭电源,拔下插头,将仪器和附件放入仪器箱内。

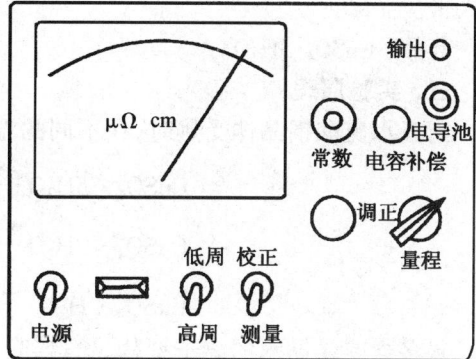

实验十 五水合硫酸铜结晶水的测定

一、实验目的

了解结晶水合物中结晶水含量的测定原理和方法。进一步练习分析天平的使用,学习和掌握研钵、干燥器等仪器的使用和沙浴加热、恒重等基本操作。

二、实验用品

仪器:坩埚、坩埚钳、泥三角、干燥器、铁架台、铁圈、温度计(300 ℃)、沙浴盘、酒精喷灯、分析天平。

药品:$CuSO_4 \cdot 5H_2O$。

三、实验原理

当五水硫酸铜晶体受热时,在不同的温度下,按下列反应逐步脱水:

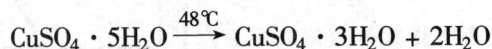

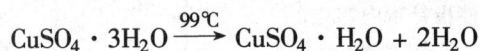

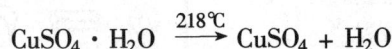

$$CuSO_4 \cdot 5H_2O \xrightarrow{48℃} CuSO_4 \cdot 3H_2O + 2H_2O$$

$$CuSO_4 \cdot 3H_2O \xrightarrow{99℃} CuSO_4 \cdot H_2O + 2H_2O$$

$$CuSO_4 \cdot H_2O \xrightarrow{218℃} CuSO_4 + H_2O$$

很多含有结晶水的离子型盐,加热到一定温度,会发生如上的反应。测定加热不分解的结晶水合物中的结晶水,可将一定量的结晶水合物(不含吸附水)置于已灼烧至恒重的坩埚中,加热至较高温度(以不超过被测定物质的分解温度为限)脱水。然后把坩埚移入干燥器中,冷却至室温,再取出用分析天平称量。由结晶水合物经高温加热后的失重值可计算出该物质所含结晶水的质量分数,以及每物质的量的该盐所含结晶水的物质的量,从而确定出结晶水合物的化学式。由于压力、物质的粒度和升温速率不同,有时得到的脱水温度及脱水过程也不一致。

四、基本操作

干燥器的使用。干燥器是一种具有磨口盖子的厚质玻璃器皿,磨口上涂有一层凡士林,使其能很好地密合。底部放适当的干燥剂,上面有洁净的带孔瓷板,用以放置坩埚和称量瓶等,见图 10 - 1。使用干燥器前应用干的洁净抹布擦净内壁和瓷板,一般不用水洗,以免不能很快干燥。按图 10 - 2 的方法放入干燥剂。干燥剂应装至干燥器下室一半为宜,太多容易污染坩埚。开启干燥器时,应用左手按住下部,右手握住盖的圆顶,向前小心推开器盖,见图 10 - 3。取下盖时,应倒置在安全处。放入物体后,应及时加盖。加盖时,要拿住盖上圆顶,平推盖严。当放入温热的坩埚时,应将盖留一缝隙,稍等几分钟再盖严。也可前后推动器盖稍稍打开2~3次。搬动干燥器时,应用两手的拇指按住盖子,以防盖子滑落。

五、实验内容

1. 恒重坩埚

将一洁净的坩埚置于泥三角上,小火烘干后,用氧化焰灼烧至红热。稍冷后用干净的坩埚钳将其移入干燥器中,冷却至室温(注意:热坩埚放入干燥器后,一定要在短时间内将干燥器盖子打开 1~2 次,以免内部压力降低,难以打开盖子)。取出,用分析天平称量。重复加热至脱水温度以上,冷却、称重,直至恒重。

2. 五水合硫酸铜脱水

(1) 在已恒重的坩埚内加入约 5 g 的水合硫酸铜晶体,铺成均匀的一层,再在天平上准确称量坩埚及水合硫酸铜的总量,减去已恒重坩埚的质量,即为水合硫酸铜的质量。

图 10-1　干燥器　　　　　图 10-2　装干燥剂　　　　　图 10-3　启盖方法

(2) 将装有水合硫酸铜的坩埚置于沙浴盘中。将其四分之三体积埋入沙内,在靠近坩埚的沙浴内插入一支温度计(300 ℃),其末端应与坩埚底部基本处于同一水平。加热沙浴至约210 ℃,然后缓慢升温至280 ℃左右,控制沙浴温度在260 ℃～280 ℃之间。也可直接加热,但要缓慢升温。当坩埚内的蓝色粉末接近完全变白时,要使火焰减小,必要时,可移开火焰。晶体完全变为白色时,停止加热。用坩埚钳将坩埚移入干燥器内,冷却至室温。将坩埚外壁用滤纸揩干净后,在天平上称量坩埚和脱水硫酸铜的总质量。计算硫酸铜的质量。重复加热,冷却、称量,直至达到恒重(两次称量之差小于 2 mg)。实验后将硫酸铜倒入回收瓶中。

六、数据记录与结果处理

坩埚质量/g			(坩埚 + 五水合硫酸铜质量)/g	(加热后坩埚 + 五水合硫酸铜质量)/g		
第一次称量	第二次称量	平均值		第一次称量	第二次称量	平均值

$CuSO_4 \cdot 5H_2O$ 的质量 m_1 _____ g。

$CuSO_4 \cdot 5H_2O$ 的物质的量 n_1 _____ mol。

$CuSO_4$ 的质量 m_2 _____ g。

$CuSO_4$ 的物质的量 n_2 _____ mol。

结晶水的质量 m_3 _____ g。

结晶水的物质的量 n_3 _____ mol。

每物质的量的 $CuSO_4$ 的结合水 _____。

水合硫酸铜的化学式 _____。

七、思考题

(1) 在水合硫酸铜结晶水的测定中,为什么要用沙浴加热并控制温度在 280 ℃左右?

(2) 加热后的坩埚能否未经冷却至室温就去称量?加热后的坩埚为什么要放在干燥器内冷却?

(3) 为什么要进行重复的灼烧操作?什么叫恒重?其作用是什么?

II. 基本原理实验

实验十一　镁的相对原子质量的测定

一、实验目的

了解置换法测定镁的相对原子质量的原理和方法,掌握理想气体状态方程式和气体分压定律。熟练使用分析天平,学会正确使用量气管和检验仪器装置气密性的方法。了解气压计的结构,学习气压计的使用方法。

二、实验用品

仪器:分析天平、量气管(可用 50 mL 碱式滴定管代替)、气压计、长颈玻璃漏斗、试管(15×150mm)、铁架台、蝶形夹。

固体药品:镁条。

液体药品:H_2SO_4(2 mol/L)。

材料:砂纸、带有玻璃管的小胶塞、胶管。

三、实验原理

金属镁能从稀硫酸中置换出 H_2:

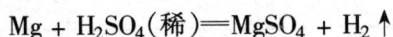

$$Mg + H_2SO_4(稀) = MgSO_4 + H_2\uparrow$$

将已知质量的镁条与过量稀硫酸作用,在一定温度和压力下,可置换出一定体积的氢气(含水蒸气)。测得氢气的体积,根据理想气体状态方程式(常压下的 H_2 可近似看成理想气体)就可以计算出氢气的物质的量:

$$n_1 = \frac{p_{H_2} V_总}{RT}$$

从化学反应方程式可知产生氢气的物质的量等于与酸作用的镁的物质的量,镁的物质的量是:$n_2 = m/M$。由于 $n_1 = n_2$,可计算得镁的相对原子质量:

$$M = \frac{mRT}{p_{H_2} V}$$

式中:M 为 Mg 的摩尔质量;m 为镁条的质量;p_{H_2} 为产生的氢气的分压,由环境压力和该温度下水的饱和蒸气压计算得到;V 为氢气和水蒸气的混合体积;T 为实验室当时的热力学温度。

四、实验内容

1. 准备镁条

用细砂纸细心地擦去镁条表面的氧化膜,直到镁条表面全部露出金属光泽。截取长度约 3 cm 的两段镁条,在分析天平上准确称其质量(要求每份质量均在 0.030 0～0.035 0 g 之间)。

2. 安装仪器

(1) 按图 11-1 装配好仪器、排出气泡。松开试管的塞子,由长颈漏斗往量气管内注水至略低于量气管"0.00"刻度的位置;将漏斗移近量气管的"0.00"刻度处,漏斗中水的液面应在漏斗颈中,不要太高。上下移动漏斗使量气管和胶管内的气泡逸出,然后固定漏斗,将试管的塞子塞紧。

（2）检查装置气密性。将漏斗下移到量气管的最大刻度处固定，保持 2~3 min，如果量气管中水面只在开始时稍有下降，以后即保持不变，表明装置不漏气；如果液面继续下降，说明装置漏气，需要检查各接口是否严密，重新安装，直到不漏气为止。

3. 装入镁条和稀硫酸

取下试管，检查量气管内液面是否保持在刻度"0.00"处，用一长颈漏斗将 4 mL 浓度为 2 mol/L 的稀硫酸注入试管，（注意勿使酸沾在试管内壁的上部），把镁条用水稍微湿润后贴在试管壁内并确保镁条不与酸接触。将试管倾斜固定在铁架台上，塞紧胶塞，再次检查装置气密性。

把漏斗移近量气管，使两边液面处于同一水平面，记下量气管中的液面刻度。

4. 开始反应

把试管底部略抬高，使镁条与酸接触直至落入酸中，这时反应产生的 H_2 进入量气管中，把管中的水压入漏斗内，为防止

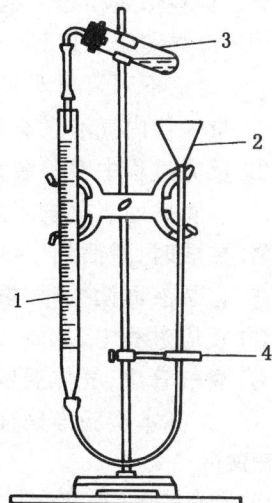

图 11 – 1　实验仪器装置：
1—量气管；2—长颈漏斗；3—试管；
4—铁环

管内压力过大而造成漏气，在管内液面下降的同时向下移动漏斗，使其液面与管内液面基本保持在同一水平面。

镁条反应完后，待试管冷至室温（约 10 min），将漏斗移近量气管，使两者液面处于同一水平面，记下量气管的刻度。稍等 2~3 min，记录液面读数，如两次读数相等，说明管内温度与室温相同。

5. 记录数据

记录好量气管的两次数据后，读取实验室气压计的温度、压力数据并记录。

6. 用第二根镁条重复以上实验

五、数据记录与结果处理

做好实验记录，计算出结果，并计算误差。填入表 11 – 1。

表 11 – 1　实验数据

项　目　＼　实验序号	1	2
镁条质量/g		
反应前量气管内液面位置/mL		
反应后量气管内液面位置/mL		
得到的气体总体积/mL		
室温/℃		
大气压力/Pa		
该温度下的水的饱和蒸气压 p_{H_2O}/Pa		
氢气的分压 p_{H_2}/Pa		
镁的相对原子质量 A_r		
相对误差/%		

六、实验作业和思考题

（1）检查实验装置是否漏气的原理是什么？你知道哪些种检查仪器气密性的方法？

（2）讨论下列情况对实验结果有何影响？

① 量气管内气泡没有赶净；

② 反应过程中实验装置漏气；

③ 金属表面氧化物未除净；

④ 装酸时，酸沾到了试管内壁上部，使镁条提前接触到了酸；

⑤ 记录液面读数时，量气管和漏斗的液面不在同一水平面；

⑥ 反应过程中，从量气管压入漏斗的水过多，造成水从漏斗中溢出；

⑦ 量气管中，气体温度没有冷却到室温就读取量气管刻度。

（3）提高本实验准确程度的关键何在？

附注：

（1）注意试管上的玻璃管最好是如图 11－1 所示用 60°弯管，不然有可能造成连接用的乳胶管折叠，使产生的 H_2 不能顺利到达量气管内，使试管内压力增大，把塞子崩掉，导致实验失败。

（2）气压计的使用方法：

气压计的种类很多，常用的是定槽水银气压计见图 11－2，即福廷式气压计。

福廷式气压计结构是一根一端密封的长玻璃管，里面装满水银。开口的一端插入水银槽内，玻璃管内顶部水银面以上是真空。当松开通气螺钉，大气压强就作用在水银槽内的水银面上，玻璃管中的水银高度即与大气压相平衡。调节游尺调节手柄使游尺零线基面与玻璃管内水银弯月面相切，即可进行读数。

附属温度表是用来测定玻璃管内水银柱和外管的温度，以便对气压计的值进行温度校正。

气压计的观测按下列步骤进行。

① 用手指轻敲外管，使玻璃管内水银柱的弯月面处于正常状态。

② 转动游尺调节手柄，使游尺移到稍高水银柱顶端的位置，然后慢慢移下游尺，使游尺基面与水银柱弯月面顶端刚好相切。

③ 在外管的标尺上读取游尺零线以下最接近的毫巴整数，再读游尺上正好与外管标尺上某一刻度相吻合的刻度线的数值，即为十分位小数。

④ 读取附属温度计的温度，准确到 0.1 ℃。水银气压计因受温度和悬挂地区等影响，有一定的误差，当需要精密的气压数值时，则需要做温度、器差、重力（纬度的高度）等项校正，但由于校正后的数值和气压表读数相差甚微，故在通常情况下可不进行校正。

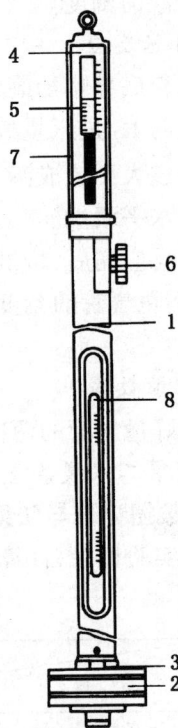

图 11－2　水银气压计

1—玻璃管；2—水银槽；3—通气螺钉；4—外管（带标尺）；5—游尺；6—游尺调节手柄；7—玻璃套管；8—温度计

实验十二　二氧化碳相对分子质量的测定

一、实验目的

了解利用气体相对密度法测定二氧化碳相对分子质量的原理和方法。练习启普发生器的使用,掌握制备、净化和收集二氧化碳气体的操作。进一步熟悉分析天平的称量操作和气压计的使用。

二、实验用品

仪器:分析天平、启普发生器、台秤、洗气瓶、锥形瓶(200 mL)。

固体药品:大理石(块)。

液体药品:HCl (6 mol/L、工业级)、浓硫酸(工业级)、$NaHCO_3$(饱和)。

材料:玻璃棉、玻璃导管、橡胶塞、胶管、橡皮筋。

三、实验原理

根据阿佛加德罗定律,同温、同压、同体积的气体物质的量相同。所以在同温同压下,只要测定相同体积的两种气体的质量,其中一种气体的相对分子质量为已知时,即可求另一种气体的相对分子质量。本实验是把同体积的二氧化碳与空气(其平均相对分子质量为 29.0)的质量相比,二氧化碳的相对分子质量可根据下式计算:

$$M_{CO_2} = \frac{m_{CO_2}}{m_{空气}} \times 29.0$$

式中:$m_{空气}$、m_{CO_2} 分别为测得的空气和二氧化碳的质量。

四、实验内容

(1) 按图 12 - 1 装好气体的发生、净化和收集装置。打开启普发生器的旋塞,使反应开始,持续 5 min 以赶出仪器中的空气。然后关闭旋塞备用。注意:两个洗气瓶中的溶液以浸过导气管口 1 ~ 1.5 cm 为宜,否则压力太大会使启普发生器停止反应。

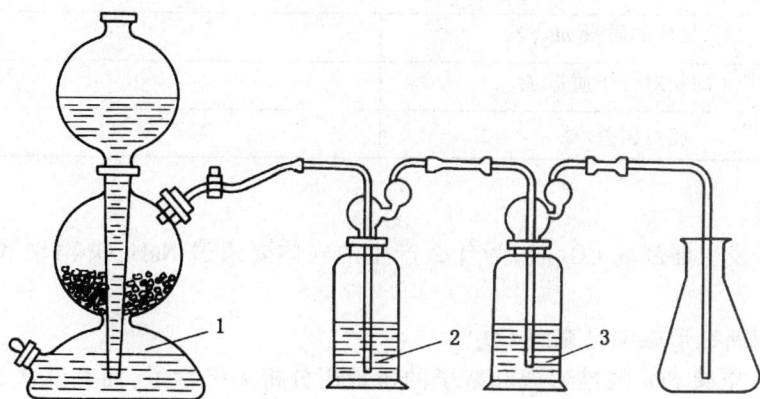

图 12 - 1　CO_2 气体的发生、净化和收集装置

1—启谱发生器;2—饱和 $NaHCO_3$;3—浓硫酸

(2) 取一个洁净、干燥的 200 mL 的锥形瓶,选合适的塞子塞紧,用圆珠笔在锥形瓶口上沿

与塞子接触部位画一条线,以标记塞子的位置,每次操作都塞到这一位置。注意,在此后的操作中不要用手直接触摸到锥形瓶,应垫上洁净的纸片再拿锥形瓶。

(3) 在分析天平上准确称量"锥形瓶 + 塞子 + 空气"的质量之和 m_1,称准到第四位小数。

(4) 将锥形瓶的塞子放在一干净的纸片上。把导气管插入锥形瓶底部,打开启普发生器的旋塞,收集 CO_2 气体 1~2 min,(注意 CO_2 的流速不宜过小,若气流不足,通气时间过长,反而不易装满二氧化碳。产生 CO_2 的速度与使用的 $CaCO_3$ 有关,实验前要检验 CO_2 的生成速度)。然后缓慢取出导气管,用原塞子塞紧瓶口(注意,应与原来塞入瓶口的位置相同)。在分析天平上称量"锥形瓶 + 塞子 + CO_2"的质量 m_2。

(5) 重复(4)的操作,直至两次称量值相差不大于 1 mg。

(6) 向锥形瓶中注满水,然后将瓶塞塞入至原来位置(必要时将一细金属丝放入瓶口,按压橡胶塞放出多余的水后再抽出金属丝。切勿直接用力按压,以防将锥形瓶压碎),用吸水纸擦干瓶外各处的水,在台秤上称其质量 m_3。将实验结果记录在表 12-1 中。

五、数据记录与结果处理

表 12-1 实验数据

项 目	数 据
室温/℃	
大气压力/Pa	
(锥形瓶 + 塞子 + 空气)的质量 m_1/g	
(锥形瓶 + 塞子 + CO_2)的质量 m_2/g	
(锥形瓶 + 塞子 + 水)的质量 m_3/g	
锥形瓶的容积 $V = \dfrac{m_3 - m_1}{1.00}$/mL	
锥形瓶内空气的质量 $m_{空气}$/g	
CO_2 气体的质量 m_{CO_2}/g	
CO_2 的相对分子质量 M_{CO_2}	
相对误差/%	

六、思考题

(1) 用启普发生器制取 CO_2 时,为什么产生的气体要通过 $NaHCO_3$ 溶液和浓 H_2SO_4,顺序能否颠倒?

(2) 如何判断锥形瓶中已充满 CO_2?

(3) 为什么充满 CO_2 的锥形瓶和塞子的质量用分析天平称量,而充满水的锥形瓶和塞子的质量可以在台秤上称量?

(4) 下列因素对实验结果有何影响?

① 锥形瓶中空气未完全被 CO_2 赶净;

② 盛 CO_2 的锥形瓶的塞子位置不固定;

③ 启普发生器制备出的 CO_2 净化不彻底。

附注：

本实验的难点在于收集气体后称量质量不重复,如果几次都不能重复,就应停下来检查方法是否正确:

(1) 天平是否正常?

(2) 收集气体时气体发生的速度是否太慢?

(3) 导管取出时是否太快?

(4) 锥形瓶的拿取是否用纸条? 塞子是否放在洁净的地方?

(5) 上一个同学收集完气体后导管放在哪儿了,是否洁净?

检查以上注意点后,两次实验就能得到重复的数据。

实验十三 $I_3^- \rightleftharpoons I^- + I_2$ 平衡常数的测定

一、实验目的

通过测定 $I_3^- \rightleftharpoons I^- + I_2$ 的平衡常数,加深对化学平衡、平衡常数以及化学平衡移动的认识。巩固滴定操作。

二、实验用品

仪器:量筒(100 mL、200 mL)、锥形瓶(250 mL)、吸管(10 mL)、移液管(50 mL)、滴定管(碱式)、滴定管夹、碘量瓶(100 mL、250 mL)、洗耳球。

固体药品:碘。

液体药品:$Na_2S_2O_3$ 标准液(0.005 0 mol/L)、KI(0.010 0 mol/L、0.020 0 mol/L)、淀粉溶液(0.2%)。

三、实验原理

对于化学平衡 $I_3^- \rightleftharpoons I^- + I_2$,化学平衡常数 $K = \dfrac{[I^-][I_2]}{[I_3^-]}$,$[I^-]$、$[I_2]$、$[I_3^-]$ 是平衡时的浓度。

严格地说,上式中的各项应为活度,但实验中的溶液离子强度不大,用浓度代替活度不会引起大的误差,所以 $K \approx \dfrac{[I^-][I_2]}{[I_3^-]}$。

在实验中用固体碘和准确已知浓度的 KI 溶液一起摇荡,使反应 $I_3^- \rightleftharpoons I^- + I_2$ 达到平衡,取上层清液,测定其中的 $[I^-]$、$[I_3^-]$、$[I_2]$,即可计算得到 K。

在 $I_3^- \rightleftharpoons I^- + I_2$ 体系中,用标准 $Na_2S_2O_3$ 溶液滴定其中的 I_2,平衡向右移动,最终测得的是 $c_1 = [I_2] + [I_3^-]$。反应如下

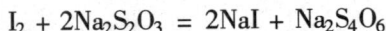

$$I_2 + 2Na_2S_2O_3 = 2NaI + Na_2S_4O_6$$

碘的浓度 $[I_2]$ 可通过把碘溶解在纯水中形成饱和溶液,用 $S_2O_3^{2-}$ 滴定其中的 I_2,测得 $c_2 = [I_2]$。用这一数值作为 $I_3^- \rightleftharpoons I^- + I_2$ 体系中的 $[I_2]$ 是有一些误差,但对本实验影响不大。

在实验中,KI 的初始浓度如果为 c_0,则在 $I^- + I_2 \rightleftharpoons I_3^-$ 中,形成一个 I_3^- 离子需要一个 I^- 离子,即 $[I^-] = c_0 - [I_3^-]$。

所以,化学反应平衡式中的各项为:$[I_2] = c_2$,$[I^-] = c_0 - c_1 + c_2$,$[I_3^-] = c_1 - c_2$,代入式中计算即可。

四、实验内容

(1) 取两只干燥的 100 mL 碘量瓶和一只 250 mL 碘量瓶,分别标上 1、2、3 号。用量筒分别量取 60 mL 0.010 0 mol/L KI 溶液注入 1 号瓶,60 mL 0.020 0 mol/L KI 溶液注入 2 号瓶,另将 180 mL 纯水注入 3 号瓶。然后在每个瓶内各加入 0.5 g 研细的碘,盖好瓶塞。

(2) 将 3 只碘量瓶在室温下振荡或者在磁力搅拌器上搅拌 30 min,倾斜碘量瓶,把瓶底固体碘移向一边,静置 10 min,待固体碘完全沉于瓶底后,取上层清液进行滴定。

(3) 用 10 mL 吸管取 1 号瓶上层清液两份,分别注入 250 mL 锥形瓶中,再各注入 40 mL 蒸馏水,用 0.005 0 mol/L 标准 $Na_2S_2O_3$ 溶液滴定。其中一份至呈淡黄色时(注意不要滴过量),加

入 4 mL 0.2%淀粉溶液,此时溶液应呈蓝色,继续滴定至蓝色刚好消失,记下所消耗的标准 $Na_2S_2O_3$ 溶液的体积。按同样方法滴定第二份清液。

依同样方法滴定 2 号瓶上层的清液。

(4) 用 50 mL 移液管取 3 号瓶上层清液两份,用 0.005 0 mol/L 标准 $Na_2S_2O_3$ 溶液滴定,方法同上。

五、数据记录与结果处理

将实验所得的数据记录在表 13 – 1 中

表 13 – 1　实验数据　　　　　　　室温:_____℃

编号		1	2	3
$Na_2S_2O_3$ 标准溶液浓度/(mol·L^{-1})				
取样量 V/mL		10	10	50
$Na_2S_2O_3$ 标准溶液用量/mL	Ⅰ			
	Ⅱ			
	平均			
碘总浓度 c_1/(mol·L^{-1})				
$[I_2] = c_2$/(mol·L^{-1})				
$[I_3^-] = c_1 - c_2$				
$[I^-] = c_0 - c_1 + c_2$				
K_c				
K_c 平均值				

用标准溶液滴定碘时,相应的碘的浓度计算方法如下:

1、2 号瓶　　　$c_1 = \dfrac{c_{Na_2S_2O_3} \cdot V_{Na_2S_2O_3}}{2 V_{KI-I_2}}$

3 号瓶　　　$c_2' = \dfrac{c_{Na_2S_2O_3} \cdot V_{Na_2S_2O_3}}{2 V_{H_2O-I_2}}$

六、实验作业和思考题

(1) 如果 3 只碘量瓶没有充分振荡,对实验结果有何影响?

(2) 为什么本实验中量取标准溶液,有的用移液管,有的可用量筒?

(3) 进行滴定分析之前,所用仪器要做哪些准备?

(4) 在实验中以固体碘与水的平衡浓度代替碘与 I^- 离子的平衡浓度,会引起怎样的误差?为什么可以代替?

(5) 滴定结束后,溶液放置一段时间后会变蓝,对结果有影响吗?

附注:

(1) 如果达到平衡后还有较多的碘,注意在吸取清液时不要吸上瓶底的碘,否则会使误差增大。

(2) 加入的淀粉指示剂不要过早也不要过量,因淀粉吸附 I_2 形成配合物会引起误差。

(3) 本实验剩余的各种碘水溶液可以回收,用于以后的实验。

实验十四　醋酸电离度和电离常数的测定

一、实验目的

标定醋酸溶液的浓度并测定不同浓度醋酸的 pH 值。计算电离平衡常数,加深对电离平衡常数的理解。巩固滴定操作。学习使用酸度计。

二、实验用品

仪器:酸度计、温度计、碱式滴定管、滴定管夹、铁架台、移液管、吸管、烧杯、锥形瓶、容量瓶。

液体药品:HAc(0.2 mol/L)、NaOH(0.100 0 mol/L)、酚酞指示剂(1%)。

材料:滤纸。

三、实验原理

醋酸(CH₃COOH 简写成 HAc)是弱电解质,在水溶液中存在如下电离平衡

$$HAc \rightleftharpoons H^+ + Ac^-$$

其电离常数表达式为:$K_a = \dfrac{[H^+][Ac^-]}{[HAc]}$ (14 – 1)

设 HAc 的起始浓度为 c,平衡时 $[H^+] = [Ac^-]$,$[HAc] = c - [H^+]$

代入上式计算:$K_a = \dfrac{[H^+]^2}{c - [H^+]}$ (14 – 2)

HAc 溶液的总浓度 c 可用标准 NaOH 溶液滴定测得。在一定温度下用酸度计测定溶液 pH 值,可确定其电离出来的 H^+ 离子浓度,根据 $pH = -\lg[H^+]$,换算出 $[H^+]$,代入(14 – 2)式中,可求得 K_a 值,取其平均值,即为该温度下醋酸的电离常数。

当电离度 $\alpha < 5\%$ 时,$K_a = \dfrac{[H^+]^2}{c}$

四、实验内容

1. 醋酸溶液浓度的标定

用移液管取 25.00 mL 待标定的浓度约为 0.1 mol/L 的 HAc 溶液,放入 250 mL 的锥形瓶中,滴加 3 滴酚酞指示剂,用标准 NaOH 溶液滴定至溶液呈现粉红色,摇动后约半分钟内不褪色时为止。记下所用标准 NaOH 溶液的体积。重复做两次,把结果填入表 14 – 1 中。

2. 配制不同浓度的醋酸溶液

用移液管和吸管分别取 25.00 mL、5.00 mL、2.50 mL 已经测得浓度的醋酸溶液,分别放入三个 50 mL 的容量瓶中,用纯水稀释至刻度,摇匀,编号,计算其准确浓度。

表 14-1　HAc 溶液浓度的标定

实验序号	1	2	3
NaOH 标准溶液浓度/(mol·L^{-1})			
HAc 的用量/mL			
NaOH 标准溶液的用量/mL			
HAc 溶液的浓度 /(mol·L^{-1})　测定值			
平均值			

3．测定醋酸溶液的 pH

取上述三种溶液和原溶液各 30 mL，分别放入四只标有序号的干燥洁净(或用被测溶液淋洗)的 50 mL 烧杯中，按从稀到浓的顺序在酸度计上测其 pH，记录温度和所测数据，填入表14-2，计算醋酸的电离度和电离平衡常数。

表 14-2　HAc 溶液 pH 值的测定　　　　　　　(单位：℃)

HAc 溶液顺序号	c/(mol·L^{-1})	pH	[H$^+$]/(mol·L^{-1})	K_a 测定值	平均值
1					
2					
3					
4(原溶液)					

五、思考题

(1) 总结浓度、温度对电离度、K_c 的影响。

(2) 实验中[HAc]和[Ac$^-$]是如何测得的？操作时的关键是什么？

(3) 本实验用的小烧杯是否必须烘干？还可以作怎样的处理？

(4) 测定 pH 时，为什么要按溶液的浓度由稀到浓的次序进行？

附注：

PHS-3 型酸度计的使用方法。

酸度计是用来测定溶液酸度的仪器，新型酸度计常见的型号有 PHS-2、PHS-3 型，它们的原理相同，只是结构稍有不同，使用步骤有一定的差别，请注意阅读使用说明书。下面主要介绍 PHS-3 型酸度计的使用方法。

1．用前的准备

(1) 电极的准备：

① 参比电极。如果使用甘汞电极作参比电极，常温下电极电势为 0.245 V。首先要检查 KCl 溶液的量，如果液面太低要补充，并且将电极底部和侧口的胶帽去掉，备用。

② 玻璃电极。使用新的玻璃电极时，应先用纯水浸泡 48 h 以上，不用时也将其泡在纯水中。使用时注意要使玻璃电极略高于甘汞电极，以免破坏玻璃电极。另外，尽量不要用玻璃电极测量强碱性溶液的 pH，如必须使用也要操作迅速，测量完毕后立刻用纯水冲洗电极。玻璃电极使用两年以上就必须更换。

（2）电极的安装。将参比电极和测量电极安装在 PHS－3 上，注意电极的插头要保持清洁，以确保接触良好。注意夹电极的夹子要夹紧，位置要合适，使甘汞电极比玻璃电极低。

2．酸度计的准备和定位

（1）把仪器的三芯插头插在 220 V 交流电源上，并确保地线接地。

（2）仪器开关选择在"pH"或"MV"挡上，如果测定酸度，则使用 pH 挡。开启电源，预热几分钟。

（3）校正。

① 仪器斜率调节在 100% 位置。

② 温度补偿：调节温度补偿调节开关，使指示的温度和被测液相同。

③ 选择一种和被测液 pH 相近的标准缓冲溶液，将电极浸入溶液中，待读数稳定后，如果读数和标准液的 pH 不同，则调节定位调节器使之相同。这是所谓的一点校正法。之后就可以测定待测溶液了。

④ 如果测量要求较高，可以用二点校正法定位。即在③步骤中，用两种标准缓冲溶液，在两个 pH 点上校正仪器。只不过在第一点上用定位调节器调整读数，在第二点上用斜率调节器调整读数。

校正好的仪器在使用中一般不用再调整。

3．测定待测溶液的 pH

（1）每次测量前要用吸水纸擦干玻璃电极泡上的水，和参比电极一同夹在电极夹上放入待测液中。

（2）在电极放入待测液前，先用温度计测定溶液温度，以便调节温度补偿器。

（3）将电极放入待测液，轻轻晃动盛待测液的烧杯，以使溶液均匀，测定数值稳定。

（4）每次测量完后要用洗瓶冲洗电极，将玻璃电极泡在纯水中。测量完毕后冲洗电极，整理仪器。

实验十五　过氧化氢分解热的测定

一、实验目的

了解测定反应热效应的一般原理和实验方法,测定过氧化氢稀溶液的分解热。学习温度计、秒表的使用方法和简单的作图法。

二、实验用品

仪器:温度计两支(量程为 0 ℃ ~ 50 ℃、分度值为 0.1 ℃ 的精密温度计和量程为 100 ℃ 的普通温度计)、保温杯、量筒、烧杯、秒表。

固体药品:MnO_2。

液体药品:$H_2O_2(0.3\%)$。

材料:泡沫塑料塞、吸水纸。

三、实验原理:

过氧化氢浓溶液在温度高于 150 ℃ 或混入 Fe^{2+}、Cr^{3+} 等变价的金属离子时,由于这些离子有催化活性,就会发生爆炸性分解

$$H_2O_2(l) = H_2O(l) + \frac{1}{2}O_2(g)$$

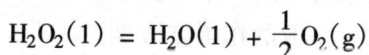

但在常温和无催化活性杂质存在情况下,过氧化氢相当稳定。对于过氧化氢稀溶液来说,升高温度或加入催化剂,都不会引起爆炸性分解,并且分解反应进行得较彻底,速度适中,所以我们设计以下实验,测定过氧化氢的分解热。

本实验以二氧化锰为催化剂,用保温杯式简易量热计测定过氧化氢稀溶液的催化分解反应热效应。

保温杯式简易量热计由量热计装置(普通保温杯,加一泡沫塑料塞,带一分度值为 0.1 ℃ 的温度计)及杯内的溶液或溶剂组成(如图 15 – 1 所示)。

在一般的测定实验中,溶液的浓度很稀,因此溶液的比热容(符号为 c_{aq},即 1 g 物质升温 1 ℃ 所需热量)近似等于溶剂的比热容(c_{solv}),并且溶液的质量 m_{aq} 近似地等于溶剂的质量 m_{solv}。量热计的热容 C 可由下式表示

图 15 – 1　保温杯式简易量热装置
1—温度计;2—橡皮圈;3—泡沫塑料塞;4—保温杯

$$C = c_{aq} \cdot m_{aq} + C_P \approx c_{solv} \cdot m_{solv} + C_P$$

其中　C_P 为量热计装置(包括保温杯,温度计等部件)的热容。

化学反应产生的热量,使量热计的温度升高。要测量量热计吸收的热量必须先测定量热计的热容 C。在本实验中采用稀的过氧化氢水溶液,因此

$$C = c_{H_2O} \cdot m_{H_2O} + C_P$$

其中　c_{H_2O} 为水的质量热容,为 $4.184 J \cdot g^{-1} \cdot K^{-1}$;$m_{H_2O}$ 为水的质量,在室温附近水的密度约等于 $1.00 kg \cdot L^{-1}$,因此 $m_{H_2O} \approx V_{H_2O}$ 其中 V_{H_2O} 表示水的体积。而量热计装置的热容可用下述方法测得:往盛有质量为 m 的水(温度为 T_1)的量热计装置中,迅速加入相同质量的热水(温度为

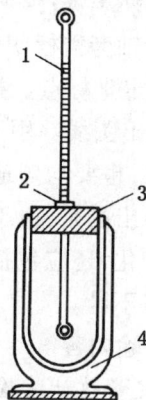

T_2),测得混合后的水温为 T_3,则

$$热水失热 = c_{H_2O} \cdot m_{H_2O} \cdot (T_2 - T_3) \tag{15-1}$$

$$冷水得热 = c_{H_2O} \cdot m_{H_2O} \cdot (T_3 - T_1) \tag{15-2}$$

$$量热计装置得热 = (T_3 - T_1)C_P \tag{15-3}$$

根据热量平衡得出

$$C_P = \frac{c_{H_2O} \cdot m_{H_2O} \cdot (T_2 + T_1 - 2T_3)}{T_3 - T_1}$$

严格地说,简易量热计并非绝热体系。因此,在测量温度变化时会遇到一些问题,如:当冷水温度在上升时,体系和环境已发生了热量交换,使得实验中不能观测到最大的温度变化。在数据处理时可用外推作图法消除这一误差,即根据实验所测得的数据,以温度对时间作图,在所得各点间作一最佳直线 AB,延长 BA 与纵轴相交于 C,C 点所表示的温度就是体系上升的最高温度(如图 15-2 所示)。如果量热计的隔热性能好,在温度升到最高点时,数分钟内温度并不下降,就可不用外推作图法。

实验数据常要用作图来处理。一般的作图方法是:

(1) 选取坐标轴。在坐标纸上画两条相互垂直的直线,为横坐标和纵坐标,习惯上以自变量为横坐标,应变量为纵坐标。坐标轴旁需标明所代表的变量和单位。

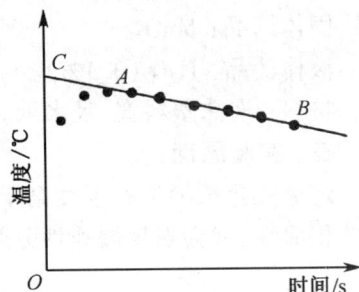

图 15-2 温度-时间曲线

(2) 标定坐标点。根据数据的两个变量确定坐标点,符号可用 ⊙△○ 表示。

(3) 画出图线。用光滑的曲线(或直线)连接坐标点,这条曲线要能通过较多的点。没有被连上的点,也要均匀地分布在曲线的两边。

应当指出的是,由于过氧化氢分解时有氧气放出,所以本实验的反应热 ΔH,不仅包括体系内能的变化,还应包括体系对环境所作的膨胀功,但因后者所占的比例很小,在近似测量中,通常可忽略不计。

四、实验内容

1. 测定量热计装置热容

按图 15-1 装配好量热计装置。保温杯盖可用泡沫塑料,杯盖上的小孔要比温度计直径稍大一些,以便使产生的氧气逸出。为了不使温度计与杯底接触,在温度计底端套上一剪开口的乳胶管(开口为了露出温度计的下端水银球)。测量溶液的温度时,要将温度计悬挂起来,使水银球处于溶液中的一定位置,不要靠在容器上或插到容器底部。绝不可将温度计当搅棒使用。刚测量过高温的温度计不可立即用于测量低温或用自来水冲洗,以防温度计破炸裂。使用温度计要轻拿轻放,用后要及时洗净,擦干。

为了减小实验误差,两支温度计先进行校正,其方法是:把保温杯上温度计和另一支温度计(测热水温度用的)同放在盛有冷水的烧杯中,静置片刻,以某一支温度计的读数为标准,另一支温度计读数时要加上校正值。

用量筒量取 50 mL 的水,倒入干净的保温杯中,盖好塞子,用双手握住保温杯进行摇动(注意尽可能不使液体溅到塞子上)。几分钟后,精密温度计的温度若连续 3 min 不变,记下温度

T_1。再量取 50 mL 水,倒入 100 mL 烧杯中,加热至高于 $T_1$20 ℃。用精密温度计准确读出热水温度 T_2,迅速将此热水倒入保温杯中,盖好塞子,以同样的方法摇动保温杯。在倒热水的同时,按动秒表,每隔 10 s 记录一次温度,记录三次后,每 20 s 记录一次,直到体系温度不再变化或等速下降为止。倒尽保温杯中的水,把保温杯洗净并用吸水纸擦干待用。

2．测定过氧化氢稀溶液的分解热

取 100 mL 已知准确浓度的过氧化氢溶液,倒入保温杯中,塞好塞子,缓缓摇动保温杯,用精密温度计观测温度 3 min,当溶液温度不变时,记下温度 T'_1,迅速加入 0.5 g 研细过的二氧化锰粉末,塞好塞子后,立即摇动保温杯,以使二氧化锰粉末悬浮在过氧化氢溶液中。在加入二氧化锰的同时,按动秒表,每隔 10 s 记录一次温度。当温度升高到最高点时,记下此时的温度,以后每隔 20 s 记录一次温度。在相当一段时间(例如 3 min)内若温度保持不变,T'_2 即可视为该反应达到的最高温度,否则就需用外推法求出反应的最高温度。

秒表是准确测量时间的仪器。实验室常用的一种秒表其秒针转一圈为 30 s,分针转一圈为 15 min。这种表可读准到 0.01 s。秒表的上端有柄头,用于旋紧发条及控制表的启动和停止。使用时,先旋紧发条,用手握住表体,用拇指或食指向下按一下,表即启动。再按一下柄头,表即停走,可读数。第三次按柄头时,秒针、分针都返回零点。

应当指出的是,由于过氧化氢的不稳定性,因此其溶液浓度的标定,应在本实验前不久由老师进行。此外,无论在量热计热容的测定中,还是在过氧化氢分解热的测定中,保温杯摇动的节奏要始终保持一致。

3．数据记录和处理

(1) 量热计装置热容 C_p 的计算。

冷水温度 T_1/K	
热水温度 T_2/K	
冷热水混合后温度 T_3/K	
冷(热)水的质量 m/g	
水的比热容 c_{H_2O}/(J·g^{-1}·K^{-1})	
量热计装置热容 C_p/(J·K^{-1})	

(2) 分解热的计算。

$$Q = C_P(T_2' - T_1') + c_{H_2O} \cdot m_{H_2O}(T_2' - T_1')$$

由于双氧水稀溶液的密度和比热容近似地与水的相等,所以

$$c_{H_2O_2} \approx c_{H_2O} = 4.184 \text{J/g} \cdot \text{K}$$

$$m_{H_2O_2} \approx V_{H_2O_2}$$

$$Q = C_P \Delta T + 4.184 \cdot V_{H_2O_2} \Delta T$$

$$\Delta H = \frac{-Q}{c_{H_2O_2} \cdot \frac{V}{1000}} = \frac{(C_P + 4.184 V_{H_2O_2}) \Delta T \times 1000}{c_{H_2O_2} \cdot V_{H_2O_2}}$$

过氧化氢分解热实验值与理论值的相对百分误差应该在 ±10% 以内(理论值由标准反应

热计算出）。

反应前温度 T'_1/K	
反应后温度 T'_2/K	
$\Delta T/K$	
H_2O_2 溶液的体积 V/mL	
量热计吸收的总热量 Q/J	
分解热 $\Delta H/(kJ \cdot mol^{-1})$	
与理论值比较百分误差/(%)	

五、实验作业和思考题：

（1）实验中二氧化锰的作用是什么？MnO_2 对反应所放出的总热量有无影响？

（2）分析本实验结果产生误差的原因，你认为影响本实验结果的主要因素是什么？

附注：

（1）过氧化氢溶液（约 0.3%）使用前应准确测定其物质的量浓度，可用碘量法或高锰酸钾氧化还原法。

（2）二氧化锰要尽量研细，并在 110 ℃烘箱中烘 1~2 h 后，保存于干燥器中待用。

（3）一般市售保温杯的容积为 250 mL 左右，故过氧化氢的实际用量可取 150 mL 为宜。为了减少误差，应尽可能使用较大的保温杯（例如 400 mL 或 500 mL 的保温杯），取用较多量的过氧化氢做实验（注意此时 MnO_2 的用量亦应相应按比例增加）。

（4）重复实验时，一定要使用干净的保温杯。

实验十六 电离平衡、盐类水解和沉淀平衡

一、实验目的

加深对电离平衡、水解平衡、沉淀平衡、同离子效应等理论的理解。学习缓冲溶液的配制并试验其性质。试验并掌握沉淀的生成、溶解及转化条件。掌握离心分离操作和 pH 试纸的使用。

二、实验用品

仪器：试管、离心试管、离心机、表面皿、酒精灯、试管夹、烧杯。

固体药品：NH_4Ac、Zn 粒、$SbCl_3$、$Fe(NO_3)_3$。

液体药品：H_2SO_4(1 mol/L)、HCl(6 mol/L、2mol/L、0.1 mol/L)、HNO_3(6 mol/L)、HAc(0.2 mol/L、0.1 mol/L)、NaOH(0.1 mol/L)、$NH_3 \cdot H_2O$(6 mol/L、0.1 mol/L)、NaCl(1 mol/L、0.1 mol/L)、NH_4Cl(0.1 mol/L)、$BaCl_2$(0.5 mol/L)、$MgCl_2$(0.5 mol/L)、$AgNO_3$(0.1 mol/L)、$Pb(NO_3)_2$(0.1 mol/L、0.001 mol/L)、Na_2SO_4(0.5 mol/L)、$Al_2(SO_4)_3$(0.5 mol/L)、Na_2S(1 mol/L)、NaAc(0.2 mol/L)、NH_4Ac(0.1 mol/L)、K_2CrO_4(0.5 mol/L)、Na_2CO_3(0.5 mol/L)、PbI_2(饱和)、KI(0.2mol/L、0.001 mol/L)、$(NH_4)_2C_2O_4$(饱和)、酚酞溶液、甲基橙溶液。

材料：pH 试纸

三、实验内容

1. 电离平衡

(1) 比较盐酸和醋酸的酸性。

① 在两支试管中分别加入 5 滴 0.1 mol/L HCl 和 0.1 mol/L HAc 溶液,再各加一滴甲基橙指示剂、观察溶液的颜色。

② 用 pH 试纸分别试验 0.1 mol/L HCl 和 0.1 mol/L HAc 溶液的 pH 值。

③ 在两支试管中各加入一粒锌粒,分别加入 5 滴 0.1 mol/L HCl 和 0.1 mol/L HAc,观察现象。

根据实验结果,列表比较两者酸性有何不同,为什么？

(2) 同离子效应。

① 取 5 滴 0.1 mol/L HAc 溶液,加 1 滴甲基橙指示剂,观察溶液的颜色,再加入固体 NH_4Ac 少许,观察溶液颜色变化,解释上述现象。

② 取 5 滴 0.1 mol/L $NH_3 \cdot H_2O$ 溶液,加 1 滴酚酞溶液,观察溶液颜色,再加入固体 NH_4Ac 少许,观察溶液颜色的变化,并解释之。

③ 在试管中加饱和 PbI_2 溶液 3 滴,然后加 0.2 mol/L PbI_2 溶液 1~2 滴,振荡试管观察有何现象？说明为什么。

(3) 缓冲溶液的性质。

① 在一支试管中加 2 mL 0.2 mol/L HAc 和 2 mL 0.2 mol/L NaAc 溶液,摇匀后用 pH 试纸测定溶液的 pH 值。将溶液分成两份、一份加入一滴 0.1 mol/L HCl 溶液,另一份加入 1 滴 0.1 mol/L NaOH 溶液,分别用 pH 试纸测定溶液的 pH 值。

② 在两支试管中各加入 5 mL 蒸馏水,用 pH 试纸测其 pH 值。然后各加入 1 滴 0.1 mol/L HCl 和 0.1 mol/L NaOH 溶液,分别测定溶液的 pH 值。与上一实验相比较,说明缓冲溶液具有

什么性质。

2．盐类水解

（1）用精密 pH 试纸测定浓度均为 0.1 mol/L 的 NaAc、NH_4Cl、NH_4Ac 和 NaCl 的 pH 值。解释观察到的现象。

（2）取豆粒大小的 $Fe(NO_3)_3$ 晶体，加约 2 mL 水溶解后观察溶液的颜色。将溶液分成三份，一份留作比较；另一份在小火上加热至沸；第三份滴加 1 mol/L 的 HNO_3 溶液，观察并解释现象，写出反应方程式。

（3）取米粒大小的固体三氯化锑，用少量水溶解，观察现象，测定该溶液的 pH 值。再滴加 6 mol/L 的 HCl 溶液，振荡试管，至沉淀刚好溶解。再加水稀释，又有何现象？写出反应方程式并加以解释。

（4）在试管中分别加入 3 滴 0.5 mol/L $Al_2(SO_4)_3$ 和 3 滴 0.5 mol/L Na_2CO_3 溶液，并分别测其 pH 值。然后将 Na_2CO_3 溶液倒入 $Al_2(SO_4)_3$ 溶液中，观察有什么现象？设法验证产物。写出反应方程式并加以解释。

3．沉淀溶解平衡

（1）沉淀溶解平衡。

在离心试管中加入 3 滴 0.1 mol/L $Pb(NO_3)_2$ 溶液，然后加 2 滴 1 mol/L NaCl 溶液，待沉淀完全后，离心分离，弃去上层清液，加几滴水洗涤沉淀，再加 2 滴 0.5 mol/L 的 K_2CrO_4 溶液，有什么现象？解释并书写有关的化学反应方程式。

（2）溶度积规则的应用。

① 在试管中加 4 滴 0.1 mol/L $Pb(NO_3)_2$ 溶液和 2 滴 0.2 mol/L KI 溶液，观察有无沉淀生成。

② 用 0.001 mol/L $Pb(NO_3)_2$ 和 0.001 mol/L KI 溶液各 3 滴进行上述实验，观察实验现象并用溶度积规则解释。

（3）分步沉淀。

在试管中加入 4 滴 0.1 mol/L NaCl 溶液和等量的 0.1 mol/L K_2CrO_4 溶液。边振荡边滴加 0.1 mol/L $AgNO_3$ 溶液，观察沉淀颜色的变化。用溶度积规则解释实验现象。

4．沉淀的溶解和转化

（1）在试管中加入 2 滴 0.5 mol/L $BaCl_2$ 溶液，再加入 1 滴饱和 $(NH_4)_2C_2O_4$ 溶液，观察是否有沉淀生成。在沉淀上加几滴 6 mol/L 盐酸，解释所发生的现象并写出反应方程式。

（2）取 2 滴 0.1 mol/L $AgNO_3$ 溶液，加 1 滴 1 mol/L NaCl 溶液，观察是否有沉淀生成，再逐滴加入 6 mol/L 的氨水，有何现象发生？写出反应方程式。

（3）取 1 滴 0.1 mol/L $AgNO_3$ 溶液，加 1 滴 1 mol/L Na_2S 溶液，观察沉淀的生成。在沉淀上加几滴 6 mol/L HNO_3 微热，有何现象？写出反应方程式并解释实验现象。

四、思考题

（1）如何用 0.2 mol/L HAc 和 0.2 mol/L NaAc 溶液配制 10 mL pH = 4.1 的缓冲溶液？

（2）将下面的两种溶液混合，是否能形成缓冲溶液？为什么？

① 10 mL 0.1 mol/L 盐酸与 10 mL 0.2 mol/L 氨水。

② 10 mL 0.2 mol/L 盐酸与 10 mL 0.1 mol/L 氨水。

（3）预测 NaH_2PO_4、Na_2HPO_4 和 Na_3PO_4 的酸碱性，说明理由。

实验十七　化学反应速度和活化能

一、实验目的

测定过二硫酸铵与碘化钾反应的反应速度,并计算反应级数、反应速度常数和反应的活化能。掌握浓度、温度和催化剂对反应速度影响的规律。学习正确使用秒表和温度计。

二、实验用品

仪器:烧杯、大试管、量筒、秒表、温度计、酒精灯。

液体药品:$(NH_4)_2S_2O_8(0.20 \ mol/L)$、$KI(0.20 \ mol/L)$、$Na_2S_2O_3(0.01 \ mol/L)$、$KNO_3$ $(0.20 \ mol/L)$、$(NH_4)_2SO_4(0.20 \ mol/L)$、$Cu(NO_3)_2(0.020 \ mol/L)$、淀粉溶液$(0.2\%)$。

材料:冰。

三、实验原理

在水溶液中,过二硫酸铵与碘化钾发生如下反应

$$(NH_4)_2S_2O_8 + 3KI = (NH_4)_2SO_4 + K_2SO_4 + KI_3$$

或写成

$$S_2O_8^{2-} + 3 I^- = 2 SO_4^{2-} + I_3^- \tag{17-1}$$

根据速度方程,该反应的反应速度可表示为

$$v = kc_{S_2O_8^{2-}}^m c_{I^-}^n$$

式中:v 为在此条件下反应的瞬时速度,若 $c_{S_2O_8^{2-}}$ 和 c_{I^-} 是起始浓度,则 v 表示起始速度;k 为反应速度常数;m 与 n 之和为反应级数。

实验能测定的速度是在一段时间 Δt 内反应的平均速度 $\bar{v}$,如果在 Δt 时间内 $S_2O_8^{2-}$ 离子浓度的改变为 $\Delta c_{S_2O_8^{2-}}$,则平均速度为

$$\bar{v} = -\frac{\Delta c_{S_2O_8^{2-}}}{\Delta t}$$

本实验在 Δt 时间内反应物浓度的变化很小,则可近似地用平均速度代替起始速度,即

$$\bar{v} = -\frac{\Delta c_{S_2O_8^{2-}}}{\Delta t} = kc_{S_2O_8^{2-}}^m c_{I^-}^n$$

为了能够测出反应在 Δt 时间内 $S_2O_8^{2-}$ 浓度的改变值,需要在混合$(NH_4)_2S_2O_8$ 和 KI 溶液的同时,加入一定体积已知浓度的 $Na_2S_2O_3$ 溶液和淀粉(指示剂)溶液。这样在反应$(17-1)$进行的同时,也进行着如下反应

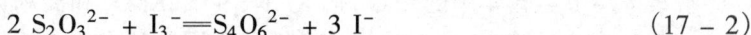

$$2 S_2O_3^{2-} + I_3^- = S_4O_6^{2-} + 3 I^- \tag{17-2}$$

反应$(17-2)$进行得非常快,几乎瞬间完成,而反应$(17-1)$却慢得多。于是由反应$(17-1)$生成的 I_3^- 立刻与 $Na_2S_2O_3$ 反应,生成了无色的 $S_4O_6^{2-}$ 和 I^-。因此在反应的开始一段时间看不到碘与淀粉作用而显示出来的特有蓝色。一旦 $Na_2S_2O_3$ 耗尽,则由反应$(17-1)$继续生成的 I_3^- 就与淀粉作用。使溶液呈现出特有的蓝色。所以可用溶液中蓝色的出现作为 $Na_2S_2O_3$ 反应完的标志。

由反应$(17-1)$和$(17-2)$的关系可以看出,$S_2O_8^{2-}$ 浓度减少的量等于 $S_2O_3^{2-}$ 浓度减少量的一半,所以 $S_2O_8^{2-}$ 在 Δt 时间内的减少量可以从下式求得

$$\Delta c_{S_2O_8^{2-}} = \frac{\Delta c_{S_2O_3^{2-}}}{2}$$

这样,只要记下从反应开始到溶液出现蓝色所需要的时间(Δt),就可以求算在各种不同浓度下的平均反应速度。

四、实验内容

1. 浓度对化学反应速度的影响

在室温下,用三个量筒(均贴上标签,以免混淆)分别量取 20.0 mL 0.20 mol/L KI 溶液、4.0 mL 0.010 mol/L $Na_2S_2O_3$ 溶液和 4.0 mL 0.2%淀粉溶液,均倒入 100 mL 烧杯中混匀。再用另一个量筒量取 20.0 m L0.20 mol/L $(NH_4)_2S_2O_8$ 溶液迅速倒入烧杯中,同时立即按动秒表并用玻璃棒不断搅动溶液。当溶液刚一出现蓝色时,立即按停秒表,将反应时间和室温记入表 17-1 中。

用同样方法,按表 17-1 中的用量依次进行编号 2~5 的实验。

表 17-1　浓度对化学反应速度的影响

	实验编号	1	2	3	4	5
试剂用量/mL	0.20 mol/L $(NH_4)_2S_2O_8$	20.0	10.0	5.0	20.0	20.0
	0.20 mol/L KI	20.0	20.0	20.0	10.0	5.0
	0.010 mol/L $Na_2S_2O_3$	8.0	8.0	8.0	8.0	8.0
	0.2%淀粉溶液	4.0	4.0	4.0	4.0	4.0
	0.20 mol/L KNO_3	0	0	0	10.0	15.0
	0.20 mol/L $(NH_4)_2SO_4$	0	10.0	15.0	0	0
混合液中反应物的起始浓度/$(mol \cdot L^{-1})$	$(NH_4)_2S_2O_8$					
	KI					
	$Na_2S_2O_3$					
反应时间 Δt/s						
$S_2O_8^{2-}$ 的浓度变化 $\Delta c_{S_2O_8^{2-}}$/$(mol \cdot L^{-1})$						
反应速度 v						

2. 温度对化学反应速度的影响

按表 17-1 实验 4 中的用量,把 KI、$Na_2S_2O_3$、KNO_3 和淀粉溶液加到烧杯中,把 $(NH_4)_2S_2O_8$ 溶液加到一只大试管中,然后将烧杯和大试管同时放在冰水浴中冷却,待两种试液的温度均冷却到低于室温 10 ℃时,把试管中的 $(NH_4)_2S_2O_8$ 溶液迅速加到盛 KI 等混合液的烧杯中,同时立即计时并用玻璃棒将溶液搅匀。当溶液刚出现蓝色时迅速按停秒表,将反应时间和温度记入表 17-2(编号 6 中)。

用热水浴在高于室温 10 ℃下重复上述实验,将数据填入表 17-2(编号 7)中。

表 17 - 2   温度对化学反应速度的影响

实验编号	6	4	7
反应温度/℃			
反应时间 $\Delta t/s$			
反应速度 v			

3. 催化剂对化学反应速度的影响

按表 17 - 1 中实验 4 的用量,把 KI、$Na_2S_2O_3$、KNO_3 和淀粉溶液加到烧杯中,再滴入 2 滴 0.020 mol/L $Cu(NO_3)_2$ 溶液,搅匀,然后迅速加入 $(NH_4)_2S_2O_8$ 溶液,同时计时和搅拌,至溶液刚出现蓝色时为止。将此实验的反应速度与表 17 - 1 中实验 4 的反应速度进行比较,可得出什么结论?

总结以上三部分的实验结果,说明浓度、温度、催化剂对化学反应速度的影响。

五、数据处理

1. **反应级数和反应速度常数的计算**

将反应速度表示式: $v = kc_{S_2O_8^{2-}}^m c_{I^-}^n$

两边取对数得: $\lg v = m\lg c_{S_2O_8^{2-}} + n\lg c_{I^-} + \lg k$

当固定 c_{I^-} 浓度不变时,以 $\lg v$ 对 $\lg c_{S_2O_8^{2-}}$ 作图,可得斜率为 m 的一条直线,这样就可求得 m 值。同理,将 $c_{S_2O_8^{2-}}$ 浓度固定不变,以 $\lg v$ 对 $\lg c_{I^-}$ 作图,可求出 n 值。$(m + n)$ 即为此反应的级数。

将求得的 m 和 n 值代人式 $v = kc_{S_2O_8^{2-}}^m c_{I^-}^n$ 即可求得反应速度常数 k 值。将数据填入表 17 - 3 中。

表 17 - 3   反应的速度常数

实验编号	1	2	3	4	5
$\lg v$					
$\lg c_{S_2O_8^{2-}}$					
$\lg c_{I^-}$					
m					
n					
k					

2. **反应活化能的计算**

由阿伦尼乌斯公式,反应速度常数 k 与反应温度 T 有下面的关系式

$$\lg k = A - \frac{E_a}{2.303RT}$$

式中: E_a 为反应活化能; R 为气体常数(8.314J/mol·K); T 为热力学温度; A 是积分常数(对同一反应,A 值不变)。

测出几个不同温度下的 k 值,以 $\lg k$ 对 $1/T$ 作图,可得一直线,其斜率 $= -\frac{E_a}{2.303R}$,计算

出 E_a。将数据填入表 17 – 4 中。

表 17 – 4　反应活化能

实验编号	6	7	8
反应速度常数 k			
$\lg k$			
$\dfrac{1}{T}/\mathrm{K}^{-1}$			
反应活化能 $E_a/(\mathrm{kJ \cdot mol}^{-1})$			

六、思考题

(1) 实验中为什么必须迅速向 KI、$Na_2S_2O_3$、淀粉的混合液中加入 $(NH_4)_2S_2O_8$ 溶液?

(2) 实验中，$Na_2S_2O_3$ 溶液的用量过多或过少，对实验结果有什么影响?

(3) 本实验为什么可以由反应溶液出现蓝色的时间长短来计算反应速度? 溶液出现蓝色后反应是否就终止了?

(4) 若先加 $(NH_4)_2S_2O_8$ 溶液，后加 KI 溶液，对实验结果有何影响?

附注：

(1) 为了使每次实验中溶液的离子强度和总体积保持不变，在进行编号 2 ~ 5 的实验中所减少的 KI 或 $(NH_4)_2S_2O_8$ 的用量可分别用 0.20 mol/L KNO_3 和 0.20 mol/L $(NH_4)_2SO_4$ 溶液来补足。

(2) 本实验对试剂有一定的要求。KI 溶液应为无色透明溶液，不能使用有 I_2 析出的浅黄色溶液。$(NH_4)_2S_2O_8$ 溶液久置易分解，因此要用新配制的。如所配制的 $(NH_4)_2S_2O_8$ 溶液的 pH 值小于 3，表明固体过二硫酸铵已有分解，不适合本实验使用。

(3) 在做温度对化学反应速度影响的实验时，如果室温低于 10 ℃，可将温度条件改为室温、高于室温 10 ℃ 和高于室温 20 ℃ 三种温度下进行。

实验十八　氧化还原反应

一、实验目的

掌握氧化型或还原型物质的浓度、介质的酸度等因素对电极电势、氧化还原反应的方向、产物、速率的影响。了解化学电池电动势,学会装配原电池。

二、实验用品

仪器:试管、离心试管(10 mL)、烧杯(100 mL、250 mL)、伏特计(或酸度计)、表面皿、U 形管。

固体药品:琼脂、氟化铵、锌粒。

液体药品:HCl(浓)、HNO_3(2mol/L、浓)、HAc(6 mol/L)、H_2SO_4(1 mol/L)、NaOH(6 mol/L,40%)、$NH_3 \cdot H_2O$(浓)、$ZnSO_4$(1 mol/L)、$CuSO_4$(0.01 mol/L、1 mol/L)、KI(0.1 mol/L)、KBr(0.1 mol/L)、$FeCl_3$(0.1 mol/L)、$(NH_4)Fe(SO_4)_2$(0.1 mol/L)、$(NH_4)_2Fe(SO_4)_2$(0.1 mol/L)、$FeSO_4$(1 mol/L)、H_2O_2(3%)、Na_3AsO_3(0.1 mol/L)、$K_2Cr_2O_7$(0.4mol/L)、$KMnO_4$(0.01 mol/L)、$Na_2S_2O_3$(0.1 mol/L)、Na_2SO_4(1 mol/L)、氯水、溴水、碘水、KCl(饱和)、CCl_4、酚酞指示剂、淀粉溶液(0.4%)。

材料:电极(锌片,铜片)、碳棒、铁片、回形针,红色石蕊试纸(或酚酞试纸)、导线、砂纸、滤纸。

三、实验内容

1. 氧化还原反应和电极电势

操　　作		现象	解释
5 滴 0.1 mol/L 的 KI 溶液	2 滴 0.1 mol/L $FeCl_3$ 溶液,0.5 mL		
5 滴 0.1 mol/L 的 KBr 溶液	CCl_4		
5 滴 0.1 mol/L 的 KBr 溶液	5 滴氯水,0.5 mL CCl_4		

由实验结果总结比较:Cl_2/Cl^-、Br_2/Br^-、I_2/I^-、Fe^{3+}/Fe^{2+} 的电极电势大小。

2. 浓度和酸度对电极电势的影响

(1) 浓度的影响。

① 往一只小烧杯中加入约 30 mL 1 mol/L $ZnSO_4$ 溶液,在其中插入锌片;往另一只小烧杯中加入约 30 mL 1 mol/L $CuSO_4$ 溶液,在其中插入铜片。用盐桥将二烧杯相连,组成一个原电池。用导线将锌片和铜片分别与伏特计(或酸度计)的负极和正极相接,测量两极之间的电压(见图 18-1)。

在 $CuSO_4$ 溶液中注入浓氨水至生成的沉淀溶解为止,形成深蓝色的溶液

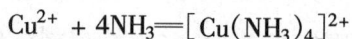

$$Cu^{2+} + 4NH_3 = [Cu(NH_3)_4]^{2+}$$

测量电压,观察有何变化。

再于 $ZnSO_4$ 溶液中加入浓氨水至生成的沉淀完全溶解为止

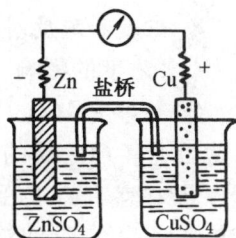

图 18-1　Cn-Zn 原电池

$$Zn^{2+} + 4NH_3 =\!= [Zn(NH_3)_4]^{2+}$$

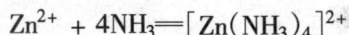

测量电压,观察又有什么变化。利用 Nernst 方程式来解释实验现象。

② 用教师所给的材料组装下列浓差电池,并测定电动势,将实验值与计算值比较。

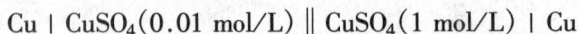

$$Cu \mid CuSO_4(0.01\ mol/L) \parallel CuSO_4(1\ mol/L) \mid Cu$$

在浓差电池的两极各连一个回形针,然后在表面皿上放一小块滤纸,滴加 1 mol/L Na_2SO_4 溶液,使滤纸完全湿润,再加入酚酞 2 滴。将两极的回形针压在纸上,使其相距约 1mm,稍等片刻,观察所压处,哪一端出现红色。

(2) 酸度的影响。

测定以下电池的两极的电压

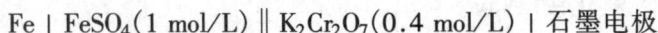

$$Fe \mid FeSO_4(1\ mol/L) \parallel K_2Cr_2O_7(0.4\ mol/L) \mid 石墨电极$$

在重铬酸钾电极中,逐滴加入 1 mol/L H_2SO_4 溶液,观察电压有何变化? 再往该溶液中滴加 6 mol/L NaOH 溶液,观察电压又有何变化? 为什么? 用 Nernst 方程解释实验现象,写出电池符号及电池反应方程式。

3. 酸度和浓度对氧化还原反应产物的影响

(1) 浓度的影响。

操　　作		产生的气体颜色	用气室法检验溶液中 $NH_4{}^+$
锌粒	5 滴浓硝酸		
	5 滴稀硝酸		

用气室法检验 $NH_4{}^+$ 离子见附注。

(2) 酸度的影响。

操　　作			现　象	解　释
0.1 mol/L Na_2SO_3	3 滴 1 mol/L H_2SO_4	2 滴 0.01 mol/L $KMnO_4$ 溶液		
	3 滴纯水			
	3 滴 6 mol/L NaOH			

4. 浓度和酸度对氧化还原反应方向的影响

(1) 浓度的影响。

① 往盛有 H_2O、CCl_4 和 0.1 mol/L $Fe_2(SO_4)_3$ 各 5 滴的试管中加入 5 滴 0.1 mol/L KI 溶液,振荡后观察 CCl_4 层的颜色。

② 往盛有 CCl_4、1 mol/L $(NH_4)_2Fe(SO_4)_2$ 和 0.1 mol/L $NH_4Fe(SO_4)_2$ 各 5 滴的试管中,加入 5 滴 0.1 mol/L KI 溶液,振荡后观察 CCl_4 层的颜色。与上一实验中 CCl_4 层颜色有何区别? 为什么?

③ 在实验①的试管中,加入少许 NH_4F 固体,振荡,观察 CCl_4 层颜色的变化。为什么? 写出反应方程式。

(2) 酸度的影响。

取 3~4 滴 0.1 mol/L 亚砷酸钠溶液于试管中,滴加碘水 2 滴,观察溶液的颜色。然后加 1

滴浓盐酸酸化,溶液又有何变化? 解释实验现象,写出离子反应方程式。

5. 酸度对氧化还原反应速率的影响

在两支各盛 5 滴 0.1 mol/L KBr 溶液的试管中,分别加入 2 滴 1 mol/L H_2SO_4 和 6 mol/L HAc 溶液,然后各加入 2 滴 0.01 mol/L $KMnO_4$ 溶液,观察两支试管中紫红色褪去的速度。分别写出有关反应方程式。

6. 氧化数居中的物质的氧化还原性

(1) 在试管中加入 5 滴 0.1 mol/L KI 和 2 滴 2mol/L H_2SO_4,再加入 1～2 滴 3% H_2O_2,观察试管中溶液颜色的变化。

(2) 在试管中加入 2 滴 0.01 mol/L $KMnO_4$ 溶液,再加入 2 滴 1 mol/L H_2SO_4 溶液,摇匀后滴加 2 滴 3% H_2O_2,观察溶液颜色的变化。

四、思考题

(1) 为什么 H_2O_2 既具有氧化性,又具有还原性? 试从电极电势予以说明。

(2) 重铬酸钾与盐酸反应能否制得氯气? 重铬酸钾与氯化钠溶液反应能否制得氯气? 为什么?

(3) 什么叫浓差电池? 写出实验中的浓差电池反应式,并计算电池电动势。

(4) 介质对 $KMnO_4$ 的氧化性有何影响? 用本实验事实及电极电势予以说明。

(5) 酸度对 Cl_2/Cl^-、Br_2/Br^-、I_2/I^-、Fe^{3+}/Fe^{2+} Cu^{2+}/Cu、Zn^{2+}/Zn 电对的电极电势有无影响? 为什么?

(6) 写出电对 $Cr_2O_7^{2-}/Cr^{3+}$ 与电对 Fe^{2+}/Fe 组成原电池的电池符号和电池反应。计算当 $Cr_2O_7^{2-}/Cr^{3+}$ 电极溶液 pH = 6.00,$[Cr_2O_7^{2-}] = [Cr^{3+}] = [Fe^{2+}] = 1.0$ mol/L 时原电池的电动势。

附注:

(1) 盐桥的制法。

称取 1 g 琼脂,放在 100 mL KCl 饱和溶液中浸泡一会儿,在不断搅拌下加热煮成糊状,趁热倒入 U 形玻璃管中(管内不能留有气泡,否则会增加电阻),冷却即成。

更为简便的方法可用 KCl 饱和溶液装满 U 形玻璃管,两管口以小棉花球塞住(管内不留有气泡),也可作为盐桥使用。

实验中还可用素烧瓷筒作为盐桥。

(2) 用气室法检验 NH_4^+ 离子。

将稀硝酸与锌反应的溶液倒在一表面皿上。另取一块较小的表面皿,在其中心粘附一小条湿的红色石蕊试纸(或广泛 pH 试纸)。在反应液表面皿中心加 3 滴 40%NaOH 溶液,立即扣上粘有试纸条的表面皿,使之形成一气室。将此气室放在手心(有暖气时,可放在暖气片上)温热几分钟,如观察到试纸条变蓝,证明有 NH_4^+ 存在。

实验十九　配合物的生成和性质

一、实验目的

熟悉配合物的生成方法和组成特点。了解配离子和简单离子、配合物和复盐的区别。掌握沉淀反应、氧化还原反应及溶液的酸碱性对配位平衡的影响。了解螯合物形成的条件。

二、实验用品

仪器：试管、白瓷点滴板。

固体药品：$CoCl_2 \cdot 6H_2O$。

液体药品：H_2SO_4（浓）、HCl（浓）、$NaOH$（2 mol/L、0.1 mol/L）、$NH_3 \cdot H_2O$（2 mol/L）、$HgCl_2$（0.1 mol/L）、$BaCl_2$（0.5 mol/L）、$FeCl_3$（0.5 mol/L、0.1 mol/L）、$SnCl_2$（0.1 mol/L）、$NaCl$（0.1 mol/L）、KI（0.1 mol/L）、KBr（0.1 mol/L）、NH_4F（4 mol/L）、CCl_4、$CuSO_4$（0.1 mol/L）、$(NH_4)_2Fe(SO_4)_2$（0.1 mol/L）、$Na_2S_2O_3$（0.1 mol/L）、$NiSO_4$（0.1 mol/L）、$AgNO_3$（0.1 mol/L）、$(NH_4)_2C_2O_4$（饱和）、$KSCN$（0.1 mol/L）、$K_3[Fe(CN)_6]$（0.1 mol/L）、$K_4[Fe(CN)_6]$（0.1 mol/L）、二乙酰二肟（1%）、无水乙醇、碘水、$EDTA$（0.1 mol/L）、CCl_4。

三、实验内容

1．配合物的生成

（1）在试管中加入 10 滴 0.1 mol/L $CuSO_4$ 溶液，逐滴加入 2 mol/L $NH_3 \cdot H_2O$ 溶液，产生沉淀后继续滴加氨水，直至生成深蓝色溶液。将此溶液分为两份，一份留做下面实验用，在另一份中加入 3~4 mL 无水乙醇，观察有何现象？

（2）往试管中滴入 2 滴 0.1 mol/L $HgCl_2$ 溶液，逐滴加入 0.1 mol/L KI 溶液，观察红色 HgI_2 沉淀的生成，继续滴加过量 KI 溶液，观察现象，写出反应方程式。

2．配合物的组成

（1）在两支试管中各加入 2 滴 0.1 mol/L $CuSO_4$ 溶液，然后分别加入 1 滴 0.5 mol/L $BaCl_2$ 溶液，和 1 滴 0.1 mol/L $NaOH$ 溶液，观察现象。写出反应方程式。

（2）将实验 1.（1）保留的溶液分成两份，一份加入 1 滴 0.5 mol/L $BaCl_2$ 溶液，另一份加入 1 滴 0.1 mol/L $NaOH$ 溶液，观察现象。写出反应方程式。根据实验结果，分析该铜氨配合物的内界和外界的组成。

3．简单离子与配离子、复盐与配合物的区别

（1）在试管中加入 5 滴 0.1 mol/L $FeCl_3$ 溶液，再加入 3 滴 0.1 mol/L KI 溶液，然后加入 5 滴 CCl_4，充分振荡后观察 CCl_4 层的颜色，写出反应方程式。

以 0.1 mol/L $K_3[Fe(CN)_6]$溶液代替 $FeCl_3$ 溶液，做同样的实验，观察现象。比较两者有何不同，并加以解释。

（2）在试管中加入 5 滴碘水，观察颜色。然后加 2 滴 0.1 mol/L $(NH_4)_2Fe(SO_4)_2$ 溶液，观察碘水是否褪色。

以 0.1 mol/L $K_4[Fe(CN)_6]$溶液代替 $FeSO_4$ 溶液做同样的实验，观察现象。比较两者有何不同，并加以解释。

（3）在试管中加入 5 滴 0.1 mol/L $FeCl_3$ 溶液，然后加入 2 滴 0.1 mol/L $KSCN$ 溶液，观察现象，写出反应方程式（保留溶液待以后实验用）。

以 0.1 mol/L $K_3[Fe(CN)_6]$ 溶液代替 $FeCl_3$ 溶液,做同样的实验,观察现象有何不同,并解释原因。

根据以上实验,说明简单离子和配离子有哪些区别。

(4) 用实验说明硫酸铁铵是复盐,铁氰化钾是配合物,写出操作步骤并用实验验证。

4. 配离子稳定性比较

取 2 滴 0.1 mol/L $FeCl_3$ 溶液于试管中,加入 1 滴 0.1 mol/L KSCN 溶液,观察溶液颜色的变化,再滴加 4 mol/L NH_4F 溶液,直至溶液颜色完全褪去,然后往溶液中再滴加饱和 $(NH_4)_2C_2O_4$ 溶液,溶液颜色又有何变化,写出有关反应方程式。

根据溶液颜色的变化,比较这三种 Fe(Ⅲ)配离子的稳定性。

5. 配位平衡的移动

(1) 配离子的离解和平衡移动。

取米粒大小的 $CoCl_2·6H_2O$ 于试管中,加水溶解,观察现象。再往试管中滴加浓盐酸,观察颜色变化,再滴加水,颜色又有何改变,解释现象。

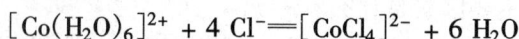

$$[Co(H_2O)_6]^{2+} + 4 Cl^- = [CoCl_4]^{2-} + 6 H_2O$$

(2) 配位平衡与沉淀溶解平衡。

往试管加入 3 滴 0.1 mol/L $AgNO_3$ 溶液,加 1 滴 0.1 mol/L 的 NaCl 溶液,有什么现象?再往试管中滴加 2 mol/L $NH_3·H_2O$ 有何现象?再往试管中滴加 0.1 mol/L 的 KBr 溶液,又有什么现象?再往试管中滴加 0.1 mol/L 的 $Na_2S_2O_3$ 溶液,振荡,有什么现象?再往试管中滴加 0.1 mol/L 的 KI 溶液,又有什么现象?根据难溶物的溶度积和配合物的稳定常数解释上述一系列现象,并写出有关反应方程式。

(3) 配位平衡与氧化还原反应。

取两支试管各加入 2 滴 0.1 mol/L $FeCl_3$ 溶液,然后向一支试管中加入 5 滴饱和草酸铵溶液,另一支试管加 5 滴蒸馏水,再向两支试管中各加 3 滴 0.1 mol/L 碘化钾溶液和 5 滴四氯化碳,振荡试管。观察两支试管中四氯化碳层的颜色,解释实验现象。

(4) 配位平衡与酸碱反应。

① 在试管中加入 10 滴 0.5 mol/L 的 $FeCl_3$ 溶液,再逐滴加入 4 mol/L NH_4F 溶液,充分振荡至无色。将溶液分成两份,一份加入几滴 2 mol/L 的 NaOH 溶液,另一份加入几滴浓硫酸,观察现象,写出反应方程式。

② 将自制的 $[Cu(NH_3)_4]^{2+}$ 溶液分成两份,在其中一份中逐滴加入 1 mol/L 的硫酸,有什么现象。写出反应方程式(另一份留在后面实验用)。

6. 螯合物的生成

(1) 取 1 滴 0.1 mol/L 的 $NiSO_4$ 溶液于点滴板上,加入 1 滴 2 mol/L 的氨水和 1 滴 1%二乙酰二肟溶液,观察有什么现象?

Ni^{2+} 离子与二乙酰二肟反应生成鲜红色的内络盐沉淀(如图 19-1 所示)。

H^+ 离子浓度过大不利于内络盐的生成,而 OH^- 离子的浓度也不宜太高,否则会生成 $Ni(OH)_2$ 沉淀。合适的酸度是 pH 值为 5~10。

(2) 在前面保留的硫氰酸铁和 $[Cu(NH_3)_4]^{2+}$ 溶液的试管中,各滴加 0.1 mol/L 的 EDTA 溶液,观察现象并加以解释。写出有关的反应方程式。

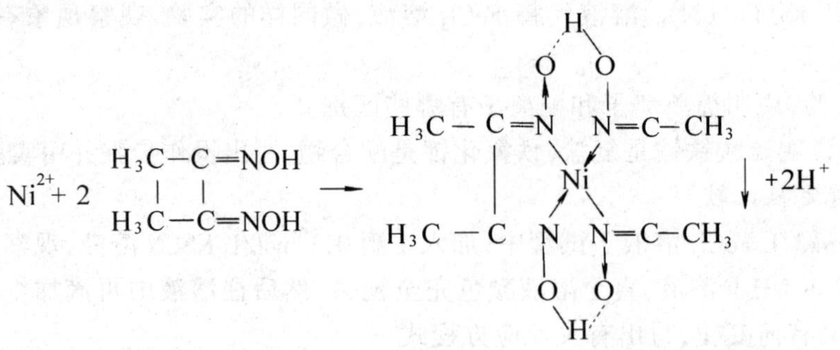

图 19－1　Ni^{2+} 离子与二乙酰二肟反应生成鲜红色的内络盐沉淀

四、思考题

（1）通过实验总结简单离子形成配离子后，哪些性质会发生改变？

（2）影响配位平衡的主要因素是什么？

（3）Fe^{3+} 离子可以将 I^- 氧化成为 I_2，而自身被还原成 Fe^{2+} 离子，但 Fe^{2+} 离子的配离子 $[Fe(CN)_6]^{4-}$ 又能将 I_2 还原成为 I^-，而自身被氧化成 $[Fe(CN)_6]^{3-}$，如何解释此现象？

（4）如何利用配合反应来分离混合物中的 Cu^{2+}、Fe^{3+} 和 Ba^{2+}？试设计其分离过程。

附注：

（1）$HgCl_2$ 有毒！使用时要注意安全。实验后废液不要倒入下水道，必须回收到教师指定的容器中。

（2）进行本实验时，凡是生成沉淀的步骤，沉淀量要少，即到刚生成沉淀为宜。凡是使沉淀溶解的步骤，加入溶液的量以能使沉淀刚溶解为宜。因此溶液必须逐滴加入，且边加边振荡。若试管中溶液量太多，可在生成沉淀后，先离心分离弃去清液，再继续进行实验。

（3）在酸性溶液中进行的关于 NH_4F 的实验一定要在通风橱进行，以防 HF 的产生，并且在实验完毕后尽快处理废液——加入碱。

Ⅲ. 元素化学实验

实验二十　卤　素

一、实验目的

学习实验室制备氯气、氯酸盐、次氯酸盐的方法及反应条件。了解卤素单质及化合物的主要性质。

二、实验用品

仪器：铁架台、石棉网、蒸馏烧瓶、分液漏斗、三角架、锥形瓶、集气瓶、试管、支管试管、烧杯、酒精灯、燃烧勺、表面皿。

固体药品：二氧化锰、锑粉、红磷、硫粉、氯酸钾、碘、氯化钠、溴化钠、碘化钠。

液体药品：NaOH（2 mol/L,6 mol/L）、KOH（30%）、KI（0.2 mol/L）、KBr（0.2 mol/L）、NaCl（0.2 mol/L）、$MnSO_4$（0.2 mol/L）、H_2SO_4（1 mol/L,浓）、HNO_3（6 mol/L）、HCl（2 mol/L,浓）、KIO_3（饱和）、$NaHSO_3$（0.2 mol/L）、$AgNO_3$（0.2 mol/L）、氯水、溴水、碘水、四氯化碳、淀粉溶液、品红溶液。

材料：pH试纸、碘化钾－淀粉试纸、醋酸铅试纸、石蕊试纸、玻璃片、滤纸、棉花。

三、实验内容

1. 氯酸钾和次氯酸钠的制备

实验装置见图20-1。蒸馏烧瓶中放入15.0 g二氧化锰,分液漏斗中加入30 mL浓盐酸;A管中加入15 mL 30%的氢氧化钾溶液,A管置于70 ℃~80 ℃的水浴中;B管中装有15 mL 2 mol/L的NaOH溶液并置于冰水浴中;C管装有15 mL蒸馏水;D中装有2 mol/L的NaOH溶液以吸收多余的氯气。锥形瓶出口覆盖浸过硫代硫酸钠溶液的棉花。

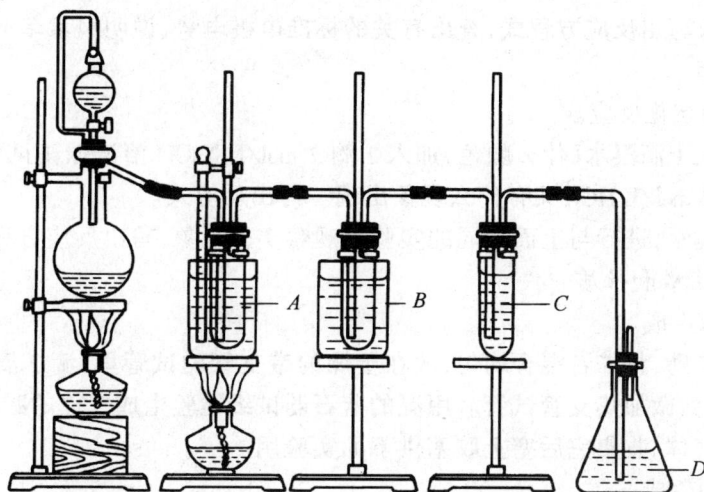

图20-1　氯酸钾、次氯酸钠的制备

首先检查装置的气密性。在确保系统严密后,旋开分液漏斗的活塞,点燃氯气发生器下方的酒精灯,让浓盐酸缓慢而均匀地滴入蒸馏瓶中,反应生成的氯气均匀地通过 A、B、C 管。当 A 管中碱液呈黄色,进而出现大量小气泡,溶液由黄色转变为无色时,停止加热氯气发生器。待反应停止后,向蒸馏瓶中注入大量水,然后拆除装置。冷却 A 管中的溶液,析出氯酸钾晶体。过滤,用少量冷水洗涤晶体一次,用倾析法倾去溶液,将晶体移至表面皿上,用滤纸吸干。所得氯酸钾、B 管中的次氯酸钠和 C 管中的氯水留作下面的实验用。

记录现象,写出蒸馏瓶、A 管、B 管中所发生的化学反应方程式。

制备实验要在通风橱中进行(若通风条件不好,可演示以上实验,收集 2 集气瓶氯气供下面实验使用)。

2.氯气和溴的氧化性

(1)氯气与磷的反应。

取豆粒大小红磷放在燃烧勺中,在酒精灯上加热点燃后插入盛氯气的集气瓶中,观察燃烧情况和产物的颜色、状态。

(2)氯气与锑粉的反应。

取少量锑粉放在针扎数个小孔的硬纸片上,把纸片盖在盛装氯气的集气瓶上,小孔对准集气瓶中心。轻轻弹动硬纸片使锑粉撒落集气瓶中,观察反应现象。

(3)溴与锑粉的反应。

取 3~4 滴溴加入干燥的集气瓶中,盖上毛玻璃片,微热后溴即变成气体,将微热的锑粉撒落其中,观察反应现象,与氯气反应有何不同?

以上实验要在通风橱中进行,若通风条件不好,可作演示。

(4)氯水与碘离子的反应。

往盛有 2 滴 0.2 mol/L 的碘化钾和 5 滴四氯化碳混合溶液的试管中滴加氯水,边滴加边振荡,观察颜色的变化情况。解释四氯化碳层由无色变粉红又变无色的原因。

3.Cl_2、Br_2、I_2 的氧化性及 Cl^-、Br^-、I^- 还原性的比较

(1)用所给试剂设计实验,验证卤素单质的氧化顺序和卤离子的还原性强弱。

根据实验现象写出反应方程式,查出有关的标准电极电势,说明卤素单质的氧化顺序和卤离子的还原性顺序。

(2)溴和碘的歧化反应。

在试管中加入 1 滴溴水(什么颜色)加入 1 滴 2 mol/L NaOH 溶液振荡试管,有什么现象发生。再加入 2 滴 2 mol/L HCl,又有什么现象出现。写出反应式。

用碘水代替溴水,进行与上面相同的实验。观察实验现象,写出反应方程式。

4.卤化氢的生成和性质

(1)碘化氢的生成。

取少量碘和红磷,将二者混合均匀,放在干燥的带支管的试管里,滴 2 滴水,塞上胶塞,连通带尖嘴的导管,微微加热支管试管。用湿的蓝石蕊试纸检验生成气体的酸碱性,并用干燥的试管收集碘化氢气体,收集完后塞上胶塞供下面实验用。

(2)氯化氢的生成。

取少量氯化钠放在干燥的支管试管中,加入 1 滴管浓硫酸,塞上胶塞,连通导管,微微加热支管试管,检验其酸性,并用干燥的试管收集氯化氢气体供下面的实验用。

（3）碘化氢与氯化氢热稳定性的比较。

在盛有氯化氢和碘化氢气体的试管中，分别插入烧热的玻璃棒，观察现象，总结卤化氢热稳定性的变化规律。

（4）氯化氢、溴化氢、碘化氢还原性的比较。

取三支试管，分别放入米粒大的氯化钠、溴化钠、碘化钠固体，各加入 3 滴浓硫酸，各试管口分别放浸湿的 pH 试纸、碘化钾－淀粉试纸和醋酸铅试纸，微热试管，观察试管中的现象和试纸颜色变化情况。通过实验，比较氯化氢、溴化氢、碘化氢还原性变化规律。

5. Cl^-、Br^-、I^- 离子的鉴定

取三支试管，分别加入 1 滴 0.2 mol/L NaCl、KBr、KI 溶液，各加 2 滴 6 mol/L HNO_3 酸化，然后再各加 1 滴硝酸银溶液，观察沉淀的颜色，解释实验现象。$AgNO_3$ 可作 Cl^-、Br^-、I^- 的区别、鉴定试剂。

6. 卤素含氧酸盐的性质

（1）次氯酸盐的氧化性。

往第一支试管中加入 4 滴浓盐酸。

第二支试管中加 2 滴 0.2 mol/L 硫酸锰溶液。

第三支试管加入 2 滴 0.2 mol/L 碘化钾溶液，再加入 3 滴 1 mol/L 硫酸酸化。

第四支试管加入 2 滴品红溶液。

再向每支试管中滴加次氯酸钠溶液，解释发生的现象，写出前三个实验反应的反应方程式。

（2）氯酸钾的氧化性。

取氯酸钾晶体分别进行如下实验：

① 往盛有米粒大小氯酸钾晶体的试管中，加入 3 滴浓硫酸如果反应不明显可微热。反应方程式为

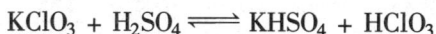

$$KClO_3 + H_2SO_4 \rightleftharpoons KHSO_4 + HClO_3$$

$$3HClO_3 \rightleftharpoons HClO_4 + 2ClO_2 + H_2O \text{（}ClO_2\text{ 在硫酸中为淡黄色）}$$

注意：ClO_2 加热或振荡容易发生爆炸，反应为 $2ClO_2 \rightleftharpoons Cl_2 + 2O_2$，所以操作时，试剂用量一定要严格。

② 在试管中取豆粒大小的氯酸钾晶体加少量水溶解配成溶液。取另一支试管加 2 滴 0.2 mol/L 碘化钾溶液，然后加几滴氯酸钾溶液，观察反应现象。再加 2 滴 1 mol/L H_2SO_4 酸化后，观察溶液的颜色变化。继续往该溶液中滴加氯酸钾溶液又有何变化，解释实验现象，写出有关的反应方程式。

③ 与非金属单质反应(两个实验选作其一)。

（ⅰ）与硫磺的反应：取半勺干燥的硫磺粉和半勺氯酸钾晶体小心混合后用纸包好，拿到室外，用铁锤猛击即发生爆炸反应。

反应方程式为：$2S + 4KClO_3 \rightleftharpoons 2K_2O + 2SO_2 + 2Cl_2 + 3O_2$

（ⅱ）与红磷的反应：取豆粒大小的红磷和氯酸钾，放在点滴板穴孔中加 1 滴水润湿混合。在一粉笔头上挖一小洞，将湿润的混合物填在小洞中，用纸包好，放置。待实验完毕后拿到室外，用力在硬面地上摔(有药的部位着地)，会发生摔炮一样的爆炸效果。(混合两种物质时，很容易爆炸、起火。注意一是要用量少，二是要小心操作)。

反应式为： $16P + 21KClO_3 \xlongequal{\quad} 8P_2O_5 + 7Cl_2 + 8O_2 + 7K_2O + 7KCl$

（3）碘酸钾的氧化性。

① 取 3 滴碘酸钾饱和溶液,加 2 滴淀粉和 2 滴 1 mol/L H_2SO_4 溶液,逐滴加入 0.2 mol/L 亚硫酸氢钠溶液,边加边振荡。观察溶液颜色的变化,解释实验现象。

② 取 3 滴碘酸钾饱和溶液,加 2 滴 1 mol/L H_2SO_4、3 滴 0.2 mol/L KI 溶液和 2 滴淀粉溶液。观察溶液的颜色变化,解释有关现象。

四、思考题

（1）制备氯气时如果没有二氧化锰,可用什么代替?

（2）用碘化钾 – 淀粉试纸检验氯气时,试纸先呈蓝色,当在氯气中放置时间较长时,蓝色退去。为什么?

（3）如何收集碘化氢气体? 收集气体的试管不干燥行不行?

（4）为何不能用氯化钠与浓硫酸反应制取 HCl 同样的方法制取 HBr 和 HI?

（5）用硝酸银鉴定卤素离子时,为何要加入少量稀硝酸?

（6）碘酸钾与溴化钾在酸性介质中能否发生反应?

（7）怎样区别氯酸盐和次氯酸盐?

（8）某溶液中含有 Cl^-、Br^-、I^- 三种离子,怎样分离和检出它们? 写出实验步骤、方法和原理。

（9）在实验内容 4 的(1)中,碘和红磷要求放在干燥的试管里,又要加几滴水,二者是否矛盾?

实验二十一 硫

一、实验目的

制备和观察硫的同素异形体。了解硫化氢的性质和硫化物的溶解性。掌握不同氧化态硫的含氧化合物的主要性质。了解硫化氢和二氧化硫的简单制备方法和安全操作。

二、实验用品

仪器：表面皿、烧杯、坩埚、漏斗、坩埚钳、试管、点滴板、石棉网、三脚架、放大镜。

固体药品：硫磺粉、硫化亚铁、亚硫酸氢钠、过二硫酸钾。

液体药品：H_2SO_4（1 mol/L、浓）、HNO_3（浓）、HCl（2 mol/L、6 mol/L）、$AgNO_3$（0.1 mol/L）、$KMnO_4$（0.2 mol/L）、KI（0.2 mol/L）、$MnSO_4$（0.002 mol/L、0.2 mol/L）、$CuSO_4$（0.2 mol/L）、$Pb(NO_3)_2$（0.2 mol/L）、H_2S（饱和溶液）、Na_2S（0.1 mol/L）、$Na_2S_2O_3$（0.2 mol/L）、$K_2Cr_2O_7$（0.2 mol/L）、$BaCl_2$（0.2 mol/L）、$Hg(NO_3)_2$（0.2 mol/L）、二硫化碳、碘水、氯水、品红溶液。

材料：滤纸、pH 试纸。

三、实验内容

1. 硫的单质（老师可提前做好，让同学们观察晶体的形状）

（1）斜方硫的制备。

往试管里加黄豆粒大小的硫粉和 1 滴管二硫化碳，振荡试管，使硫溶解（注意，二硫化碳是一种易燃的液体，有毒。操作时应避开火源，在通风橱中操作），将溶液倒在表面皿上蒸发，析出晶体，观察生成晶体的形状（见图 21 - 1 (a)）。

（2）单斜硫的制备。

往坩埚里加入硫磺粉，达坩埚容量的一半。在石棉网上用微火加热，使其熔化呈琥珀色（杏黄色）。把熔化的硫注入预先折好的滤纸里，数分钟后，当表面开始固化，有针状晶体从滤纸的周围向中心成长时，打开滤纸，可以看到无数针状晶体（图 21(b)）

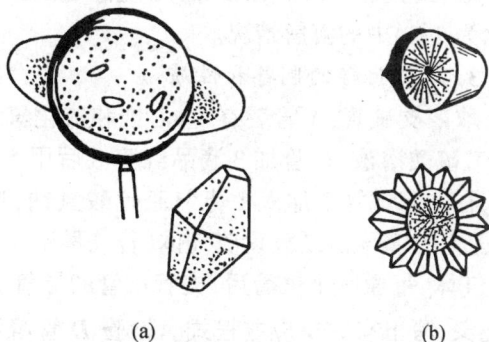

图 21 - 1 硫的单质
(a)斜方硫；(b)单斜硫

（3）弹性硫的制备。

往大试管里加 3 药勺硫磺粉，在通风橱内用微火加热，并加以振荡。观察硫在熔化过程中的颜色和粘度的变化，最后将液体加热至沸腾，按图 21 - 2 的操作方法将液体环绕漏斗倾入内盛冷水的烧杯里。取出弹性硫，观察它的颜色并实验其弹性。放置一昼夜，用放大镜观察表面晶形的变化。

根据上述实验总结出硫的同素异形体的存在条件。

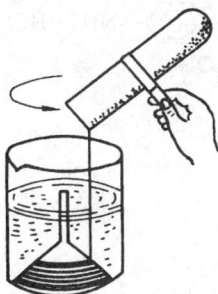

图 21 - 2 弹性硫

2. 硫化氢和硫化物

（1）硫化氢的制备和性质。

① 制备取一小块硫化亚铁放入带支管的试管中,连通带尖嘴的导管,加入 1 滴管 6 mol/L 盐酸溶液,盖上橡胶塞,导出硫化氢气体(加入盐酸之前,要做好检测硫化氢性质的准备工作:在一支试管中加 3 滴 0.2 mol/L 高锰酸钾溶液,并用 3 滴 1 mol/L 的硫酸酸化,混合溶液中加入少量蒸馏水;在另一试管中加入 3 mL 蒸馏水备用)。

② 性质。

(i) 硫化氢的燃烧。在玻璃导管的尖嘴处点燃硫化氢气体,观察硫化氢气体燃烧的情况,写出反应方程式。将坩埚或烧杯底部放在尖嘴的上方,观察硫化氢气体的不完全燃烧情况,写出反应方程式。

(ii) 硫化氢的还原性。将燃烧的硫化氢熄灭后通入事先准备好的高锰酸钾溶液中,观察溶液颜色变化和产物的状态,写出反应方程式。(若硫化氢气量不足时,可微热支管试管)

(iii) 硫化氢水溶液的酸碱性。将硫化氢气体通入事先准备好的蒸馏水中,制成饱和溶液,用 pH 试纸检测其 pH 值(保留溶液在下面实验中用)。

注意:硫化氢与空气的混合气体具有爆鸣气的性质,应予以注意。硫化氢气有毒,用完后注意吸收尾气及迅速处理掉发生装置中的残留物,以免气体外逸。

(2) 硫化物的溶解性。

取四支试管,分别加入 0.2 mol/L 硫酸锰、0.2 mol/L 硝酸铅、0.2 mol/L 硫酸铜、0.2 mol/L 硝酸汞溶液各 1 滴,然后各加 1 滴 0.1 mol/L 硫化钠溶液,观察现象。洗涤沉淀,离心分离,弃去溶液,试验这些沉淀在 2 mol/L 盐酸、6 mol/L 盐酸、浓硝酸、王水(自配,浓硝酸与浓盐酸的体积比为 1:3)中的溶解情况。

3. 二氧化硫的制备和性质

取四支试管,A 管装有 1 mL 饱和硫化氢水溶液,B 管加 5 滴 0.2 mol/L 重铬酸钾和 2 滴 1 mol/L 硫酸溶液,C 管加 3 滴品红溶液后用 5 滴蒸馏水稀释,D 管加 1 mL 蒸馏水。

在支管试管中加入 1 药勺亚硫酸氢钠,连通带尖嘴的导管,往支管试管中加 1 滴管浓硫酸,盖上胶塞导出二氧化硫气体(若气量不足,可微热支管试管)。分别向上述四支试管中通入 SO₂ 气体,每通一个试管后,支管试管的导管尖嘴要在装有蒸馏水的小烧杯中涮一下。观察实验现象,写出有关反应方程式。检验 D 管溶液的 pH 值。通过上述实验可说明二氧化硫具有什么性质?

二氧化硫与品红溶液的脱色反应为:

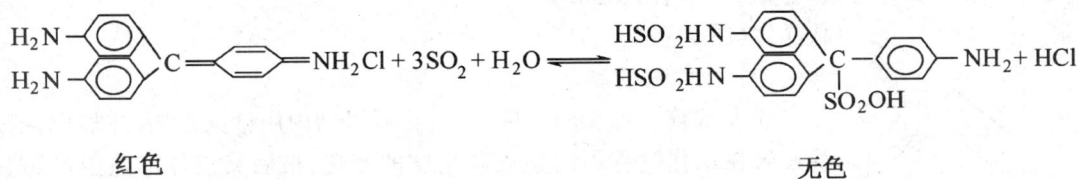

红色   无色

用二氧化硫漂白的品红溶液受热不稳定,加热后品红又显色。

4. 硫代硫酸盐的性质和鉴定

(1) 往 3 滴碘水中滴加 0.2 mol/L 硫代硫酸钠溶液,观察碘水退色,写出反应方程式。

(2) 往 3 滴 0.2 mol/L 硫代硫酸钠溶液中滴加氯水,如有沉淀,继续加氯水,直至沉淀消失。设法证明 SO_4^{2-} 的生成。写出反应方程式。

(3) 往试管中加入 3 滴 0.2 mol/L 硫代硫酸钠溶液，再加入 1～2 滴 6 mol/L 盐酸溶液，有何现象？写出有关反应方程式。

根据上述实验，总结硫代硫酸盐的性质。

(4) $S_2O_3^{2-}$ 的鉴定。往试管中加入 3 滴 0.2 mol/L 的硫代硫酸钠溶液，再加入 2 滴 0.2 mol/L 硝酸银溶液，观察沉淀颜色的变化（由白色硫代硫酸银→黄色→棕色→黑色硫化银的转变过程）。利用硫代硫酸银分解的颜色变化，以鉴定 $S_2O_3^{2-}$ 的存在。

5. 过二硫酸盐的氧化性

(1) 把 5 滴 1 mol/L 硫酸、10 滴蒸馏水和 1 滴 0.002 mol/L 硫酸锰混合均匀后，分成两份，做以下实验。

① 一份中加 1 滴 0.1 mol/L 的硝酸银溶液和豆粒大小固体过二硫酸钾，加热试管观察溶液颜色有何变化，写出反应式。

② 在另一份中只加等量的过二硫酸钾固体，加热试管观察溶液颜色变化，与第一份相比，反应速度有何不同？说明过二硫酸钾的性质和 Ag^+ 的作用。

(2) 往试管中加 2 滴 0.2 mol/L 碘化钾溶液，加 1 滴 1 mol/L 硫酸酸化，加入米粒大小的过二硫酸钾固体，观察反应产物的颜色和状态。微热，产物有何变化？写出反应方程式。

6. 鉴别实验

现有五种溶液：Na_2S、$NaHSO_3$、Na_2SO_4、$Na_2S_2O_3$、$K_2S_2O_8$。试设法通过实验鉴别。

四、思考题

(1) 硫化氢、硫化钠、二氧化硫水溶液长久放置会有什么变化，如何判断变化情况？

(2) 根据实验比较 $S_2O_8^{2-}$ 与 MnO_4^- 氧化性的强弱。为何过二硫酸钾与硫酸锰反应需在酸性介质中进行？

(3) 为何亚硫酸盐中常含有硫酸盐，而硫酸盐中则很少含有亚硫酸盐？怎样检查亚硫酸盐中的 SO_4^{2-} 离子？

(4) 如何区别下列物质？

① 硫酸根离子与亚硫酸根离子。

② 亚硫酸根离子与硫代硫酸根离子。

③ 硫化氢气体与二氧化硫气体。

④ 二氧化硫气体与三氧化硫气体。

实验二十二　氮

一、实验目的

试验氨、铵盐及羟氨和联氨的主要性质。了解亚硝酸及盐,硝酸及盐的主要性质。掌握铵离子、亚硝酸根离子、硝酸根离子的鉴定方法。

二、实验用品

仪器:圆底烧瓶、试管、酒精灯、研钵、烧杯、表面皿、点滴板、铁架台。

固体药品:氯化铵、氢氧化钙、硝酸铵、硫酸铵、碳酸氢铵、盐酸羟氨、硫酸肼、硝酸钾、硝酸铅、硝酸银、硫黄、铜屑、锌粒。

液体药品:H_2SO_4(1 mol/L,浓)、HCl(浓)、HNO_3(2 mol/L,浓)、HAc(6 mol/L)、$NaNO_2$(0.5 mol/L,饱和)、KI(0.2 mol/L)、$KMnO_4$(0.2 mol/L)、NH_4Cl(0.5 mol/L)、$FeSO_4$(0.5 mol/L)、$NaNO_3$(0.5 mol/L)、$BaCl_2$(0.2 mol/L)、NaOH(6 mol/L)、酚酞、溴水、浓氨水、对 – 氨基苯磺酸、α – 萘胺、奈氏试剂、淀粉溶液。

材料:冰、pH 试纸。

三、实验内容

1.氨和铵盐

(1)氨的制备和性质。

将 1 g 氯化铵和 1 g 氢氧化钙在研钵中研细后倒入干燥的大试管中。按图 22 – 1 仪器装置(横放的试管底部为什么要略高于试管口?),盖上带有导管的胶塞,准备干燥的圆底烧瓶收集氨气。加热试管即有氨气产生,待烧瓶中充满氨气后(如何检验?),取下烧瓶(瓶口仍然向下,为什么?),停止加热,盖上胶塞或喷泉实验用的装置塞。按图 22 – 2 装置进行实验,观察现象并解释之。(如果仪器不方便,教师可做演示实验)。

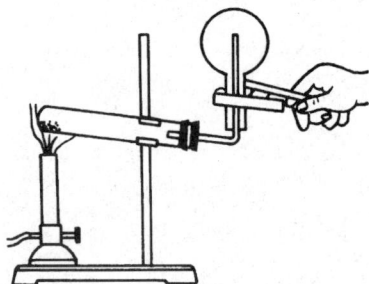

图 22 – 1　氨的制备

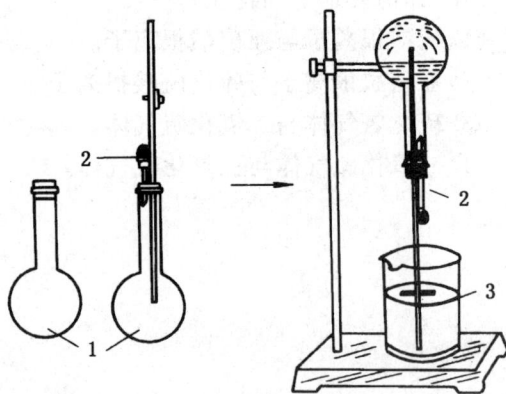

图 22 – 2　喷泉实验装置
1—充满氨气的烧瓶;2—滴管;3—加有酚酞的水溶液

（2）铵盐的性质。

① 取豆粒大小的下列物质,观察其颜色、状态,各加 1 mL 水,试验它们在水中的溶解性并用精密 pH 试纸测定溶液的 pH 值:

表 22-1 铵盐性质的比较

	NH_4Cl	NH_4NO_3	$(NH_4)_2SO_4$	NH_4HCO_3
颜色、状态				
溶解性				
pH 值				

② 氯化铵的热分解。

在一支干燥的试管中加小半勺氯化铵,将一条润湿的 pH 试纸推向试管中部,粘在试管壁上。用试管夹夹住试管,预热后垂直加热试管底部。观察试纸颜色变化情况,解释原因。设法证明试管壁上的析出物仍然是氯化铵。写出有关反应方程式。

③ 取 3 支小试管依次分别加入豆粒大小硝酸铵、硫酸铵、碳酸氢铵固体,然后逐个加热试管,观察各试管内的变化,并用湿润的 pH 试制检验试管口逸出的气体。总结铵盐热分解产物与阴离子的关系。

④ 溶解热效应。

在试管中加入 1 mL 水,用温度计测其温度,然后加入豆粒大小硝酸铵固体。振荡试管再测温度(或用手心感觉温度的变化),解释其原因。

2. 羟氨和联氨的还原性

往盛有豆粒大小固体盐酸羟氨的试管中滴加溴水,观察溴水退色,写出反应方程式。用硫酸肼代替盐酸羟氨进行上述实验,有什么结果,写出反应方程式。

从实验结果说明氮的氢化物有何共性。

3. 亚硝酸和亚硝酸盐

（1）亚硝酸的合成和分解。

将 1 mL 饱和亚硝酸钠溶液和 1 mL 1 mol/L 硫酸溶液分别在冰水中冷却,然后混合。在冰水中观察溶液的颜色。从冰水中取出试管,在常温下观察亚硝酸的分解。解释现象。

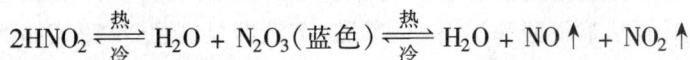

$$2HNO_2 \underset{冷}{\overset{热}{\rightleftharpoons}} H_2O + N_2O_3(蓝色) \underset{冷}{\overset{热}{\rightleftharpoons}} H_2O + NO\uparrow + NO_2\uparrow$$

（2）亚硝酸的氧化性和还原性。

在 3 滴 0.5 mol/L 亚硝酸钠溶液中滴入 1 滴 0.2 mol/L 的碘化钾溶液,有无变化? 再加入 1 滴 1 mol/L 硫酸溶液,有何现象? 反应产物如何检验? 写出反应方程式。

在 3 滴 0.5 mol/L 亚硝酸钠溶液中加入 1 滴 0.2 mol/L 高锰酸钾溶液,有无变化? 再加入 1 滴 1 mol/L 硫酸溶液,有何现象? 写出反应方程式。

通过上述试验,说明亚硝酸具有什么性质? 为什么?

4. 硝酸和硝酸盐

（1）硝酸的氧化性。

① 浓硝酸与非金属的反应。

往黄豆大小的硫黄粉中加入 5 滴浓硝酸,加热观察现象,有何气体产生? 冷却后,检验产物中的 SO_4^{2-},写出反应方程式。

② 浓硝酸与金属的反应。

往一小片铜屑中加入 5 滴浓硝酸,观察气体和溶液的颜色。

③ 稀硝酸与金属的反应。

(i)与铜反应。往一小片铜屑中加入 5 滴 2 mol/L 硝酸溶液,微热,与前一结果比较,观察两者有何不同。

(ii)与锌反应。往 1 锌粒中加入 5 滴 2 mol/L 硝酸溶液,放置片刻后,检验有无 NH_4^+ 生成(用气室法或奈氏法)。

写出上述反应的方程式,总结硝酸与金属、非金属反应的规律,并说明原因。

(2) 硝酸盐的热分解。

在三支干燥的试管中,分别加入少量固体硝酸钾、硝酸铅、硝酸银,加热,观察反应情况和产物的颜色,检验气体产物写出有关反应方程式。

总结硝酸盐热分解与阳离子的关系,并解释之。

5. 铵离子、亚硝酸根离子、硝酸根离子的鉴定

(1) 铵离子的鉴定。

① 气室法:取几滴铵盐溶液置于一表面皿中心,在另一块表面皿中心粘附一条湿润的红色石蕊试纸或 pH 试纸,然后在铵盐溶液中滴加 6 mol/L 氢氧化钠溶液至呈碱性,混匀后,即将粘有试纸的表面皿盖在盛有试液的表面皿上作成"气室"。将此气室放在水浴上微热(或用手心温热),观察试纸颜色的变化。

② 奈氏法:取 1 滴铵盐溶液于点滴板空穴中,滴两滴奈氏试剂(碱性四碘合汞酸钾溶液),即生成红棕色沉淀,证明有 NH_4^+。其反应式为:

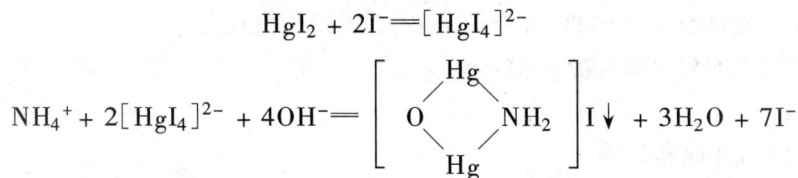

$$HgI_2 + 2I^- = [HgI_4]^{2-}$$

$$NH_4^+ + 2[HgI_4]^{2-} + 4OH^- = \left[O \begin{array}{c} Hg \\ \\ Hg \end{array} NH_2 \right] I \downarrow + 3H_2O + 7I^-$$

(2) 亚硝酸根离子的鉴定。

取 1 滴 0.5 mol/L 的亚硝酸钠溶液于试管中,加入 9 滴蒸馏水,再加 3 滴 6 mol/L 醋酸酸化。然后加入 3 滴对氨基苯磺酸和 1 滴 α—萘胺,溶液即显红色,反应式如下:

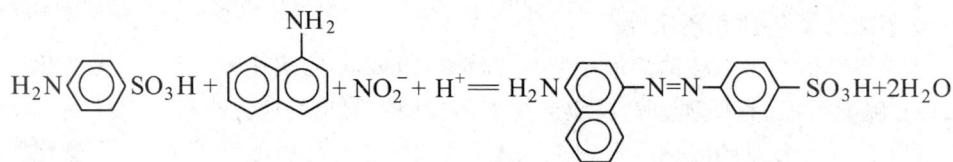

$$H_2N-\bigcirc-SO_3H + \bigcirc\bigcirc + NO_2^- + H^+ = H_2N-\bigcirc\bigcirc-N=N-\bigcirc-SO_3H + 2H_2O$$

(3) 硝酸根离子的鉴定。

在小试管中注入 5 滴 0.5 mol/L 硫酸亚铁和 3 滴 0.5 mol/L 硝酸钠溶液,摇匀,然后斜持试管,沿着管壁慢慢滴入 5 滴浓硫酸,由于浓硫酸的密度较上述液体大,流入试管底部形成两层,这时两层液体界面上有一棕色环。其反应方程式如下

$$NO_3^- + 3Fe^{2+} + 4H^+ = NO + 3Fe^{3+} + 2H_2O$$

$$Fe^{2+} + NO = [Fe(NO)]^{2+} \text{（棕色）}$$

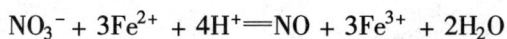

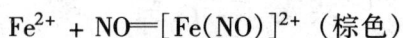

亚硝酰合铁（Ⅱ）离子

四、思考题

（1）浓硝酸和稀硝酸与金属、非金属及一些还原化合物反应时,氮的主要还原产物各是什么?

（2）为什么一般情况下不用硝酸作为酸性反应介质? 稀硝酸与金属反应和稀硫酸或稀盐酸与金属反应有何不同?

（3）今有三瓶未贴标签的溶液,只知道它们是亚硝酸钠、硫代硫酸钠和碘化钾。用什么方法把它们鉴别出来?

附注:

除 N_2O 外,所有氮的氧化物均有毒,尤以 NO_2 为甚,其最高容忍浓度为每升空气中不得超过 0.005 mL。NO_2 中毒尚无特效药治疗,一般是输氧气以助呼吸与血液循环。由于硝酸的分解产物多为氮的氧化物,因此,涉及硝酸的反应均应在通风橱内进行。

实验二十三　磷

一、实验目的

试验磷酸盐的酸碱性和溶解性,比较红磷和白磷的性质,制备偏磷酸和磷酸,掌握磷酸根离子的鉴定方法。

二、实验用品

仪器:试管、酒精灯、烧杯、蒸发皿、坩埚、坩埚钳、石棉网。

固体药品:红磷、白磷、五氯化磷。

液体药品:H_2SO_4(1 mol/L,浓),HCl(2 mol/L),HNO_3(2 mol/L,浓),NaOH(2 mol/L),HAc(2 mol/L),氨水(2 mol/L),$CaCl_2$(0.5 mol/L),$AgNO_3$(0.1 mol/L),Na_3PO_4(0.1 mol/L),Na_2HPO_4(0.1 mol/L),NaH_2PO_4(0.1 mol/L),$Na_4P_2O_7$(0.1 mol/L),$(NH_4)_2MoO_4$(0.1 mol/L)$CuSO_4$(0.2mol/L),蛋白溶液(1%),二硫化碳。

材料:pH试纸。

三、实验内容

1. 磷的同素异形体及其性质

(1) 观察白磷和红磷的颜色、状态、及保存情况。

(2) 比较白磷和红磷的着火点(两人一组,同时收集五氧化二磷)。

在通风橱中,将少量白磷和红磷(绿豆大小)分别放在石棉网的边缘和中心(事先每人准备一个大试管)。加热石棉网中心红磷处,观察有何现象发生?解释之。着火时,用大试管罩在火焰上方,收集五氧化二磷。放置片刻,观察产物表面有何变化?(用洗瓶冲洗大试管,溶液约10 mL备用)。

(3) 白磷的自燃。

取绿豆大小白磷于蒸发皿中,加入10滴二硫化碳液体,用搅棒搅拌使其溶解,将一条滤纸浸入此溶液中,然后用坩埚钳或镊子夹住滤纸,并在空气中不断摇动,观察纸条的自燃情况(燃烧时,要在通风橱中进行。没有烧完的纸边不要乱丢,以免引起火灾)。

总结白磷和红磷的性质,比较二者的不同点。

2. 磷的含氧酸的制备和性质

(1) 前面实验中五氧化二磷溶于水得到的是什么溶液?写出反应方程式。

(2) 将上述溶液倒出1 mL左右(其他留在下面实验用),然后加5滴浓硝酸,在水浴上加热(80 ℃左右)15 min,得到磷酸溶液,写出反应方程式。保留溶液供下面实验用。

3. 五氯化磷的水解

取绿豆大小的五氯化磷溶于蒸馏水中,观察有何现象?用pH试纸检验溶液的酸碱性,写出反应方程式。设法检验五氯化磷的水解产物。

4. 磷酸盐的性质

(1) 酸碱性。

① 用pH试纸分别测定0.1 mol/L Na_3PO_4、Na_2HPO_4、NaH_2PO_4溶液的pH。

② 往三支试管中分别加入5滴0.1 mol/L的 Na_3PO_4、Na_2HPO_4、NaH_2PO_4溶液,再各滴入适量的0.1 mol/L $AgNO_3$溶液,是否有沉淀产生?试验溶液的酸碱性有无变化?解释之。写出

有关的反应方程式。

(2) 溶解性。

分别取 3 滴 0.1 mol/L Na₃PO₄、Na₂HPO₄、NaH₂PO₄ 溶液于试管中,各加入等量的 0.5 mol/L CaCl₂ 溶液,观察有何现象? 用 pH 试纸测定它们的 pH。各滴加 2 mol/L 氨水溶液,有何变化? 再滴加 2 mol/L 盐酸溶液,又有何变化?

比较磷酸钙、磷酸氢钙、磷酸二氢钙的溶解性,说明它们之间相互转化的条件,写出有关反应的方程式。

(3) 配位性。

在 2 滴 0.2 mol/L 的 CuSO₄ 溶液中,逐滴加入 0.1 mol/L 焦磷酸钠溶液,观察沉淀的生成。继续滴加焦磷酸钠溶液,沉淀是否溶解? 写出相应的反应方程式。

5. 偏磷酸根、磷酸根、焦磷酸根的区别和鉴定

(1) 在三支试管中分别加入 3 滴自制的偏磷酸(实验 1(2)中)、0.1 mol/L 磷酸二氢钠、0.1 mol/L 焦磷酸钠溶液,然后各加入 2 滴 0.1 mol/L 的硝酸银溶液,有何现象发生? 再往各试管中加入 2 mol/L 的硝酸,沉淀有无变化? 写出反应方程式。

(2) 在三支试管中各加入 10 滴自制的偏磷酸、0.1 mol/L 磷酸二氢钠、0.1 mol/L 焦磷酸钠溶液,然后,各加 3 滴 2 mol/L 醋酸酸化,再各加入 5 滴蛋白溶液,振荡,观察各试管中的蛋白溶液是否有凝固现象?

将实验结果填入表 23 - 1。

表 23 - 1　偏磷酸根、磷酸根、焦磷酸根的区别和鉴定

离子试液　　所加试剂	PO_4^{3-}	$P_2O_7^{4-}$	PO_3^-
加硝酸银溶液			
加稀硝酸溶液			
加醋酸和蛋白溶液			

了解各种磷酸根离子的区别,总结各磷酸根离子的鉴定方法。

(3) PO_4^{3-} 离子的鉴定——磷钼酸铵沉淀法。

取 5 滴自制的磷酸溶液于试管中,加入 6 滴 0.1 mol·L⁻¹ 钼酸铵溶液,水浴加热试管即有黄色沉淀产生。反应式如下

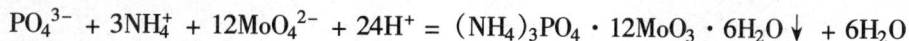

$$PO_4^{3-} + 3NH_4^+ + 12MoO_4^{2-} + 24H^+ = (NH_4)_3PO_4 \cdot 12MoO_3 \cdot 6H_2O \downarrow + 6H_2O$$

四、思考题

(1) 磷酸二氢钠溶液显酸性,那么是否所有的酸式盐溶液都显酸性? 为什么? 举例说明。

(2) 通过试验说明五氧化二磷有何特性? 应如何保存五氧化二磷?

(3) 磷酸二氢钠溶液中加入少量氢氧化钠溶液。然后加入氯化钙溶液有何现象? 若用硝酸溶液代替氢氧化钠溶液又有什么现象? 为什么?

(4) 固体五氯化磷水解后,溶液中存在氯离子和磷酸根离子,但加入硝酸银溶液时,为什么只有氯化银沉淀析出? 在什么条件下可使磷酸银沉淀析出?

(5) 在盐酸、硫酸和硝酸中,选用那一种酸最适宜溶解磷酸银沉淀? 为什么?

（6）用哪几种方法能将无标签的磷酸钠、磷酸氢钠、磷酸二氢钠鉴别出来？

附注：

白磷是一种极毒、易燃的物质(燃点 313 K)，常保存于水中。切割时应在水面下操作，并用镊子夹住。取出后迅速用滤纸轻轻吸干，切勿摩擦。当不慎引燃时，可用沙子灭火。若皮肤灼伤，可用 10% 硝酸银、硫酸铜或高锰酸钾溶液清洗。

实验二十四 砷、锑、铋

一、实验目的

通过试验 +Ⅲ氧化态的砷、锑、铋氧化物、氢氧化物的酸碱性以及 +Ⅲ氧化态砷、锑、铋盐的还原性和 +Ⅴ氧化态砷、锑、铋盐的氧化性,总结出它们的变化规律。掌握砷、锑、铋硫化物和硫代酸盐的制备和性质。

二、实验用品

固体药品:三氧化二砷、硝酸铋、铋酸钠。

液体药品:HCl(6 mol/L、浓),HNO$_3$(2 mol/L,6 mol/L,浓),NaOH(2 mol/L、6 mol/L),SbCl$_3$(0.1 mol/L),Bi(NO$_3$)$_3$(0.1 mol/L),Na$_3$AsO$_4$(0.1 mol/L),Na$_2$S(0.5 mol/L),NaHCO$_3$(1 mol/L),MnSO$_4$(0.002mol/L),H$_2$S(饱和),碘水,氯水、四氯化碳。

材料:pH 试纸,碘化钾 - 淀粉试纸,醋酸铅试纸

三、实验内容

1．+Ⅲ氧化态的砷、锑、铋氧化物和氢氧化物的酸碱性

(1) 三氧化二砷的性质。

取四支干燥的试管,各装入小米粒大小的三氧化二砷固体(俗名砒霜,极毒!)。

① 往第一支试管中加入少量水,微热后用 pH 试纸检验溶液 pH 值。

② 往第二支试管中加入几滴 2 mol/L 的氢氧化钠溶液,振荡试管,观察溶解情况,写出反应方程式。保留溶液供下面实验用。

③ 在余下的两支试管中分别加入几滴 6 mol/L 的盐酸溶液和浓盐酸,微热后观察溶解情况,解释实验现象,写出反应方程式。保留溶液供下面实验用。

(2) 氢氧化锑(+Ⅲ)的生成和性质。

取两支试管各加 2 滴 0.1 mol/L 三氯化锑溶液和 2 滴 2 mol/L 氢氧化钠溶液,观察沉淀的生成和颜色。往一支试管中加几滴 6 mol/L 盐酸溶液,另一支试管中加入几滴 6 mol/L 的氢氧化钠溶液,观察沉淀的溶解情况。解释现象,写出反应方程式。

(3) 氢氧化铋的生成和性质。

用 Bi(NO$_3$)$_3$ 溶液代替 SbCl$_3$ 溶液重复上述实验。观察并解释实验现象,写出反应方程式。

总结 +Ⅲ氧化态砷、锑、铋的氢氧化物酸碱性变化规律。

2．锑(Ⅲ)和铋(Ⅲ)盐的水解作用

(1) 取 2 滴 SbCl$_3$ 溶液,加水稀释,观察有何现象发生?再滴加 6 mol/L 盐酸溶液到沉淀刚好溶解,再稀释又有什么变化?写出反应方程式并加以解释。

(2) 以 Bi(NO$_3$)$_3$ 溶液代替 SbCl$_3$ 溶液,进行上述试验,观察现象,写出反应方程式。

3．砷(Ⅲ)、铋(Ⅲ)的还原性和砷(Ⅴ)铋(Ⅴ)的氧化性

(1) 取 1(1)制得的亚砷酸钠溶液 5 滴,滴加 3 滴碘水,观察有何现象发生?然后,将溶液用 2 滴浓盐酸酸化,加入几滴四氯化碳,观察现象,写出反应方程式并加以解释。

(2) 在试管中加入 5 滴 Bi(NO$_3$)$_3$ 溶液,加入 3 滴 6 mol/L 氢氧化钠溶液和几滴氯水,微热并观察棕黄色沉淀产生,倾去溶液,再加浓盐酸于沉淀物中,用浸湿的碘化钾 - 淀粉试纸检验氯气的生成,写出反应方程式。

(3) 在 1 滴 0.002 mol/L $MnSO_4$ 溶液中,加入 5 滴 6 mol/L 硝酸,然后再加入绿豆大小的固体铋酸钠,微热试管,加少量水稀释,观察溶液颜色的变化,写出反应式。

4.砷、锑、铋的硫化物和硫代酸盐

(1) As_2S_3 和 Na_3AsS_3(硫代亚砷酸钠)的生成和性质。

① 取 5 滴 1.(1)、③中制得的三氯化砷溶液,加入数滴饱和硫化氢水溶液,观察沉淀的颜色和**状态**。

② 弃去溶液,洗涤沉淀,将沉淀物分成三份,分别加入几滴浓盐酸、2 mol/L 氢氧化钠和 0.5 mol/L 硫化钠溶液,观察沉淀各自的溶解状况,写出有关反应方程式。

(2) Sb_2S_3、和 Na_3SbS_3 的生成和性质。

以 $SbCl_3$ 溶液代替 $AsCl_3$(三氯化砷)溶液,按上述试验步骤进行类似实验。观察实验现象,写出反应方程式。

(3) Bi_2S_3 的生成和性质。

以硝酸铋溶液代替三氯化锑溶液按上述步骤进行类似实验,观察实验现象,写出反应方程式。

(4) As_2S_5 和 Na_3AsS_4(硫代砷酸钠)的生成和性质。

① 往 5 滴 Na_3AsO_4 溶液和 5 滴浓盐酸的混合溶液中滴加饱和硫化氢水溶液,观察沉淀的颜色和状态。

② 弃去溶液,洗涤沉淀,将沉淀物分成三份,分别加入几滴浓盐酸、2 mol/L 氢氧化钠和 0.5 mol/L 硫化钠溶液,观察沉淀各自的溶解状况,写出有关反应方程式。

将以上实验结果归纳在下面的表格中,并比较砷、锑、铋硫化物的性质。

硫化物 颜色和试剂	As_2S_3	Sb_2S_3	Bi_2S_3	As_2S_5
颜　色				
浓盐酸				
2 mol/L NaOH				
0.5 mol/L Na_2S				

5.Sb^{3+}、Bi^{3+} 离子的分离和鉴定

取三氯化锑和硝酸铋溶液各 3 滴,混合后设法加以分离和鉴定。

四、思考题

(1) 请找出在本实验中,溶液的酸碱性影响氧化还原反应方向的实例,并加以分析。

(2) 回答下列问题:

① 实验室中如何配制三氯化锑和硝酸铋溶液?

② 由亚砷酸盐制三硫化二砷时,为什么要酸化?

附注:

砷、锑、铋及其化合物都是有毒物质。特别是三氧化二砷(俗称砒霜)是剧毒物质,要在教师指导下使用。切勿进入口内或与伤口接触。用毕要洗手,废液要妥善处理。通用的解毒剂是服用新配制的氧化镁与硫酸铁溶液强烈摇动而成的氢氧化铁悬浮液,也可用乙二硫醇($HS—CH_2—CH_2—SH$)解毒。

实验二十五 碳、硅、硼

一、实验目的

试验活性炭的吸附作用。掌握一氧化碳的制备和性质。试验并了解碳酸盐、硅酸盐、硼酸和硼砂的主要性质,熟悉硼砂珠的操作及某些化合物的特征颜色。

二、实验用品

固体药品:活性炭、硼酸、硼砂、氟化钙、硝酸钴、三氧化二铬、氯化钙、硫酸铜、三氯化铁、硫酸锰、硫酸镍。

液体药品:HCl(2 mol/L、6 mol/L),H$_2$SO$_4$(浓),甲酸,NaOH(2 mol/L、6 mol/L),BaCl$_2$(0.2 mol/L),AgNO$_3$(0.1 mol/L),Na$_2$SiO$_3$(20%),NH$_4$Cl(饱和),硼砂(饱和),Na$_2$CO$_3$(0.5 mol/L),CuSO$_4$(0.2 mol/L),Pb(NO$_3$)$_2$(0.001 mol/L),K$_2$CrO$_4$(0.1 mol/L)FeCl$_3$(0.2 mol/L),氨水(2 mol/L),靛蓝,甘油,酚酞、甲基橙。

材料:pH试纸,玻璃片,滤纸,铂丝(或镍铬丝)。

三、实验内容

1. 活性炭的吸附作用

(1) 对靛蓝的吸附。

往10滴靛蓝溶液中加入黄豆大小活性炭,振荡试管,然后滤去活性炭。观察溶液的颜色变化。并加以解释。

(2) 对铅盐的吸附。

往5滴0.001 mol/L硝酸铅溶液中加2滴0.1 mol/L铬酸钾溶液,观察黄色铬酸铅沉淀生成。

往10滴0.001 mol/L硝酸铅溶液的试管中加入黄豆大小的活性炭。振荡试管,滤去活性炭。往清夜中加入4滴0.1 mol/L铬酸钾溶液,观察有何变化? 与未加活性炭的实验相比,有何不同? 并加以解释。

2. 一氧化碳的制备和性质

(1) 一氧化碳的制备。

往带尖嘴导管的支管试管中加入1滴管浓甲酸,再加入1滴管浓硫酸,盖上胶皮塞,加热支管试管即有一氧化碳气体产生。写出反应式(气体产生之前,首先做好如下一氧化碳性质检测的准备工作)。

(2) 一氧化碳的主要化学性质。

① 还原性:往试管中加入6滴0.1 mol/L硝酸银溶液,再加入2 mol/L氨水至生成的沉淀溶解为止。将一氧化碳气体通入所得的银氨溶液中,观察反应产物的颜色和状态。

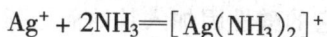

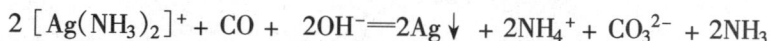

$$Ag^+ + 2NH_3 = [Ag(NH_3)_2]^+$$

$$2[Ag(NH_3)_2]^+ + CO + 2OH^- = 2Ag\downarrow + 2NH_4^+ + CO_3^{2-} + 2NH_3$$

② 可燃性:将纯一氧化碳气点燃,观察火焰的颜色。写出反应方程式。

3．一些金属离子与碳酸钠的作用

(1) 往 2 滴三氯化铁溶液中加入 2 滴碳酸钠溶液,观察沉淀的颜色和状态,写出反应方程式。

(2) 往 2 滴氯化钡溶液中加入 2 滴碳酸钠溶液,观察沉淀的颜色和状态,写出反应方程式。

(3) 往 2 滴硫酸铜溶液中加入 2 滴碳酸钠溶液,观察沉淀的颜色和状态,写出反应方程式。

通过实验总结碳酸钠作沉淀剂时,会产生哪三种沉淀,为什么?

4．氢氟酸对玻璃的腐蚀作用

在一块涂有石蜡的玻璃片上,用小刀刻下字迹。字迹必须穿过石蜡层,让玻璃暴露出来。用少量氟化钙加水调成糊状,涂在字迹上,再滴几滴浓硫酸。放置 1 h 左右,用水冲净表面,刮去石蜡,观察字迹,解释并写出反应方程式。(因为反应时间较长,可先做这个实验,待最后再观察结果。)

5．硅酸水凝胶的生成

往 1 mL 20%硅酸钠溶液中加入 1 滴酚酞溶液(为了控制凝胶生成的 pH 值)。然后,逐滴加入 6 mol/L 盐酸溶液,边加边振荡试管,当溶液的颜色刚要退去时,观察凝胶的生成。如盐酸过量,溶液完全退色时凝胶不能生成,可用硅酸钠溶液反调 pH 值,直到溶液刚出现粉红色为止。

6．硅酸盐的水解和微溶性硅酸盐的生成

(1) 硅酸盐的水解。

取 5 滴 20%硅酸钠溶液于试管中,先用石蕊试纸检验其酸碱性。然后往该溶液中加入 5 滴饱和的氯化铵溶液,微热。用红色石蕊试纸或 pH 试纸检验气体产物。解释现象,写出反应方程式。

(2) 微溶性硅酸盐的生成——"水中花园"。

在 100 mL 小烧杯中加入 2/3 体积的 20%硅酸钠溶液,然后把氯化钙、硫酸铜、硝酸钴、硫酸镍、硫酸锰、三氯化铁晶体各一小粒投入杯内(注意:晶体要分开放。在景观生成过程中,不要挪动烧杯,以免破坏景观),半小时后,观察现象(实验完毕,立即洗净烧杯,以免溶液腐蚀烧杯)。

原理:金属的硅酸盐多数难溶或微溶。当一些金属盐晶体投入到硅酸钠溶液中时,立即在晶体表面形成一层难溶硅酸盐膜,此膜有半透膜性质。当水渗入膜内,使金属盐溶解就会撑破硅酸盐膜,当盐溶液一遇硅酸钠又立即生成一层难溶膜。如此往复进行,就形成了漂亮的水中景观。

7．硼酸的制备、性质和鉴定

(1) 往盛有 10 滴饱和硼砂溶液的试管中加入 5 滴浓硫酸,放在冰水中冷却,若无沉淀,可用玻璃棒摩擦试管壁。观察产物的颜色和状态,写出反应式。

(2) 取豆粒大小硼酸固体加 1 mL 蒸馏水溶解,测其 pH 值。在溶液中加 1 滴甲基橙,观察溶液的颜色,写出硼酸在水中显酸性的方程式。将溶液分成两份,一份留作比较,在另一份中加入 2 滴甘油,振荡试管,观察溶液颜色的变化。

硼酸是一元弱酸(为什么?),它的酸性因加入甘油而增强:

$$\text{HOCH}\begin{array}{c}\text{CH}_2\\ \\ \text{CH}_2\end{array}\begin{array}{|c|}\hline \text{OH}\\ \\ \text{OH}\\ \hline\end{array}+\begin{array}{|c|}\hline \text{H}\\ \text{O}\\ \text{H}\\ \text{O}\\ \hline\end{array}\text{B}-\text{OH}=\left[\text{HOCH}\begin{array}{c}\text{CH}_2-\text{O}\\ \\ \text{CH}_2-\text{O}\end{array}\text{B}-\text{O}\right]^- + \text{H}^+ + 2\text{H}_2\text{O}$$

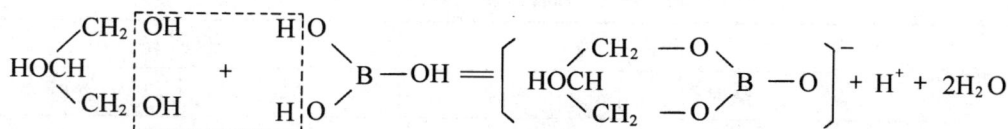

（3）在蒸发皿中放入少量硼酸晶体,1 mL 酒精和 3 滴浓硫酸,混合后点燃(蒸发皿下要放一块石棉网,以免烫坏桌子),观察火焰的颜色有何特征?

硼酸和乙醇形成硼酸三乙酯的反应式为

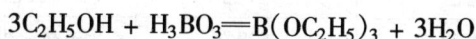

$$3\text{C}_2\text{H}_5\text{OH} + \text{H}_3\text{BO}_3 = \text{B}(\text{OC}_2\text{H}_5)_3 + 3\text{H}_2\text{O}$$

它燃烧时产生绿色火焰,可用来鉴定硼的化合物。

8．硼砂珠试验(用铂丝或镍铬丝)

铂丝的代用品镍铬丝的处理方法:取一小段电炉丝,中间拉直,两端各留一小圈。在使用过程中的清洁方法是,点滴板上加几滴 6 mol/L 的盐酸溶液,镍铬丝一端在氧化焰上灼烧片刻后浸入酸中,取出再灼烧,如此重复数次即可。

（1）硼砂珠制备:用上述方法处理过的铂丝或镍铬丝,一端取一些硼砂固体,在氧化焰上灼烧并熔融成圆珠(若一次不成珠可多取些硼砂再烧)。观察硼砂珠的颜色和状态。

（2）用硼砂珠鉴定钴和铬盐:用烧热的硼砂珠分别沾上少量硝酸钴和三氧化二铬固体,烧融后观察它们在热和冷时的颜色。

反应方程式如下:

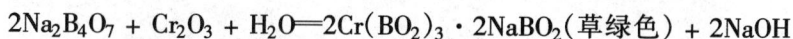

$$\text{Na}_2\text{B}_4\text{O}_7 + \text{Co}(\text{NO}_3)_2 + \text{H}_2\text{O} = \text{Co}(\text{BO}_2)_2 \cdot 2\text{NaBO}_2(\text{蓝宝石色}) + 2\text{HNO}_3$$

$$2\text{Na}_2\text{B}_4\text{O}_7 + \text{Cr}_2\text{O}_3 + \text{H}_2\text{O} = 2\text{Cr}(\text{BO}_2)_3 \cdot 2\text{NaBO}_2(\text{草绿色}) + 2\text{NaOH}$$

实验完毕后,把硼砂珠处理掉,镍铬丝处理干净以便再用。

四、思考题

（1）试用最简单的方法鉴别下列气体:

① 氢气、一氧化碳、二氧化碳

② 二氧化碳、二氧化硫、氮气

（2）比较碳酸和硅酸的性质有何异同? 下列两个反应有无矛盾? 为什么?

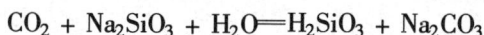

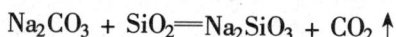

$$\text{CO}_2 + \text{Na}_2\text{SiO}_3 + \text{H}_2\text{O} = \text{H}_2\text{SiO}_3 + \text{Na}_2\text{CO}_3$$

$$\text{Na}_2\text{CO}_3 + \text{SiO}_2 = \text{Na}_2\text{SiO}_3 + \text{CO}_2\uparrow$$

（3）如何区别碳酸钠、硅酸钠和硼砂?

附注:

几种金属的硼砂珠颜色见表 25 - 1。

表25-1　几种金属的硼砂珠颜色

样品元素	氧 化 焰		还 原 焰	
	热时	冷时	热时	冷时
铬	黄色	黄绿色	绿色	绿色
钼	淡黄色	无色~白色	褐色	褐色
锰	紫色	紫红色	无色~灰色	无色~灰色
铁	黄色~淡褐色	黄色~褐色	绿色	淡绿色
钴	蓝色	蓝色	蓝色	蓝色
镍	紫色	黄褐色	无色~灰色	无色~灰色
铜	绿色	黄绿色~淡蓝色	灰色~绿色	红色

实验二十六 碱金属和碱土金属

一、实验目的

通过钾、钠、钙、镁等单质与水的反应,认识它们的金属活泼性。掌握钠与氧反应的特点,了解过氧化钠的性质。试验钠、钾微溶盐,碱土金属难溶盐及碱土金属氢氧化物的溶解情况。学会利用焰色反应鉴定碱金属、碱土金属离子。

二、实验用品

仪器:烧杯、试管、小刀、镊子、坩埚、坩埚钳、研钵、漏斗。

固体药品:金属钠、钾、钙、镁条。

液体药品:NaCl(0.5 mol/L)、KCl(0.5 mol/L)、$MgCl_2$(0.5 mol/L)、$CaCl_2$(0.5 mol/L)、$BaCl_2$(0.2 mol/L)、新配制的 NaOH(2 mol/L)、氨水(6 mol/L)、NH_4Cl(饱和)、H_2SO_4(1 mol/L)、HCl(2 mol/L,6 mol/L)、HAc(2 mol/L)、Na_2SO_4(0.5 mol/L)、$CaSO_4$(饱和)、K_2CrO_4(0.5 mol/L)、$KSb(OH)_6$(饱和)、$(NH_4)C_2O_4$(饱和)、$NaHC_4H_4O_6$(饱和)、$KMnO_4$(0.01 mol/L)、LiCl(0.5 mol/L)、$SrCl_2$(0.5 mol/L)、酚酞、乙醇。

材料:铂丝(或镍铬丝)、pH 试纸、钴玻璃、滤纸。

三、实验内容

1. 钠、钾与水的反应

用镊子取一粒绿豆大小金属钾和金属钠(切勿与皮肤接触!),用滤纸吸干其表面的煤油,切去表面的氧化膜,立即将它们分别放入盛水的烧杯中。可将事先准备好的合适漏斗倒扣在烧杯上,以确保安全。观察两者与水反应的情况,并进行比较。反应终止后,滴入 1~2 滴酚酞试剂,检验溶液的酸碱性。根据反应进行的剧烈程度,说明钠、钾的金属活泼性。

2. 钠与空气中氧的反应和过氧化钠的性质

(1) 钠与氧反应。

用镊子取一黄豆大小金属钠,用滤纸吸干其表面的煤油,切去表面的氧化膜,立即置于坩埚内加热。当钠刚开始燃烧时,停止加热。观察反应情况和产物的颜色、状态。

(2) 过氧化钠的性质。

① 过氧化钠的碱性。

将上面钠与空气中氧反应的产物冷却后,往坩埚中加入 1 mL 蒸馏水,使产物溶解,然后把溶液转移到一支试管中,用 pH 试纸检验溶液的酸碱性。溶液分成两份。

② 过氧化钠的分解。

将一份溶液微热,观察是否有气体放出,并检验气体是否是氧气,写出反应方程式。

③ 溶液的性质。

将另一份溶液用 1 mol/L H_2SO_4 酸化,滴加 1~2 滴 0.01 mol/L 的 $KMnO_4$ 溶液。观察紫色是否褪去。由此说明水溶液是否有 H_2O_2,从而推知钠在空气中燃烧是否有 Na_2O_2 生成。

3. 钠、钾微溶盐的生成

(1) 微溶性钠盐。

往 5 滴 0.5 mol/L 氯化钠溶液中,注入 5 滴饱和六羟基锑(Ⅴ)酸钾($K[Sb(OH)_6]$)溶液。如果无晶体析出,可用玻璃棒摩擦试管壁,然后放置一段时间。观察产物的颜色和状态,写出反应方程式。

(2) 微溶性钾盐。

往 5 滴 0.5 mol/L 氯化钾溶液中，注入 5 滴饱和的酒石酸氢钠（$NaHC_4H_4O_6$）溶液，如果无晶体析出，可用玻璃棒摩擦试管壁。观察反应产物的颜色和状态，写出反应方程式。

4. 镁、钙与水的反应

(1) 取一小段镁条，用砂纸擦去表面的氧化物，放入一支试管中，加入少量水。观察有无反应。然后将试管加热，观察反应情况。加入 1 滴酚酞检验水溶液的碱性，写出反应方程式。

(2) 将一小块钙放入盛有少量水的试管中，观察反应情况，并检验溶液的 pH 值。

比较镁、钙与水反应的情况，说明它们的金属活泼性顺序。

5. 碱土金属氢氧化物的溶解性

(1) 氢氧化镁的生成和性质。

在三支试管中，各加入 3 滴 0.5 mol/L 的氯化镁溶液和 2 滴 6 mol/L 氨水，观察氢氧化镁沉淀的生成。然后分别试验它们与饱和氯化铵溶液，2 mol/L 盐酸溶液和 2 mol/L 氢氧化钠溶液的反应情况。写出各反应的方程式。

(2) 镁、钙、钡氢氧化物的溶解性。

在三支试管中分别加入 2 滴 0.5 mol/L 的氯化镁、氯化钙、氯化钡溶液，再各加入 5 滴新配制的 2 mol/L 氢氧化钠溶液（为什么要新配制？），观察是否有沉淀生成。

6. 碱土金属的难溶盐

(1) 镁、钙、钡硫酸盐溶解性的比较。

在三支试管中，分别加入 5 滴 0.5 mol/L 氯化镁、氯化钙、氯化钡溶液，然后再分别滴加 5 滴 0.5 mol/L 硫酸钠溶液，观察现象。若氯化镁、氯化钙溶液中加入硫酸钠溶液后无沉淀生成，可用玻璃棒摩擦试管壁，再观察有无沉淀生成。说明生成沉淀情况。分别检验沉淀与浓硫酸的作用，写出反应方程式。

另外在两支分别盛有 5 滴 0.5 mol/L 的氯化钙和 0.2 mol/L 的氯化钡溶液的试管中，各滴入几滴饱和硫酸钙溶液，观察沉淀生成的情况。

比较硫酸镁、硫酸钙、硫酸钡溶解度的大小。

(2) 钙、钡铬酸盐的生成和性质。

在两支试管中，分别加入 2 滴 0.5 mol/L 的氯化钙和 0.2 mol/L 的氯化钡溶液，再各滴入 0.5 mol/L 铬酸钾溶液，观察现象，若无沉淀生成，可加入几滴乙醇。分别试验沉淀与 2 mol/L 醋酸和 2 mol/L 盐酸溶液的反应，写出反应方程式。

7. 碱金属、碱土金属盐的焰色反应

取一支镶有铂丝（或镍铬丝）的玻璃棒，蘸以 6 mol/L 盐酸溶液在氧化焰中灼烧，重复二至三次至火焰无色。再蘸上氯化锂溶液在氧化焰中灼烧，观察火焰颜色。依照此法，分别进行氯化钠、氯化钾、氯化钙、氯化锶、氯化钡溶液的焰色反应试验。每进行完一种溶液的焰色反应后，均需蘸浓盐酸溶液灼烧铂丝或镍铬丝，烧至无色后，再进行新的溶液的焰色反应。观察钾盐的焰色时，为消除钠对钾焰色的干扰，一般需有蓝色钴玻璃片滤光。

四、思考题

(1) 如何利用化学方法证明钠在空气中燃烧的产物为过氧化钠？

(2) 为什么氯化镁溶液中加入氨水时能生成氢氧化镁沉淀和氯化铵，而氢氧化镁沉淀又能溶于饱和氯化铵溶液？两者是否矛盾？试通过化学平衡移动的原理说明。

(3) 试设计一个分离 K^+、Mg^{2+}、Ba^{2+} 离子的实验方案。

实验二十七　铝、锡、铅

一、实验目的

试验金属铝与非金属氧、硫、碘的反应。了解铝盐的水解性。试验并掌握锡（Ⅱ）、铅（Ⅱ）氢氧化物的酸碱性、锡（Ⅱ）的强还原性和铅（Ⅳ）的强氧化性。了解锡、铅难溶盐的生成条件和性质。

二、实验用品

仪器：试管、烧杯、蒸发皿、离心机、石棉网。

固体药品：铝片、铝粉、碘、锡粒、醋酸钠、二氧化铅。

液体药品：$AlCl_3$（0.5 mol/L）、$SnCl_2$（0.2 mol/L）、HNO_3（2 mol/L，6 mol/L，浓）、$Pb(NO_3)_2$（0.5 mol/L）、$Bi(NO_3)_2$（0.5 mol/L）、$SnCl_4$（0.2 mol/L）、KI（0.2 mol/L）、$NaOH$（2 mol/L，6 mol/L，40%）、K_2CrO_4（0.5 mol/L）、HCl（2 mol/L，6 mol/L，浓）、H_2SO_4（1 mol/L）、$MnSO_4$（0.002 mol/L）、Na_2SO_4（0.1 mol/L）、$HgCl_2$（0.5 mol/L）、氨水（2 mol/L、6 mol/L）、$Al_2(SO_4)_3$（1 mol/L）、$(NH_4)_2SO_4$（饱和）。

三、实验内容

1. 铝的性质

（1）金属铝在空气中氧化以及与水的反应。

取一厘米见方铝片，用砂纸擦净。在清洁的表面上滴 2 滴氯化汞溶液。当此溶液覆盖下的金属表面呈灰色时，用棉花或软纸将液体擦去，并继续将湿润处擦干；然后将此金属放置在空气中，观察铝片表面有大量蓬松的氧化铝析出后，将铝片置入盛水的试管中，观察氢气的放出。如果气体的产生过于缓慢时，可以将此试管微热。有关反应式如下：

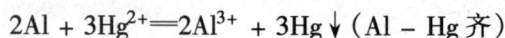

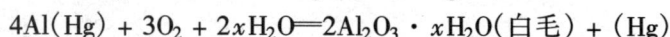

$$2Al + 3Hg^{2+} = 2Al^{3+} + 3Hg\downarrow (Al - Hg\ 齐)$$
$$4Al(Hg) + 3O_2 + 2xH_2O = 2Al_2O_3 \cdot xH_2O(白毛) + (Hg)$$
$$2Al(Hg) + 6H_2O = 2Al(OH)_3\downarrow + 3H_2 + (Hg)$$

（2）铝与碘在水存在下的反应。

将铝粉和研细的碘各小半勺，放在石棉网中心，混合均匀后堆成一小堆，加 2 滴水，仔细观察实验现象并加以解释（因为反应过程放热会使大量碘升华，所以要在通风橱中进行）。

2. 氢氧化铝的性质

把 1.（1）中混浊溶液分成三份，分别将它们与 2 mol/L 的氢氧化钠、盐酸和氨水溶液作用，观察现象，写出反应式。

3. 铝铵矾的生成

取 5 滴 1 mol/L 的硫酸铝溶液加入 5 滴饱和硫酸铵溶液，用玻璃棒搅拌，观察生成的细小的 $(NH_4)_2SO_4 \cdot Al_2(SO_4)_3 \cdot 24H_2O$ 晶体。

4. 锡（Ⅱ）、铅（Ⅱ）氢氧化物的酸碱性

（1）氢氧化锡（Ⅱ）的生成和酸碱性。

往两支试管中各加入 3 滴 0.2 mol/L 二氯化锡溶液和 2 滴 2 mol/L 氢氧化钠溶液，即得白色的氢氧化锡（Ⅱ）沉淀。分别试验其对稀碱（溶于碱溶液留在下面实验用）和稀盐酸溶液的反应。写出反应方程式。

（2）氢氧化铅（Ⅱ）的生成和酸碱性。

按以上方法用 0.5 mol/L 硝酸铅溶液与稀碱溶液反应制备氢氧化铅（Ⅱ），试验氢氧化铅（Ⅱ）对稀酸（什么酸适宜？）和稀碱的作用。写出反应方程式。

根据实验结果，对氢氧化锡（Ⅱ）和氢氧化铅（Ⅱ）的酸碱性进行总结。

（3）α – 锡酸的生成和性质

取 10 滴 0.2 mol/L 四氯化锡溶液与 6 mol/L 氨水反应，即得 α – 锡酸。离心分离，弃去清液，试验 α – 锡酸与稀酸和稀碱的反应。

（4）β – 锡酸的生成和性质

取一粒金属锡放入试管中，注入 10 滴浓硝酸，观察现象。写出反应方程式。试验沉淀物同 6 mol/L 氢氧化钠、40% 氢氧化钠以及 6 mol/L 盐酸溶液反应。

根据实验结果，比较 α – 锡酸和 β – 锡酸的化学活性。

5．锡（Ⅱ）的还原性和铅（Ⅳ）的氧化性

（1）亚锡酸钠的还原性。

在 4.（1）中试验自制的亚锡酸钠溶液中加几滴 0.5 mol/L Bi(NO$_3$)$_3$ 溶液，观察金属铋黑色沉淀的生成。反应方程式如下：

$$3Sn(OH)_3^- + 2Bi^{3+} + 9OH^- = 3Sn(OH)_6^{2-} + 2Bi\downarrow$$

这一反应可用于鉴定 Sn^{2+} 和 Bi^{3+} 离子。

（2）铅（Ⅳ）的氧化性。

取米粒大小二氧化铅，（如果没有二氧化铅固体，可取少量四氧化三铅固体，加几滴浓硝酸反应得到），加入 10 滴 1 mol/L 硫酸及 1 滴 0.002 mol/L 的硫酸锰溶液，微热。观察实验现象并写出反应方程式。

6．铅的难溶盐

（1）氯化铅。

在 0.5 mL 蒸馏水中滴入 2 滴 0.5 mol/L 硝酸铅溶液，再滴入 2 滴 2 mol/L 的盐酸，即有白色沉淀生成。将所得白色沉淀连同溶液一起加热，沉淀是否溶解？再把溶液冷却，又有什么变化？根据实验现象说明氯化铅的溶解度与温度的关系。

（2）碘化铅。

取 1 滴 0.5 mol/L 硝酸铅溶液用水稀释至 1 mL 后，加 2 滴 0.2 mol/L 碘化钾溶液，即生成橙黄色碘化铅沉淀，试验它在热水和冷水中的溶解情况。

（3）铬酸铅。

取 1 滴 0.5 mol/L 硝酸铅溶液，滴加 1 滴 0.5 mol/L 铬酸钾溶液，观察铬酸铅沉淀的生成和沉淀的颜色。试验它在 6 mol/L 硝酸和 6 mol/L 氢氧化钠溶液中的溶解情况。写出有关的反应方程式。

（4）硫酸铅。

在 1 mL 蒸馏水中滴入 1 滴 0.5 mol/L 硝酸铅溶液，再滴入几滴 0.1 mol/L 硫酸钠溶液。即得白色硫酸铅沉淀。加入少许固体醋酸钠，微热，并不断搅拌，沉淀是否溶解？解释现象并写出有关的反应方程式。

通过查阅有关手册，总结铅的难溶盐的颜色和溶解度情况。

四、思考题

（1）碘化铝的生成自由能为 – 304 kJ/mol。在没有水存在时,这个反应实际上是不可能发生的。试解释水的作用是什么?

（2）实验室中如何配制氯化亚锡溶液?

（3）今有未贴标签无色透明的二氯化锡,四氯化锡溶液各一瓶,设法鉴别。

实验二十八　铜、银

一、实验目的

了解铜、银的氧化物、氢氧化物的酸碱性。掌握铜(Ⅰ)、铜(Ⅱ)重要化合物的性质和相互转化条件。了解铜、银离子的鉴定方法。

二、实验用品

仪器：试管、烧杯、量筒、酒精灯、离心机。

固体药品：铜屑(或铜粉)。

液体药品：$NaOH$(2 mol/L,6 mol/L)、氨水(2 mol/L,6 mol/L,浓)、H_2SO_4(1 mol/L)、HNO_3(2 mol/L)、HCl(2 mol/L,浓)、HAc(6 mol/L)、$CuSO_4$(0.2 mol/L)、$CuCl_2$(0.5 mol/L)、$AgNO_3$(0.1 mol/L)、KI(0.2 mol/L)、$Na_2S_2O_3$(0.2 mol/L)、$K_4[Fe(CN)_6]$(0.1 mol/L)、葡萄糖溶液(10%)。

三、实验内容

1. 铜的化合物

(1) 氢氧化铜和氧化铜的生成和性质。

在三支试管中各加入 2 滴 0.2 mol/L 硫酸铜溶液和 2 滴 2 mol/L 氢氧化钠溶液,观察生成氢氧化铜的颜色和状态。其中一份加入 1 mol/L 硫酸溶液,第二份加入过量的 2 mol/L 氢氧化钠溶液,第三份加热到固体变黑后再加入 2 mol/L 盐酸溶液。观察有何现象发生,写出以上各反应的化学方程式。

(2) 氧化亚铜的生成和性质。

取 3 滴 0.2 mol/L 硫酸铜溶液于离心试管中,注入过量的 6 mol/L 氢氧化钠溶液,使起初生成的沉淀全部溶解,得到裴林试剂。再往此澄清的溶液中加入几滴 10% 葡萄糖溶液,混匀后微热,观察有何现象? 写出有关反应方程式。

将沉淀离心分离并且用蒸馏水洗涤,取少量沉淀加几滴 1 mol/L 硫酸加热,注意沉淀的变化。解释实验现象。另取少量沉淀加入几滴浓氨水,振摇后观察清液的颜色,静置后颜色有何变化? 解释有关实验现象。

(3) 氯化亚铜的生成和性质。

取 5 mL 0.5 mol/L 氯化铜溶液,加 2 mL(估计量)浓盐酸和一小块铜屑,加热沸腾直到溶液绿色完全消失变成深棕色为止。取出几滴,注入 5 mL 蒸馏水中,如有白色沉淀产生,则迅速把全部溶液倒入 200 mL 蒸馏水中,观察沉淀的生成。等大部分沉淀析出后,静置,倾出上层清液,并用 20 mL 蒸馏水洗涤沉淀至无蓝色为止。(或取 2 mL 0.2 mol/L $CuCl_2$ 溶液,加 0.5ml 浓盐酸和半勺铜粉,振荡试管到无色)。

取出少许沉淀,分成两份。一份与浓氨水反应,另一份与浓盐酸反应,观察沉淀是否溶解? 写出有关反应方程式。

(4) 碘化亚铜的生成。

取 5 滴 0.2 mol/L 的硫酸铜溶液于试管中,边滴加 0.2 mol/L 的碘化钾溶液边振荡试管,观察有何变化? 再滴入少量 0.2mol/L 硫代硫酸钠溶液,以除去反应中生成的碘(加入硫代硫酸钠不能过量,否则就会使碘化亚铜溶解,为什么?)。观察碘化亚铜的颜色和状态,写出反应方程式。

(5) Cu^{2+} 离子的鉴定。

在试管中滴入 1~2 滴 0.2 mol/L 硫酸铜溶液,再滴入 2~3 滴 6 mol/L 醋酸酸化,再加 5 滴 0.1 mol/L 六氰合铁(Ⅱ)酸钾溶液,即生成红棕色六氰合铁(Ⅱ)酸铜沉淀。在沉淀中注入 6 mol/L 氨水,沉淀溶解生成蓝色溶液,表示有 Cu^{2+} 存在(三价铁离子能与六氰合铁(Ⅱ)离子反应生成蓝色沉淀,是 Cu^{2+} 鉴定时的主要干扰,因此常需要预先除去铁离子)。写出反应方程式。

2. 银的化合物

(1) 氧化银的生成和性质。

取 5 滴 0.1 mol/L 硝酸银溶液,慢慢滴入新配制的 2 mol/L 氢氧化钠溶液,振荡,观察氧化银(为什么不是氢氧化银?)的颜色和状态。离心分离,弃去溶液,用蒸馏水洗涤沉淀。将沉淀分为两份,分别与 2 mol/L 硝酸溶液和 2 mol/L 氨水溶液反应,观察现象,并写出反应方程式。

(2) 银镜反应。

取一洁净的试管,注入 5 滴 0.1 mol/L 硝酸银溶液,滴入 2 mol/L 氨水溶液至起初生成的沉淀刚好溶解为止,再多滴两滴。然后加入 5 滴 10% 葡萄糖溶液,摇匀后放在 80~90 ℃热水中静置。观察试管内壁上有何变化(在试管内壁生成的银可用 6 mol/L 硝酸溶解后回收)? 写出反应方程式。

(3) Ag^+ 离子的鉴定。

取 2 滴 0.1 mol/L $AgNO_3$ 溶液于试管中,加 2 滴 2 mol/L 盐酸溶液,产生白色沉淀。在沉淀中加入 6 mol/L 氨水至沉淀完全溶解。此溶液再用 6 mol/L HNO_3 溶液酸化,又生成白色沉淀,表示有 Ag^+ 存在。

四、思考题

(1) 什么是裴林试剂,什么是裴林反应? 它在医疗上有什么用途?

(2) 土红色的氧化亚铜溶于氨水得到什么配合物? 为什么它很快变成深蓝色呢?

(3) Cu^{2+} 离子鉴定反应相当灵敏,当有 Fe^{3+} 存在时会不会干扰鉴定? 若有干扰,是什么原因? 应如何处理?

(4) 选用什么试剂来溶解下列沉淀:氢氧化铜、硫化铜、溴化银、碘化银。

实验二十九 锌、镉、汞

一、实验目的

掌握锌、镉、汞氢氧化物和氧化物的酸碱性以及它们硫化物的溶解性。了解锌、镉、汞的配合能力。熟悉 Hg_2^{2+} 离子和 Hg^{2+} 离子的转化反应。学习 Zn^{2+}、Cd^{2+}、Hg^{2+} 和 Hg_2^{2+} 离子的鉴定方法。

二、实验用品

仪器：试管、烧杯、离心试管、离心机。

液体药品：HCl(2 mol/L,浓)、H_2SO_4(1 mol/L)、HNO_3(2 mol/L,浓)、NaOH(2 mol/L,6 mol/L,40%)、氨水(2 mol/L,浓)、$CuSO_4$(0.2 mol/L)、$ZnSO_4$(0.2 mol/L)、$CdSO_4$(0.2 mol/L)、$Hg(NO_3)_2$(0.2 mol/L)、$SnCl_2$(0.2 mol/L)、Na_2S(1 mol/L)、KI(0.2 mol/L)、KSCN(0.1 mol/L)、NaCl(0.2 mol/L)、金属汞。

三、实验内容

1. 锌、镉、汞氢氧化物和氧化物的生成和性质

(1) 锌、镉的氢氧化物生成和性质。

在两支试管中各加 3 滴 0.2 mol/L 硫酸锌溶液，再分别滴加 2 mol/L 氢氧化钠溶液直到大量沉淀生成为止(不要过量!)。然后,在一支试管中滴加 2 mol/L 硫酸溶液,另一支试管继续滴入 2 mol/L 氢氧化钠溶液,观察现象,写出反应方程式。

用同样的方法试验镉的氢氧化物的生成和性质,并与氢氧化锌比较,写出有关反应方程式。

(2) 氧化汞的生成和性质。

在两支试管中各加 3 滴 0.2 mol/L 硝酸汞溶液,再分别滴入 2 mol/L 氢氧化钠溶液,观察反应产物的颜色和状态。然后,在一支试管中滴加 2 mol/L 硝酸溶液,另一支试管滴加 40% 氢氧化钠溶液,沉淀是否溶解? 写出有关反应方程式。

2. 锌、镉、汞硫化物的生成和性质

往三支试管中分别加 2 滴 0.2 mol/L 硫酸锌、0.2 mol/L 硫酸镉、0.2 mol/L 硝酸汞溶液,再分别滴入 1 滴 1 mol/L 硫化钠溶液,观察所生成沉淀的颜色。

将沉淀洗涤,离心分离后弃去清液,往沉淀中分别注入 2 mol/L 盐酸,观察沉淀是否溶解。

将第二份沉淀离心分离,洗涤,往沉淀中注入浓盐酸,观察沉淀是否溶解。

将第三份沉淀离心分离,用蒸馏水洗涤后,往沉淀中注入王水(自配),在水浴上加热,观察沉淀溶解情况。

根据实验,对锌、镉、汞硫化物的溶解情况做出结论。写出反应方程式。

3. 锌、镉、汞的配合物

(1) 锌、镉、汞氨合物的生成。

在两支试管中分别加入 2 滴 0.2 mol/L 硫酸锌和 0.2 mol/L 硫酸镉溶液,再分别滴入 2 mol/L 氨水,观察沉淀的生成。继续注入过量的 2 mol/L 氨水,又有何现象发生? 写出有关反应方程式。用 0.2 mol/L 硝酸汞溶液做同样的实验,比较 Zn^{2+}、Cd^{2+}、Hg^{2+} 与氨水反应有什么不同。

(2) 汞配合物的生成和应用。

① 往试管中加 1 滴 0.2 mol/L 硝酸汞的溶液,再滴入 0.2 mol/L 碘化钾溶液,观察沉淀的生成和颜色。往该沉淀中继续滴加碘化钾溶液直至沉淀刚好溶解为止,不要过量。溶液呈何种颜色? 写出反应方程式。

在所得的溶液中,滴加 3~4 滴 40% 氢氧化钠溶液,即成奈氏试剂,试验其与氨水反应,观察沉淀的颜色。

② 往 5 滴 0.2 mol/L $Hg(NO_3)_2$ 溶液中,逐滴加入 0.1 mol/L KSCN 溶液,最初生成白色的 $Hg(SCN)_2$ 沉淀,继续滴加 KSCN 溶液,沉淀溶解并生成无色的 $[Hg(SCN)_4]^{2-}$ 配离子。再往该溶液中加几滴 0.2 mol/L $ZnSO_4$ 溶液,观察白色 $Zn[Hg(SCN)_4]$ 沉淀的生成,必要时可用玻璃棒摩擦试管壁。该反应可用于定性鉴定 Zn^{2+}。

4. 汞(Ⅱ)的氧化性及汞(Ⅱ)与汞(Ⅰ)的相互转化

(1) 汞(Ⅱ)的氧化性。

往 0.2 mol/L 硝酸汞溶液中,滴入 0.2 mol/L 氯化亚锡溶液(先适量,再过量),观察有何种现象发生。写出反应方程式。

此为检验 Hg^{2+} 的实验。

(2) 汞(Ⅱ)转化为汞(Ⅰ)和汞(Ⅰ)的歧化。

向 5 滴 0.2 mol/L 硝酸汞溶液中,滴入 1 滴金属汞(汞盐和汞蒸气均有剧毒,切勿侵入伤口! 也可事先由教师在硝酸汞溶液的滴瓶中加数滴汞,振摇后供学生使用),充分振荡。用滴管把清液转入两支试管(余下的汞要回收),在一支试管中加入 0.2 mol/L 氯化钠,另一支试管中滴入 2 mol/L 氨水,观察实验现象,写出反应式。

5. 离子鉴别

(1) 有一瓶 Zn^{2+}—Cd^{2+} 混合溶液,试根据其性质进行鉴别,写出实验方法和步骤。

(2) 有三瓶失去标签的溶液分别是硝酸汞、硝酸亚汞和硝酸银,请鉴别(至少用两种方法)后,贴上标签。

四、思考题

(1) 使用汞的时候应采取哪些安全措施? 为什么要把汞储存在水面以下?

(2) 根据平衡移动原理预测在硝酸亚汞溶液中通入硫化氢气体后,生成的沉淀物为何物? 并加以解释。

(3) 试从可能含有锌和铝的混合溶液中分离和鉴定这两种离子。

(4) 举例说明 Hg(Ⅰ) 和 Hg(Ⅱ) 各自稳定存在和相互转化的条件是什么?

实验三十 铬、锰

一、实验目的

掌握铬(Ⅲ)和铬(Ⅵ)化合物的性质和它们之间相互转化的条件。了解锰的各种氧化态化合物的重要性质以及它们之间相互转化的条件。

二、实验用品

仪器：试管、烧杯、酒精灯、玻璃棒。

固体药品：亚硫酸钠、高锰酸钾、二氧化锰、氯酸钾、氢氧化钾。

液体药品：H_2SO_4(1 mol/L,浓)、H_2O_2(3%)、$K_2Cr_2O_7$(0.2 mol/L)、K_2CrO_4(0.1 mol/L)、NaOH(2 mol/L,6 mol/L)、$Cr_2(SO_4)_3$(0.1 mol/L)、HCl(2 mol/L,浓)、$MnSO_4$(0.2 mol/L)、Na_2SO_3(0.1 mol/L)、NaClO(浓)、$KMnO_4$(0.2 mol/L,0.01 mol/L)、$AgNO_3$(0.1 mol/L)、$BaCl_2$(0.2 mol/L)、$Pb(NO_3)_2$(0.2 mol/L)、Na_2S(0.1 mol/L)、H_2S(饱和)、$NaNO_2$(0.5 mol/L)、HAc(2 mol/L)。

材料：碘化钾 - 淀粉试纸。

三、实验内容

1. 铬的化合物性质试验

(1) 氢氧化铬(Ⅲ)的生成和性质。

取 2 滴 0.1 mol/L 的 $Cr_2(SO_4)_3$ 溶液,逐滴加入 2 mol/L NaOH 溶液,观察生成物的颜色和状态。将沉淀分为两份,一份加入稀硫酸,观察实验现象。另一份加入过量的 2 mol/L NaOH 溶液,观察变化(保留溶液)。

(2) Cr(Ⅲ)与 Cr(Ⅵ)之间的转化。

在上述保留的 CrO_2^- 溶液中加入足量 3% H_2O_2 溶液微热,颜色如何变化? 继续加热以赶走氧气,观察实验现象并写出反应方程式。

(3) 铬(Ⅵ)的氧化性。

① 在 10 滴 0.2 mol/L $K_2Cr_2O_7$ 溶液中,加入少量你所选择的还原剂,观察溶液颜色的变化(如果现象不明显该怎么办?),写出反应方程式。

② 试验浓 HCl(5 滴)、2mol/L HCl 溶液(5 滴),分别与 3 滴 0.2 mol/L $K_2Cr_2O_7$ 溶液作用,用碘化钾 - 淀粉试纸检验有无氯气生成。

(4) 铬(Ⅵ)的缩合平衡。

在 5 滴 0.2 mol/L $K_2Cr_2O_7$ 溶液中加入你所选择的试剂使其转变为 K_2CrO_4。在上述 K_2CrO_4 溶液中加入你所选择的试剂使其转变为 $K_2Cr_2O_7$。写出反应方程式。

(5) 重铬酸盐和铬酸盐的溶解性。

分别在 3 滴 $Cr_2O_7^{2-}$ 溶液中,各加入 1 滴 0.2 mol/L 硝酸铅、0.2 mol/L 氯化钡和 0.1 mol/L 硝酸银溶液,观察产物的颜色和状态。然后,再各取 3 滴 CrO_4^{2-} 溶液也分别加入 1 滴铅、钡、银离子溶液比较,并解释实验结果,写出有关反应方程式。

2. 锰(Ⅱ)化合物的性质

(1) 氢氧化锰的生成和性质。

① 用 2 滴 0.2 mol/L $MnSO_4$ 和 2 滴 2 mol/L NaOH 溶液制取 $Mn(OH)_2$,观察沉淀的颜色,放置后再观察现象。

② 在 2 滴 0.2 mol/L MnSO₄ 溶液中加入 2 滴 2 mol/L NaOH 溶液,再加入过量的 NaOH 溶液,沉淀是否溶解?

③ 在 2 滴 0.2 mol/L MnSO₄ 溶液中加入 2 滴 2 mol/L NaOH 溶液,产生沉淀后迅速滴加 2 mol/L HCl 溶液,观察实验现象,写出反应方程式。

由实验结果说明氢氧化锰(Ⅱ)的性质。

(2) 锰(Ⅱ)离子的氧化。

试验硫酸锰和次氯酸钠溶液在酸、碱性介质中的反应。比较锰(Ⅱ)离子在何种介质中易被氧化。

(3) 硫化锰的生成和性质。

在 2 滴 0.2 mol/L 硫酸锰溶液中滴加饱和硫化氢溶液,有无沉淀产生?若用硫化钠代替硫化氢溶液,又有何结果?

由实验结果说明硫化锰的性质和生成沉淀的条件。

3. 二氧化锰的生成和氧化性

(1) 往 1 滴 0.2 mol/L 高锰酸钾溶液中,逐滴滴入 0.2 mol/L 硫酸锰溶液,观察沉淀的颜色,往沉淀中加入 2 滴 1 mol/L 硫酸溶液和 0.1 mol/L 亚硫酸钠溶液,沉淀是否溶解?写出有关的反应方程式。

(2) 在盛有少量(米粒大小)MnO₂ 固体的试管中,加入 10 滴浓硫酸,加热,观察反应前后溶液颜色的变化。检验有何气体产生?写出反应方程式。

4. 高锰酸钾的性质

(1) 取豆粒大小固体高锰酸钾于试管中加热,观察有何现象发生?检验放出的气体,写出反应方程式。

(2) 在强碱性(6 mol/L NaOH)、近中性(蒸馏水)和酸性(1 mol/L H₂SO₄)介质中,分别试验 0.1 mol/L Na₂SO₃ 与 0.01 mol/L KMnO₄ 溶液的作用,根据实验结果说明在不同介质中,KMnO₄ 的还原产物是什么?写出有关反应方程式。

5. 锰酸钾的生成和性质

在干燥的试管中加入豆粒大小混合固体氯酸钾、二氧化锰和氢氧化钾(混合固体的质量比为:氯酸钾:二氧化锰:氢氧化钾 = 1:2:3。教师可事先配好混合物),加热熔融,观察产物的颜色。冷却后加水使熔块溶解,取少量上层清液,加入 2 mol/L HAc 溶液,观察现象。再加入 6 mol/L NaOH 溶液使之过量又有何变化?写出有关反应方程式。

四、思考题

(1) 总结铬的各种氧化态之间相互转化的条件,注明反应在什么介质中进行的,何者是氧化剂,何者是还原剂。

(2) 绘出表示锰的各种氧化态之间相互转化的示意图,注明反应在什么介质中进行的,何者是氧化剂,何者是还原剂。

(3) 在碱性介质中,氧能把锰(Ⅱ)氧化为锰(Ⅳ);在酸性介质中,锰(Ⅳ)又可将碘化钾氧化为碘。试解释这些现象并写出有关反应方程式。

(4) 你所用过的试剂中,有几种可将 Mn^{2+} 离子氧化为高锰酸根离子?在由 $Mn^{2+} \rightarrow MnO_4^-$ 的反应中,应如何控制 Mn(Ⅱ)的用量?为什么?

实验三十一 铁、钴、镍

一、实验目的

掌握二价铁、钴、镍的还原性和三价铁、钴、镍的氧化性,熟悉铁、钴、镍常见配合物的生成和性质,学习 Fe^{2+}、Fe^{3+}、Co^{2+}、Ni^{2+} 离子的鉴定方法。

二、实验用品

仪器:试管、离心试管。

固体药品:硫酸亚铁铵、硫氰酸钾。

液体药品:H_2SO_4(1 mol/L,3 mol/L)、HCl(浓)、NaOH(2 mol/L,6 mol/L)、$(NH_4)_2Fe(SO_4)_2$(0.1 mol/L)、$CoCl_2$(0.1 mol/L)、$NiSO_4$(0.1 mol/L)、KI(0.2 mol/L)、$K_4[Fe(CN)_6]$(0.5 mol/L)、H_2O_2(3%)、KSCN(0.5 mol/L)、$FeCl_3$(0.2 mol/L)、氯水、碘水、四氯化碳、戊醇、氨水(2 mol/L,6 mol/L,浓)、二乙酰二肟(1%)。

材料:碘化钾 – 淀粉试纸。

三、实验内容

1. 铁(Ⅱ)、钴(Ⅱ)、镍(Ⅱ)的化合物的还原性

(1) 铁(Ⅱ)的还原性。

① 酸性介质:往盛有 5 滴氯水的试管中加入 3 滴 3 mol/L 硫酸溶液,然后滴加 0.1 mol/L $(NH_4)_2Fe(SO_4)_2$ 溶液,观察现象(如现象不明显,可滴加 1 滴 KSCN 溶液,出现红色,证明有 Fe^{3+} 存在),写出反应方程式。

② 碱性介质:在一试管中加入 10 滴蒸馏水和 3 滴 1 mol/L 硫酸溶液,煮沸以赶尽溶于其中的空气,然后溶入少量硫酸亚铁铵晶体。在另一试管中加入 10 滴 6 mol/L 氢氧化钠溶液,煮沸。冷却后,用一长滴管吸取氢氧化钠溶液,插入硫酸亚铁铵溶液(直至试管底部)内,慢慢放出氢氧化钠,观察产物颜色和状态。振荡后放置一段时间,观察又有何变化。写出反应方程式。产物留做下面实验用。

(2) 钴(Ⅱ)、镍(Ⅱ)的还原性。

① 往两支分别盛有 5 滴 0.1 mol/L $CoCl_2$、5 滴 0.1 mol/L $NiSO_4$ 溶液的试管中滴加氯水,观察有何变化。

② 在两支各盛有 5 滴 0.1 mol/L $CoCl_2$ 溶液的试管中分别加入 3 滴 2 mol/L NaOH 溶液,所得沉淀一份置于空气中,一份加入新配制的氯水,观察有何变化。第二份沉淀留做下面实验用。

③ 用 0.1 mol/L $NiSO_4$ 溶液按②实验方法操作,观察现象,第二份沉淀留做下面实验用。

2. 铁(Ⅲ)、钴(Ⅲ)、镍(Ⅲ)的氧化性

(1) 在上面实验保留下来的氢氧化铁(Ⅲ)、氢氧化钴(Ⅲ)和氢氧化镍(Ⅲ)沉淀里各加入几滴浓盐酸,振荡后观察各有何变化,并用碘化钾 – 淀粉试纸检验所放出的气体。各反应方程式为:

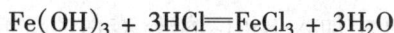

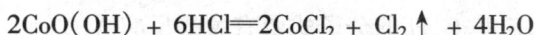

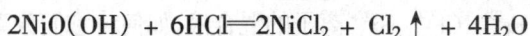

$$Fe(OH)_3 + 3HCl = FeCl_3 + 3H_2O$$

$$2CoO(OH) + 6HCl = 2CoCl_2 + Cl_2\uparrow + 4H_2O$$

$$2NiO(OH) + 6HCl = 2NiCl_2 + Cl_2\uparrow + 4H_2O$$

(2) 在上述制得的三氯化铁溶液中滴入 0.2 mol/L KI 溶液,再加几滴四氯化碳,振荡试管,观察实验现象并写出反应方程式。

3. 配合物的生成和 Fe^{2+}、Fe^{3+}、Co^{2+}、Ni^{2+} 离子的鉴定方法

(1) 铁的配合物。

① 往盛有 5 滴 0.5 mol/L 亚铁氰化钾(黄血盐)溶液的试管里,加入 2 滴碘水,摇动试管后,加入 2 滴 0.1 mol/L 硫酸亚铁铵溶液,有何现象发生。此为 Fe^{2+} 离子的鉴定反应。

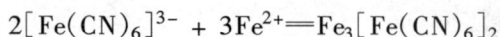

$$2[Fe(CN)_6]^{4-} + I_2 = 2[Fe(CN)_6]^{3-} + 2I^-$$

$$2[Fe(CN)_6]^{3-} + 3Fe^{2+} = Fe_3[Fe(CN)_6]_2$$

② 向盛有 10 滴新配制的 0.1 mol/L $(NH_4)_2Fe(SO_4)_2$ 溶液的试管里加入 5 滴碘水。摇动试管后,将溶液分成两份,并各滴入 3 滴 0.5 mol/L KSCN 溶液,然后向其中一支试管中注入约 5 滴 3% H_2O_2 溶液,观察实验现象。此为 Fe^{3+} 离子的鉴定反应。

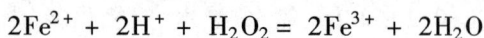

$$2Fe^{2+} + 2H^+ + H_2O_2 = 2Fe^{3+} + 2H_2O$$

$$Fe^{3+} + n NCS^- = [Fe(NCS)n]^{3-n} \qquad (n = 1 \sim 6)$$

试从配合物的生成对电极电势的影响来解释为什么 $[Fe(CN)_6]^{4-}$ 能把 I_2 还原成 I^-,而 Fe^{2+} 则不能。

③ 往 3 滴三氯化铁溶液中滴加 0.5 mol/L 亚铁氰化钾溶液,观察现象,写出反应方程式。这也是鉴定 Fe^{3+} 离子的一种常用方法。

④ 往盛有 3 滴 0.2 mol/L 二氯化铁的试管中,滴入浓氨水直至过量,观察实验现象。

(2) 钴的配合物。

① 往盛有 5 滴 0.1 mol/L $CoCl_2$ 溶液的试管中加入米粒大小的固体硫氰化钾,观察固体周围的颜色,再注入 5 滴戊醇,振荡后,观察水相和有机相的颜色(蓝色 $[Co(SCN)_4]^{2-}$ 在有机相中可以稳定存在),这个反应可用来鉴定 Co^{2+} 离子。

② 往 3 滴 0.1 mol/L $CoCl_2$ 溶液中逐滴加浓氨水,至生成的沉淀刚好溶解为止,静置一段时间后,观察溶液的颜色有何变化,写出有关的反应方程式。

(3) 镍的配合物。

① 往盛有 10 滴 0.1mol/L $NiSO_4$ 溶液中加入过量的 6 mol/L 氨水,观察现象。静置片刻,再观察现象。写出反应方程式。把溶液分成四份:一份加入 2 mol/L NaOH 溶液,一份加入 1 mol/L H_2SO_4 溶液,一份加水稀释,一份煮沸,观察现象并解释。

② 在 3 滴 0.1 mol/L $NiSO_4$ 溶液中,加入 3 滴 2 mol/L 氨水,再加入一滴 1% 二乙酰二肟,由于 Ni^{2+} 与二乙酰二肟生成稳定的螯合物而产生红色沉淀。这个反应用来鉴定 Ni^{2+} 离子的存在。

四、思考题

(1) 总结 Fe(Ⅱ、Ⅲ)、Co(Ⅱ、Ⅲ)、Ni(Ⅱ、Ⅲ)所形成主要化合物的性质。

(2) 有一浅绿色晶体 A,可溶于水得到溶液 B,于 B 中加入不含氧气的 6 mol/L NaOH 溶液,有白色沉淀 C 和气体 D 生成。C 在空气中逐渐变棕色,气体 D 使红色石蕊试纸变蓝。若将溶液 B 加以酸化再滴加一紫红色溶液 E,则得到浅黄色溶液 F,于 F 中加入黄血盐溶液,立即产生深蓝色的沉淀 G。若溶液 B 中加入 $BaCl_2$ 溶液,有白色沉淀 H 析出,此沉淀不溶于强酸。试写出 A、B、C、D、E、F、G、H 的分子式及有关的反应式。

(3) 今有一瓶含有 Fe^{2+}、Cr^{3+}、Ni^{2+} 离子的混合液,如何将它们分离出来,请设计分离示意图。

实验三十二　常见非金属阴离子的分离与鉴定

一、实验目的
学习和掌握常见非金属阴离子的分离与鉴定方法,熟悉离子检出的基本操作。

二、实验用品
仪器:试管、离心试管、点滴板、离心机。

固体药品:硫酸亚铁、碳酸镉、锌粉(或镁粉)。

液体药品:$Na_2S(0.1 \ mol/L)$、$Na_2SO_3(0.1 \ mol/L)$、$Na_2S_2O_3(0.1 \ mol/L)$、$Na_3PO_4(0.1 \ mol/L)$、$NaCl(0.1 \ mol/L)$、$NaBr(0.1 \ mol/L)$、$NaI(0.1 \ mol/L)$、$NaNO_3(0.1 \ mol/L)$、$Na_2CO_3(0.1 \ mol/L)$、$NaNO_2(0.1 \ mol/L)$、$(NH_4)_2MoO_4(0.1 \ mol/L)$、$BaCl_2(0.1 \ mol/L)$、$KMnO_4(0.01 \ mol/L)$、$ZnSO_4$(饱和)、$K_4[Fe(CN)_6](0.5 \ mol/L)$、$AgNO_3(0.1 \ mol/L)$、$H_2SO_4$(浓 $1 \ mol/L$)、$HNO_3(6 \ mol/L)$、$HCl(6 \ mol/L)$、$NaOH(2 \ mol/L)$、$Ba(OH)_2$(饱和) 或新配制的石灰水、氨水($6 \ mol/L$)、$H_2O_2(3\%)$、氯水、CCl_4、对氨基苯磺酸(1%)、$\alpha -$萘胺(0.4%)、亚硝酰铁氰化钠(9%)。

材料:$Pb(Ac)_2$ 试纸、碘 - 淀粉试纸、碘化钾 - 淀粉试纸。

在周期表中,形成阴离子的元素虽然不多,但是同一元素常常不只形成一种阴离子。阴离子多数是由两种或两种以上元素构成的酸根或配离子,同一种元素的中心原子能形成多种阴离子,例如:由 S 可以形成 S^{2-}、SO_3^{2-}、SO_4^{2-}、$S_2O_3^{2-}$、$S_2O_7^{2-}$、$S_2O_8^{2-}$ 和 $S_4O_6^{2-}$ 等常见的阴离子;由 P 可以构成 PO_4^{3-}、HPO_4^{2-}、$H_2PO_4^{-}$、$P_2O_7^{4-}$、HPO_3^{2-} 和 $H_2PO_2^{-}$ 等阴离子。

在非金属阴离子中,有的与酸作用生成挥发性的物质,有的与试剂作用生成沉淀,也有的呈现氧化还原性质。利用这些特点,根据溶液中离子共存情况,应先通过初步试验或进行分组试验以排除不可能存在的离子,然后鉴定可能存在的离子。

初步性质检验一般包括试液的酸碱性试验,与酸反应产生气体的试验,各种阴离子的沉淀性质、氧化还原性质。预先做初步检验,可以排除某些离子存在的可能性,从而简化分析步骤。初步检验包括以下内容。

1. 试液的酸碱性试验

若试液呈强酸性,则易被酸分解的离子如:CO_3^{2-}、NO_2^{-}、$S_2O_3^{2-}$ 等阴离子不存在。

2. 是否产生气体的试验

若在试液中加入稀 H_2SO_4 或稀 HCl 溶液,有气体产生,表示可能存在 CO_3^{2-}、SO_3^{2-}、$S_2O_3^{2-}$、S^{2-}、NO_2^{-} 等离子。根据生成气体的颜色和气味以及生成气体具有某些特征反应,确证其含有的阴离子,如 NO_2^{-} 被酸分解后生成的红棕色 NO_2 气体,能将湿润的碘化钾 - 淀粉试纸变蓝;S^{2-} 被酸分解后产生的 H_2S 气体可使醋酸铅试纸变黑,据此可判断 NO_2^{-} 和 S^{2-} 离子分别存在于各自溶液中。

3. 氧化性阴离子的试验

在酸化的试液中,加入 KI 溶液和 CCl_4,振荡后 CCl_4 层呈紫色,则有氧化性离子存在,如 NO_2^{-} 离子。

4. 还原性阴离子的试验

在酸化的试液中,加入 $KMnO_4$ 稀溶液,若紫色褪去,则可能存在 S^{2-}、SO_3^{2-}、$S_2O_3^{2-}$、Br^{-}、

I^-、NO_2^-等离子;若紫色不褪,则上述离子都不存在。试液经酸化后,加入碘－淀粉溶液,蓝色褪去,则表示存在 S^{2-}、SO_3^{2-}、$S_2O_3^{2-}$ 等离子。

5. 难溶盐阴离子的试验

(1) 钡组阴离子。

在中性或弱碱性试液中,用 $BaCl_2$ 能沉淀 SO_4^{2-}、SO_3^{2-}、$S_2O_3^{2-}$、CO_3^{2-}、PO_4^{3-} 等阴离子。

(2) 银组阴离子。

用 $AgNO_3$ 能沉淀 Cl^-、Br^-、S^{2-}、I^-、$S_2O_3^{2-}$ 等阴离子,然后用稀 HNO_3 酸化,沉淀不溶解。

可以根据 Ba^{2+} 和 Ag^+ 相应盐类的溶解性,区分易溶盐和难溶盐。加入一种阳离子(例如 Ag^+)可以试验整组阴离子是否存在,这种试剂就是相应的组试剂。

经过初步试验后,可以对试液中可能存在的阴离子作出判断,见表 32－1,然后根据阴离子的特征反应进行鉴定。

表 32－1　阴离子的初步试验

阴离子	气体放出试验 (稀 H_2SO_4)	还原性阴离子试验		氧化性阴离子试验 KI(稀 H_2SO_4, CCl_4)	$BaCl_2$ (中性或弱碱性)	$AgNO_3$ (稀 HNO_3)
		$KMnO_4$ (稀 H_2SO_4)	碘－淀粉 (稀 H_2SO_4)			
CO_3^{2-}	+				+	
NO_3^-				(+)		
NO_2^-	+	+		+		
SO_4^{2-}					+	
SO_3^{2-}	(+)	+	+		+	
$S_2O_3^{2-}$	(+)	+	+		(+)	+
PO_4^{3-}					+	
S^{2-}	+	+	+			+
Cl^-						+
Br^-		+				+
I^-		+				+

注:(+)表示试验现象不明显,只有在适当条件下(例如浓度大时)才发生反应

三、实验内容

1. 常见阴离子的鉴定

(1) CO_3^{2-} 的鉴定。

取 5 滴含 CO_3^{2-} 离子的试液于离心试管中,用 pH 试纸测定溶液的 pH,再加 5 滴 6 mol/L HCl 溶液,立即将事先沾有一滴新配制的石灰水或 $Ba(OH)_2$ 溶液的玻璃棒置于试管口上,仔细观察,如玻璃棒上溶液立刻变为白色浑浊液,结合溶液的 pH 值,可以判断有 CO_3^{2-} 离子存在。

(2) NO_3^- 的鉴定。

取 2 滴含 NO_3^- 离子的试液于点滴板上,在溶液的中央放一粒 $FeSO_4$ 晶体,然后在晶体上加一滴浓硫酸。如晶体周围有棕色出现,表示有 NO_3^- 离子存在。

(3) NO_2^- 的鉴定。

取 2 滴含 NO_2^- 离子的试液于点滴板上,加一滴 2 mol/L HAc 溶液酸化,再加一滴对氨基苯磺酸和一滴 α－萘胺。如有玫瑰色出现,表示有 NO_2^- 离子存在。

（4）SO_4^{2-} 的鉴定。

取 3 滴含 SO_4^{2-} 离子的试液于试管中，加 2 滴 6 mol/L HCl 溶液和一滴 0.1 mol/L $BaCl_2$ 溶液，如有白色沉淀出现，表示有 SO_4^{2-} 离子存在。

（5）SO_3^{2-} 的鉴定。

取 3 滴含 SO_3^{2-} 离子的试液于试管中，加 2 滴 1 mol/L H_2SO_4 溶液，迅速加入一滴 0.01 mol/L $KMnO_4$ 溶液，如紫色褪去，表示有 SO_3^{2-} 离子存在。

（6）$S_2O_3^{2-}$ 的鉴定。

取 3 滴含 $S_2O_3^{2-}$ 离子的试液于试管中，加 5 滴 0.1 mol/L $AgNO_3$ 溶液，振荡，如有白色沉淀迅速变棕变黑，表示有 $S_2O_3^{2-}$ 离子存在。

（7）PO_4^{3-} 的鉴定。

取 3 滴含 PO_4^{3-} 离子的试液于离心试管中，加 5 滴 6 mol/L HNO_3 溶液，再加 8～10 滴 $(NH_4)_2MoO_4$ 溶液，温热，如有黄色沉淀出现，表示有 PO_4^{3-} 离子存在。

反应方程式为：$PO_4^{3-} + 12\ MoO_4^{2-} + 27\ H^+ = H_3PMo_{12}O_{40}\downarrow + 12\ H_2O$

（8）S^{2-} 的鉴定。

取 1 滴含 S^{2-} 离子的试液于离心试管中，加 1 滴 2 mol/L NaOH 溶液，再加一滴亚硝酰铁氰化钠溶液，如溶液变成紫色，表示有 S^{2-} 离了存在。

（9）Cl^- 的鉴定。

取 3 滴含 Cl^- 离子的试液于离心试管中，加 1 滴 6 mol/L HNO_3 溶液酸化，再滴加 0.1 mol/L $AgNO_3$ 溶液。如有白色沉淀初步说明试液中可能有 Cl^- 存在。将离心试管在水浴上微热，离心分离，弃去清液，在沉淀上加入 3～5 滴 6 mol/L 的氨水，用细玻璃棒搅拌，如沉淀溶解，再加 5 滴 6 mol/L HNO_3 酸化后重新生成白色沉淀表示有 Cl^- 离子存在。

（10）Br^- 的鉴定。

取 5 滴含 Br^- 离子的试液于离心试管中，加 3 滴 1 mol/L H_2SO_4 溶液和 2 滴 CCl_4，然后逐滴加入 5 滴氯水并振荡试管，如 CCl_4 层出现黄色或橙红色表示有 Br^- 离子存在。

（11）I^- 的鉴定。

取 5 滴含 I^- 离子的试液于离心试管中，加 2 滴 1 mol/L H_2SO_4 溶液和 3 滴 CCl_4，然后逐滴加入氯水并振荡试管，如 CCl_4 层出现紫色然后褪至无色，表示有 I^- 离子存在。

2. 混合离子的分离

（1）Cl^-、Br^-、I^- 混合物的分离与鉴定。

一般方法是将卤素离子转化为卤化银 AgX，然后用氨水或 $(NH_4)_2CO_3$ 将 AgCl 溶解而与 Br^-、I^- 分离。在余下的 AgBr、AgI 混合物中加入稀 H_2SO_4 酸化，再加入少量锌粉或镁粉，并加热将 Br^-、I^- 转入溶液。酸化后再加入氯水和 CCl_4，振荡，CCl_4 层显紫红色表示有 I^-，继续加入氯水 CCl_4 层显棕黄色表示有 Br^- 存在。

（2）S^{2-}、SO_3^{2-}、$S_2O_3^{2-}$ 混合物的分离与鉴定。

一般取少量试液，加入 NaOH 碱化，再加入亚硝酰铁氰化钠，若有特殊红紫色出现，表示有 S^{2-} 存在。用固体 $CdCO_3$ 除去 S^{2-}，再将滤液分为两份，在一份中加入亚硝酰铁氰化钠、过量饱和 $ZnSO_4$ 溶液及亚铁氰化钾溶液，如有红色沉淀，表示有 SO_3^{2-} 存在。在另一份溶液中滴加过

量 $AgNO_3$ 溶液,若有沉淀生成且由白→棕→黑色变化,表示有 $S_2O_3^{2-}$ 存在。

四、思考题

(1) 取下列盐中的两种混合,加水溶解时有沉淀产生。将沉淀分为两份,一份溶于 HCl 溶液,另一份溶于 HNO_3 溶液。试指出下列哪两种盐混合时可能有此现象?

$BaCl_2$、$AgNO_3$、Na_2SO_4、$(NH_4)_2CO_3$、KCl

(2) 一个能溶于水的混合物,已检出含 Ag^+ 和 Ba^{2+}。下列阴离子哪几个可不必鉴定?

SO_3^{2-}、Cl^-、NO_3^-、SO_4^{2-}、CO_3^{2-}、I^-

(3) 某阴离子未知液经初步试验结果如下:

① 试液呈酸性时无气体产生;

② 酸性溶液中加入 $BaCl_2$ 溶液无沉淀;

③ 加入稀硝酸和 $AgNO_3$ 溶液产生黄色沉淀;

④ 酸性溶液中加入 $KMnO_4$,紫色褪去,加 I_2 – 淀粉溶液,蓝色不褪去;

⑤ 与 KI 无反应。

由以上初步实验结果,推测哪些阴离子可能存在。说明理由并提出进一步验证的步骤。

(4) 加稀 H_2SO_4 或稀 HCl 溶液于固体试样中,如观察到有气泡产生,则该固体试样中可能存在哪些阴离子?

(5) 有一阴离子未知液,用稀 HNO_3 调节至酸性后,加入 $AgNO_3$ 溶液,发现并无沉淀生成,你能确定哪几种阴离子不存在?

(6) 在酸性溶液中能使 I_2 – 淀粉溶液褪色的阴离子有哪些?

附注:

(1) CO_3^{2-} 的鉴定中,用 $Ba(OH)_2$ 溶液检验时,SO_3^{2-}、$S_2O_3^{2-}$ 会有干扰,因为酸化时产生的 SO_2 也会使 $Ba(OH)_2$ 溶液浑浊:$SO_2 + Ba(OH)_2 \Longrightarrow BaSO_3 \downarrow + H_2O$,所以初步试验时检出有 SO_3^{2-}、$S_2O_3^{2-}$ 阴离子,在酸化前要加入 3% H_2O_2,用氧化的方法除去这些干扰离子:

$$SO_3^{2-} + H_2O_2 \Longrightarrow SO_4^{2-} + H_2O$$

$$S_2O_3^{2-} + 4H_2O_2 + H_2O \Longrightarrow 2SO_4^{2-} + 2H^+ + 4H_2O$$

(2) I_2 能与过量的氯水反应生成无色溶液,其反应为:

$$I_2 + 5Cl_2 + 6H_2O \Longrightarrow 2HIO_3 + 10HCl$$

实验三十三　常见阳离子的分离与鉴定

一、实验目的

复习和巩固有关金属化合物性质的知识。了解常见阳离子混合液的分离和个别鉴定的方法。

二、实验用品

仪器：试管、烧杯(250 mL)、离心机、离心试管。

固体药品：亚硝酸钠。

液体药品：HCl(2 mol/L、6 mol/L、浓)、H_2SO_4(3 mol/L)、HNO_3(6 mol/L)、HAc(2 mol/L、6 mol/L)、$NaOH$(2 mol/L、6 mol/L)、$NH_3 \cdot H_2O$(6 mol/L)、KOH(2 mol/L)、$NaCl$(1 mol/L)、KCl(1 mol/L)、$MgCl_2$(0.5 mol/L)、$CaCl_2$(0.5 mol/L)、$BaCl_2$(0.5 mol/L)、$AlCl_3$(0.5 mol/L)、$SnCl_2$(0.5 mol/L)、$Pb(NO_3)_2$(0.5 mol/L)、$SbCl_3$(0.1 mol/L)、$HgCl_2$(0.2 mol/L)、$Bi(NO_3)_3$(0.1 mol/L)、$CuCl_2$(0.5 mol/L)、$AgNO_3$(0.1 mol/L)、$ZnSO_4$(0.2 mol/L)、$Cd(NO_3)_2$(0.2 mol/L)、$Al(NO_3)_3$(0.5 mol/L)、$NaNO_3$(0.5 mol/L)、$Ba(NO_3)_2$(0.5 mol/L)、Na_2S(0.5 mol/L)、$KSb(OH)_6$(饱和)、$NaHC_4H_4O_6$(饱和)、$(NH_4)_2C_2O_4$(饱和)、$NaAc$(2 mol/L)、K_2CrO_4(1 mol/L)、Na_2CO_3(饱和)、NH_4Ac(2 mol/L)、$K_4[Fe(CN)_6]$(0.5 mol/L)、镁试剂、0.1%铝试剂、罗丹明 B、苯、2.5%硫脲、$(NH_4)_2[Hg(SCN)_4]$。

材料：玻璃棒、pH 试纸、镍丝。

三、实验内容

一般根据离子对试剂的不同反应进行离子的分离、鉴定。这些反应常伴随发生一些特殊的现象,如沉淀的生成或溶解,气体的产生,特殊颜色的出现等等。

离子的分离和鉴定只有在一定条件下才能进行。这主要指反应物的浓度、溶液的酸碱性、反应温度、干扰物是否存在等等。为达到预期目的,就要严格控制反应条件。常用于进行阳离子分离、鉴定的试剂主要有：HCl、H_2SO_4、$NaOH$、$NH_3 \cdot H_2O$、$(NH_4)_2CO_3$、H_2S 及一些与阳离子有特殊反应的试剂。常见阳离子与这些试剂反应的条件及生成物特点见表 33-1。

1. s 区离子的鉴定

(1) Na^+ 的鉴定。

在试管中加入 5 滴 1 mol/L NaCl 溶液,滴加 5 滴饱和六羟基锑(V)酸钾 $KSb(OH)_6$ 溶液,观察是否有白色结晶状沉淀产生。如无沉淀生成,可用玻璃棒摩擦试管内壁,放置片刻,再观察。写出反应方程式。

(2) K^+ 的鉴定。

在试管中加入 5 滴 1 mol/L KCl 溶液,滴加 5 滴饱和酒石酸氢钠 $NaHC_4H_4O_6$ 溶液,观察是否有白色结晶状沉淀产生。如无沉淀生成,可用玻璃棒摩擦试管内壁,放置片刻,再观察。写出反应方程式。

(3) Mg^{2+} 的鉴定。

在试管中加入 2 滴 0.5 mol/L $MgCl_2$ 溶液,滴加 6 mol/L NaOH 溶液,直到生成絮状的 $Mg(OH)_2$ 沉淀为止;再加入 1 滴镁试剂,搅拌,如有蓝色沉淀生成,表示有 Mg^{2+} 离子存在。

(4) Ca^{2+} 的鉴定。

在试管中加入 5 滴 0.5 mol/L $CaCl_2$ 溶液,再加 5 滴草酸铵溶液,有白色沉淀产生。离心分

表 33-1 常见阳离子与常见试剂的反应

试剂 \ 离子	Ag^+	Pb^{2+}	Cd^{2+}	Cu^{2+}	Hg^{2+}	Bi^{3+}	Sb^{3+}	Sn^{2+}	Al^{3+}	Fe^{3+}	Zn^{2+}	Ba^{2+}	Ca^{2+}	Mg^{2+}
HCl	$AgCl\downarrow$ 白色	$PbCl_2\downarrow$ 白色												
H_2S 0.3 mol/L HCl	$Ag_2S\downarrow$ 黑色	$PbS\downarrow$ 黑色	$CdS\downarrow$ 亮黄色	$CuS\downarrow$ 黑色	$HgS\downarrow$ 黑色	$Bi_2S_3\downarrow$ 暗褐色	$Sb_2S_3\downarrow$ 橙色	$SnS\downarrow$ 褐色						
硫化物沉淀加 Na_2S	不溶	不溶	不溶	不溶	HgS_2^{2-}	不溶	SbS_3^{3-}	不溶						
$(NH_4)_2S$	$Ag_2S\downarrow$ 黑色	$PbS\downarrow$ 黑色	$CdS\downarrow$ 亮黄色	$CuS\downarrow$ 黑色	$HgS\downarrow$ 黑色	$Bi_2S_3\downarrow$ 暗褐色	$Sb_2S_3\downarrow$ 橙色	$SnS\downarrow$ 褐色	$Al(OH)_3\downarrow$ 白色	$FeS\downarrow$ 黑色	$ZnS\downarrow$ 白色			
$(NH_4)_2CO_3$	$Ag_2CO_3\downarrow$ 白,过量 $\longrightarrow Ag(NH_3)_2^+$	碱式盐 白色	碱式盐 白色	碱式盐 浅蓝色	碱式盐 白色	碱式盐 白色	$HSbO_2\downarrow$ 白色	$Sn(OH)_2\downarrow$ 白色	$Al(OH)_3\downarrow$ 白色	碱式盐 红褐色	碱式盐 白色	$BaCO_3\downarrow$ 白色	$CaCO_3\downarrow$ 白色	碱式盐 NH_4^+ 浓度大时不沉淀
NaOH 适量	$Ag_2O\downarrow$ 褐色	$Pb(OH)_2\downarrow$ 白色	$Cd(OH)_2\downarrow$ 白色	$Cu(OH)_2\downarrow$ 浅蓝色	$HgO\downarrow$ 黄色	$Bi(OH)_3\downarrow$ 白色	$HSbO_2\downarrow$ 白色	$Sn(OH)_2\downarrow$ 白色	$Al(OH)_3\downarrow$ 白色	$Fe(OH)_3\downarrow$ 红棕色	$Zn(OH)_2\downarrow$ 白色		$Ca(OH)_2\downarrow$ 少量白色	$Mg(OH)_2\downarrow$ 白色
NaOH 过量	不溶	PbO_2^{2-}	不溶	CuO_2^{2-}	不溶	不溶	$HSbO_2\downarrow$ 白色	SnO_2^{2-}	AlO_2^-	不溶	ZnO_2^{2-}		不溶	不溶
NH_3 适量	$Ag_2O\downarrow$ 褐色	$Pb(OH)_2\downarrow$ 白色	$Cd(OH)_2\downarrow$ 白色	$Cu(OH)_2\downarrow$ 浅蓝色	$NH_2HgCl\downarrow$ 白色	$Bi(OH)_3\downarrow$ 白色	$HSbO_2\downarrow$ 白色	$Sn(OH)_2\downarrow$ 白色	$Al(OH)_3\downarrow$ 白色	$Fe(OH)_3\downarrow$ 红棕色	$Zn(OH)_2\downarrow$ 白色		不溶	$Mg(OH)_2\downarrow$ 部分,浓度大时不沉淀
NH_3 过量	$Ag(NH_3)_2^+$	不溶	$Cd(NH_3)_4^{2+}$	$Cu(NH_3)_4^{2+}$	不溶	不溶	不溶	不溶	不溶	不溶	$Zn(NH_3)_4^{2+}$			不溶
H_2SO_4	$Ag_2SO_4\downarrow$ 白色	$PbSO_4\downarrow$ 白色										$BaSO_4\downarrow$ 白色	$CaSO_4\downarrow$ 白色	

离,弃去清液。若白色沉淀不溶于 6 mol/L HAc 溶液而溶于 2 mol/L HCl 溶液,表明有 Ca^{2+} 离子存在。

(5) Ba^{2+} 的鉴定。

在试管中加入 2 滴 0.5 mol/L $BaCl_2$ 溶液,再加 2 mol/L HAc 溶液和 2 mol/L NaAc 溶液各 2 滴,然后滴加 2 滴 1 mol/L K_2CrO_4 溶液,有黄色沉淀生成,表明有 Ba^{2+} 离子存在。

2. p 区部分离子的鉴定

(1) Al^{3+} 的鉴定。

取 2 滴 0.5 mol/L $AlCl_3$ 溶液于试管中,加 2 滴水、2 滴 2 mol/L HAc 和 2 滴 0.1% 铝试剂,搅拌后,置于水浴上加热片刻,再加入 2 滴 6 mol/L 氨水,有红色絮状沉淀生成,表示有 Al^{3+} 离子存在。

(2) Sn^{2+} 的鉴定。

取 3 滴 0.5 mol/L $SnCl_2$ 溶液于试管中,逐滴加入 0.2 mol/L $HgCl_2$ 溶液,边加边振荡,若产生的沉淀由白色变为灰色,又变为黑色,表示有 Sn^{2+} 离子存在。

(3) Pb^{2+} 的鉴定。

取 3 滴 0.5 mol/L $Pb(NO_3)_2$ 溶液于离心试管中,加 2 滴 1 mol/L K_2CrO_4 溶液,如有黄色沉淀生成,在沉淀上滴加数滴 2 mol/L NaOH 溶液,沉淀溶解,表示有 Pb^{2+} 离子存在。

(4) Sb^{3+} 的鉴定。

取 5 滴 0.1 mol/L $SbCl_3$ 溶液于离心试管中,加 3 滴浓盐酸及数粒亚硝酸钠,将 Sb(Ⅲ)氧化为 Sb(Ⅴ),当无气体放出时,加数滴苯及 2 滴罗丹明 B 溶液,苯层显紫色,表示有 Sb^{3+} 离子存在。

(5) Bi^{3+} 的鉴定。

取 1 滴 0.1 mol/L $Bi(NO_3)_3$ 溶液于试管中,加 1 滴 2.5% 的硫脲,生成鲜黄色溶液,表示有 Bi^{3+} 离子存在。

3. ds 区部分离子的鉴定

(1) Cu^{2+} 的鉴定。

取 1 滴 0.5 mol/L $CuCl_2$ 溶液于试管中,加 1 滴 6 mol/L HAc 酸化,再加 1 滴 0.5 mol/L 亚铁氰化钾 $K_4[Fe(CN)_6]$ 溶液,生成红棕色 $Cu_2[Fe(CN)_6]$ 沉淀,表示有 Cu^{2+} 离子存在。

(2) Ag^+ 的鉴定。

取 3 滴 0.1 mol/L $AgNO_3$ 溶液于试管中,加 2 滴 2 mol/L HCl,产生白色沉淀。在沉淀中加入 6 mol/L 氨水至沉淀完全溶解,再用 6 mol/L HNO_3 酸化,有白色沉淀生成,表示有 Ag^+ 离子存在。

(3) Zn^{2+} 的鉴定。

取 2 滴 0.2 mol/L $ZnSO_4$ 溶液于试管中,加 2 滴 2 mol/L HAc 溶液酸化,再加入等体积的硫氰酸汞铵 $(NH_4)[Hg(SCN)_4]$ 溶液,用玻璃棒摩擦试管壁,有白色沉淀生成,表示有 Zn^{2+} 离子存在。

(4) Cd^{2+} 的鉴定。

取 2 滴 0.2 mol/L $Cd(NO_3)_2$ 溶液于试管中,加 2 滴 0.5 mol/L Na_2S,生成亮黄色沉淀,表示有 Cd^{2+} 离子存在。

(5) Hg^{2+} 的鉴定。

取 2 滴 0.2 mol/L $HgCl_2$ 溶液于试管中,逐滴加入 0.5 mol/L $SnCl_2$ 溶液,边加边振荡,沉淀为灰色,表示有 Hg^{2+} 离子存在。

4. 部分混合离子的分离和鉴定

(1) Ag^+、Ba^{2+}、Al^{3+}、Cd^{2+}、Na^+ 离子的硝酸盐混合溶液 1 mL 于离心试管中,加入 1 滴 6 mol/L 盐酸,剧烈搅拌,生成沉淀后,再加 1 滴 6 mol/L 盐酸,至沉淀完全,搅拌后离心分离,清液转移至另一离心试管。沉淀上加入 2 滴 6 mol/L 氨水,按 3.(2)进行 Ag^+ 离子的鉴定。

(2) 清液中滴加 6 mol/L 氨水至显碱性,搅拌后离心分离,清液转移至另一离心试管。沉淀上加入 2 滴 2 mol/L HAc 和 2 滴 2 mol/L NaAc,按本实验的 2.(1)进行 Al^{3+} 离子的鉴定。

(3) 清液中滴加 3 mol/L H_2SO_4 至产生白色沉淀,再过量 2 滴,搅拌后离心分离,清液转移至另一离心试管。用热蒸馏水 10 滴洗涤沉淀,离心分离,清液并入上面的清液中。在沉淀中加入饱和 Na_2CO_3 溶液 3 滴,搅拌后加入 2 mol/L HAc 和 2 mol/L NaAc 各 2 滴,按本实验的 1.(5)进行 Ba^{2+} 离子的鉴定。

(4) 取少量清液于一试管中,加入 2 滴 0.5 mol/L Na_2S 溶液,产生亮黄色沉淀,表示有 Cd^{2+} 离子存在。

(5) 取少量清液于另一试管中,加入几滴饱和酒石酸锑钾溶液,产生白色沉淀,表示有 Na^+ 离子存在。

四、思考题

(1) 由碳酸盐制取铬酸盐沉淀时,为什么用醋酸溶液去溶解沉淀而不用盐酸溶液去溶解?

(2) 用 $K_4[Fe(CN)_6]$ 检出 Cu^{2+} 离子时,为什么要用醋酸酸化溶液?

(3) 沉淀 HgS 时,为什么用 H_2SO_4 酸化而不用 HCl 酸化?

(4) 选用一种试剂区别下列离子:
$$Cu^{2+}, Zn^{2+}, Hg^{2+}, Cd^{2+}$$

(5) 设计分离和鉴定下列混合离子的方案:
$$Pb^{2+}, Zn^{2+}, Ba^{2+}, K^+$$

Ⅳ．制备和设计实验

实验三十四　硝酸钾的制备与提纯

一、实验目的

学习用复分解反应制备盐类及利用温度对物质溶解度的影响进行分离的方法。进一步巩固溶解、过滤、结晶等操作，掌握重结晶法提纯物质的原理和操作。

二、实验用品

仪器：烧杯、量筒、台秤、表面皿、酒精灯、石棉网、三角架、漏斗、抽气管、吸滤瓶、热滤漏斗、布氏漏斗、试管、药匙。

固体药品：硝酸钠、氯化钾。

液体药品：HNO_3（2 mol/L）、$AgNO_3$（0.1 mol/L）。

材料：滤纸、冰。

三、实验原理

本实验是用复分解法来制备硝酸钾晶体，其反应为：

$$NaNO_3 + KCl \rightleftharpoons NaCl + KNO_3$$

该反应是可逆的，利用温度对产物 KNO_3、$NaCl$ 溶解度影响的不同，将它们分离出来。从表 34-1所列四种盐在不同温度下的溶解度数据可以看出，$NaCl$ 的溶解度随温度变化很小，而 KNO_3 的溶解度却随着温度的升高增加得非常快。如果将一定浓度的 $NaNO_3$ 和 KCl 混合液加热至沸腾后浓缩，由于 KNO_3 的溶解度增加很多，达不到饱和，不会析出晶体，而 $NaCl$ 的溶解度增加很少，随着溶剂水的减少，$NaCl$ 达到饱和而析出。通过热过滤除去 $NaCl$。将滤液冷却至 10 ℃以下，KNO_3 因溶解度急剧下降而大量析出，仅有少量的 $NaCl$ 随 KNO_3 一起析出。将此 KNO_3 粗产品经重结晶提纯，即可得到较纯的 KNO_3 晶体。

表 34-1　KNO_3 等四种盐在不同温度下的溶解度　　　　单位:g/100 g水

盐 ＼ 温度/℃ 溶解度	0	10	20	30	40	50	60	80	100
$NaNO_3$	73	80	88	96	104	114	124	148	180
$NaCl$	35.7	35.8	36.0	36.3	36.6	36.8	37.3	38.4	39.8
KNO_3	13.3	20.9	31.6	45.8	63.9	83.5	110.0	169	246
KCl	27.6	31.0	34.0	37.0	40.0	42.6	45.5	51.1	56.7

四、实验内容

1. 硝酸钾的制备

（1）称取 17.0 g $NaNO_3$ 和 15.0 g KCl 于 100 mL 烧杯中，加入 30 mL 蒸馏水，加热至沸，使

固体溶解,记下烧杯中液面的位置。

(2) 继续加热并不断搅动溶液,NaCl 逐渐析出,当体积减小到约原来的 2/3 时,趁热用热滤漏斗①过滤(热过滤操作方法见实验八)或减压过滤②(动作要快)。滤液转移至小烧杯中,自然冷却,很快即有晶体析出。

(3) 将滤液冷至室温后再用冰－水浴冷却至 10 ℃以下,用减压过滤法将 KNO_3 晶体尽量抽干。然后把晶体转移到已称重的表面皿中,晾干后称重。计算 KNO_3 粗产品的产率。

2．用重结晶法提纯硝酸钾

除保留少量(0.2 g)粗产品供纯度检验外,其他均放入小烧杯中,按粗产品∶水 = 2∶1(质量比)的比例加入蒸馏水。然后用小火加热③,搅拌,待晶体全部溶解后停止加热(若溶液沸腾时晶体还未全部溶解,可再加极少量蒸馏水使其溶解)。将滤液冷至室温后,再用冰－水浴冷却至 10 ℃以下,待大量晶体析出后抽滤,将晶体放在表面皿上晾干,称重,计算产率。

3．产品纯度检验

分别取 0.2 g 粗产品和重结晶得到的产品放入两支小试管中,各加入 4 mL 蒸馏水使其溶解,然后分别加入 2 滴 2 mol/L 的 HNO_3,再加 2 滴 0.1 mol/L $AgNO_3$ 溶液,观察现象,进行对比。

五、思考题

(1) 根据溶解度计算,本实验应有多少 NaCl 和 KNO_3 晶体析出(不考虑其他盐存在时对溶解度的影响)?

(2) 何谓重结晶? 本实验涉及哪些基本操作?

(3) KNO_3 中混有 KCl 或 $NaNO_3$ 时,应如何提纯?

---

① 热水漏斗中的水不要太满,以免水沸腾后溢出
② 事先将布氏漏斗放在水浴中预热
③ 小火加热反应液,防止液体溅出

实验三十五　大晶体的培养

一、实验目的
巩固溶解度的概念;学习从溶液中培养大晶体的原理和方法;了解类质同晶现象。

二、实验用品
仪器:烧杯、量筒、台秤、温度计、酒精灯。

固体药品:铝钾矾、铬钾矾。

材料:涤纶线、玻璃棒。

三、实验原理
晶体的特征之一是具有规则的几何外形。如 NaCl 是立方体晶形,铝钾矾$[KAl(SO_4)_2 \cdot 12H_2O]$和铬钾矾$[KCr(SO_4)_2 \cdot 12H_2O]$是八面体晶形。本实验要从溶液中培养铝钾矾和铬钾矾晶体。

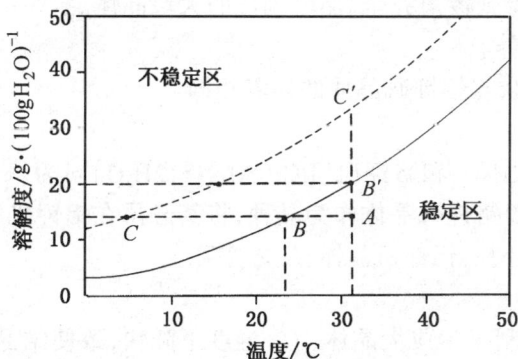

图 35 – 1　溶解度和过饱和曲线

图 35 – 1 中 BB' 曲线是物质的溶解度曲线,曲线下方为不饱和区,在此区域内不会有晶体析出,因此又称为稳定区,BB' 曲线上方是过饱和区。CC' 曲线是过饱和曲线,此线上方为不稳定区,将此区域里的溶液稍加振荡或在其中投入某种物质(甚至灰尘掉入)就会立即析出大量晶体。两线之间的区域叫准稳定区,在此区域内,晶体可以缓慢地生长成大块的具有规则外形的晶体。

由此可知,欲从不饱和溶液中制得晶体,有两种途径:一是由 $A \rightarrow B \rightarrow C$ 的途径,即保持溶液的浓度不变,降低温度;另一途径是 $A \rightarrow B' \rightarrow C'$,即在保持温度不变时,蒸发溶剂使溶液浓度增大,前一种方法叫冷却法,后一种方法叫蒸发法。这两种方法都可以使溶液从稳定区进入准稳定区或不稳定区,从而析出晶体。在不稳定区,晶体生长的速度快,晶粒多,但晶体细小。要想得到大的外形完美的晶体,应使溶液处于准稳定区,让晶体慢慢地生长。

四、实验内容
1. 晶种的制备

(1) 铝钾矾晶种的制备。

称取 30 g 铝钾矾固体,放入烧杯中,加入 200 mL 水,适当加热,使其溶解,然后分装在三个小烧杯中,放在不易振动、不易落入灰尘的地方静置。约一天后,烧杯底部析出小晶体,从中挑选晶形完整的晶体作为晶种①。

(2) 铬钾矾晶种的制备。

称取 60 g 铬钾矾晶体,其余操作与(1)相同。

2.大晶体的培养

(1) 铝钾矾晶体的培养。

称取 15 g 铝钾矾,放入 100 mL 烧杯中,加入 100 mL 蒸馏水,适当加热使其溶解,用缝纫用的涤纶线把晶种系好,剪去余头,线的另一端系在玻璃棒中间,待溶液冷至 35 ℃左右时,将晶种悬于溶液中间,如图 35-2 所示。把烧杯放在不易振动、不易掉入灰尘的地方静置。

第二天最好检查一下,如发现晶体上又长出小晶体时(如"刺"一样),应除去。烧杯底部如有晶体析出,也应除去,以保证晶体正常生长。

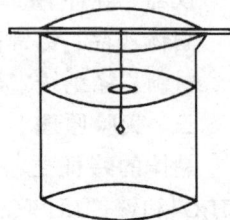

图 35-2 大晶体培养

一周或两周以后,可得到棱角齐全、晶莹剔透的大块晶体。

(2) 铬钾矾晶体的培养。

称取 30 g 铬钾矾,其余与铝钾矾晶体的培养相同。

(3) 混合晶体的制备。

铝钾矾[$KAl(SO_4)_2 \cdot 12H_2O$]和铬钾矾[$KCr(SO_4)_2 \cdot 12H_2O$]同为八面体晶形,具有相同的晶体结构,是类质同晶体。以铬钾矾晶体作为晶种,将其悬吊在铝钾矾的饱和溶液中,数天后,在铬钾矾紫色晶体外长出透明的铝钾矾晶体,反之亦可。

五、思考题

(1) 下列哪些条件有利于生成大晶体:① 温度下降快,致使结晶速度快;② 搅拌溶液;③ 温度缓慢下降;④ 结晶速度很慢;⑤ 100 ℃ 时的饱和溶液冷却至室温;⑥ 室温时溶液刚好饱和。

(2) 画出铝钾矾的晶体图。

---

① 制备晶体最好是在温差不太大的条件下进行,用冷却法制备,温差以 10 ℃左右为宜。温差较大时,析出细小的晶体及有裂痕,不透明的晶体较多,难以选择理想的晶体作为晶种

实验三十六　五水合硫酸铜的制备

一、实验目的

掌握用废铜与硫酸作用制备五水硫酸铜的方法。练习溶解、浓缩、蒸发、结晶、过滤及重结晶等基本操作。

二、实验用品

仪器：蒸发皿、烧杯、抽气管、吸滤瓶、布氏漏斗。

试剂：H_2SO_4（6 mol/L）、浓 HNO_3。

材料：铜丝。

三、实验原理

铜在金属活动顺序表中排在氢之后，不能用金属铜与稀硫酸直接反应的方法制备硫酸铜。工业上是将铜粉烧成氧化铜，再与适当浓度的硫酸反应生成硫酸铜。金属铜与浓硫酸作用时，铜的表面会生成难溶的 CuS 或 Cu_2S，阻碍浓硫酸与铜表面接触。如果加入氧化剂（如 HNO_3 等），可抑制 CuS 或 Cu_2S 的生成。本实验以废铜丝为原料，H_2SO_4 为溶剂、浓 HNO_3 为氧化剂制备硫酸铜。反应为：

$$Cu + H_2SO_4 + 2HNO_3 = CuSO_4 + 2NO_2\uparrow + 2H_2O$$

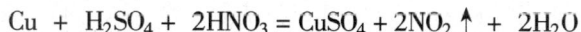

由于该反应有二氧化氮气体放出，实验要在通风橱内进行。废铜丝与混酸作用后，不溶性杂质可以通过过滤除去。可溶性杂质及硝酸铜可以利用它们在水中溶解度（见表 36-1）的不同，用结晶法进行分离提纯。

从表 36-1 可知，硝酸铜的溶解度比硫酸铜大很多，热溶液冷却后，易析出 $CuSO_4 \cdot 5H_2O$ 晶体。再用重结晶法除去硝酸铜等可溶性杂质，可得较纯的五水合硫酸铜晶体。

表 36-1　两种铜盐的溶解度　　　　　　　　　　　　　单位：$g/(100\ g\ H_2O)$

温度/℃ 盐的相对分子质量	0	20	40	60	80
$M_{CuSO_4 \cdot 5H_2O} = 249.69$	14.3	20.7	28.5	40	55
$M_{Cu(NO_3)_2 \cdot 6H_2O} = 295.65$	81.3	125.1			

四、实验内容

1. 五水合硫酸铜的制备

称取 5 g 废铜丝于蒸发皿中，加入 27 mL 6 mol/L 的 H_2SO_4。将 6 mL 浓 HNO_3 逐滴加入蒸发皿中，边加边搅拌。因该反应有大量 NO_2 气体放出，操作应在通风橱内进行。待反应平缓后，用酒精灯小火加热蒸发皿。如果蒸发皿中剩余较多的铜，可再滴加 1~2 mL 浓 HNO_3，直到铜完全溶解为止。趁热用倾泻法把溶液转移到另一烧杯中，将留在蒸发皿中的不溶物弃去。把烧杯中的硫酸铜溶液再倒回蒸发皿，用酒精灯小火加热浓缩，不断搅拌，当溶液表面有晶膜出现时停止加热。将溶液冷却到室温，待晶体析出后，用布氏漏斗抽滤，晾干后称重，计算产率。

2．五水合硫酸铜的提纯

用重结晶法提纯五水合硫酸铜。将粗产品放入烧杯中,加适量水(根据表 36-1 的数据,按五水合硫酸铜粗产品的产量计算所加蒸馏水的体积),加热溶解。用热漏斗趁热过滤(热过滤操作方法见实验八)。滤液收集在蒸发皿中,加热浓缩至溶液表面有晶膜出现时,停止加热。将溶液冷却到室温,待晶体析出后,抽滤,晾干后即得到较纯的五水合硫酸铜晶体。

五、思考题

(1) 制造电子仪器线路底版时,常用 $FeCl_3$ 溶液腐蚀铜版,所得的废液称为"烂版液",该溶液中含有 $CuCl_2$、$FeCl_2$ 和 $FeCl_3$ 等成分。设计将"烂版液"中的 Cu^{2+} 转化为金属铜,再用金属铜制备五水合硫酸铜晶体的实验方案。

(2) 设计用含铜废液(内含铁、锌等杂质离子及不溶物)为原料制备五水合硫酸铜晶体的实验方案。

实验三十七　硫酸亚铁铵的制备

一、实验目的

了解复盐的特征和制备方法。练习水浴加热、溶解、常压过滤和减压过滤、蒸发浓缩、结晶等基本操作。练习根据化学反应及有关数据设计实验方案。了解用目视比色法检验产品中杂质含量的方法。

二、实验原理

铁屑溶于稀硫酸可得硫酸亚铁溶液：

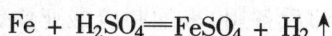

$$Fe + H_2SO_4 = FeSO_4 + H_2\uparrow$$

然后加入硫酸铵并使其全部溶解，加热浓缩所制得的混合液，冷至室温，便析出硫酸亚铁铵的晶体。

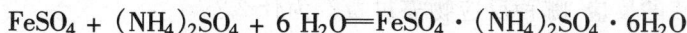

$$FeSO_4 + (NH_4)_2SO_4 + 6H_2O = FeSO_4 \cdot (NH_4)_2SO_4 \cdot 6H_2O$$

硫酸亚铁铵又称摩尔盐，是浅蓝绿色单斜晶体，它溶于水，但难溶于乙醇。它比硫酸亚铁稳定，在空气中不易被氧化，所以在定量分析中可作为基准物质，用来直接配制标准溶液或标定未知溶液的浓度。

从硫酸铵、硫酸亚铁和硫酸亚铁铵在水中的溶解度数据（表37-1）可知，在一定温度范围内，$FeSO_4 \cdot (NH_4)_2SO_4 \cdot 6H_2O$ 的溶解度比组成它的每一组分（$FeSO_4$ 和 $(NH_4)_2SO_4$）的溶解度都小。因此，很容易从硫酸亚铁和硫酸铵混合溶液制得并结晶出摩尔盐 $FeSO_4 \cdot (NH_4)_2SO_4 \cdot 6H_2O$。在制备过程中，为了使 Fe^{2+} 不被氧化和水解，溶液需保持足够的酸度。

表37-1　几种盐的溶解度　　　　　单位：g/(100 g H₂O)

盐 \ 温度/℃	0	10	20	30	40	50	60
$FeSO_4 \cdot 7H_2O$	28.6	37.5	48.5	60.2	73.6	88.9	100.7
$(NH_4)_2SO_4$	70.6	73.0	75.4	78.0	81.0	—	88.0
$FeSO_4 \cdot (NH_4)_2SO_4 \cdot 6H_2O$	12.5	17.2	—	—	33.0	40.0	—

目视比色法是确定化工产品杂质含量的一种常用的方法，根据杂质含量就能确定产品的级别。硫酸亚铁铵产品的主要杂质是 Fe^{3+}。Fe^{3+} 可与硫氰化钾形成血红色配离子 $[Fe(CNS)_n]^{3-n}$。将产品配成溶液，与各标准溶液进行比色。如果产品溶液的颜色比某一标准溶液的颜色浅，就可以确定杂质含量低于该标准溶液中的含量，即低于某一规定的限度，所以这种方法又称为限量分析。本实验仅做摩尔盐中 Fe^{3+} 的限量分析。

三、实验内容

(1) 根据上述原理，设计出制备复盐硫酸亚铁铵的方案。

(2) 列出实验所需的仪器、药品及材料。

(3) 以铁屑用量为 4.2 g，计算所用其他试剂的量及硫酸亚铁铵的理论产量。

(4) 制备硫酸亚铁铵。

(5) 进行 Fe^{3+} 离子的限量分析，以确定产品等级。

四、提示及注意事项

(1) 机械加工过程得到的铁屑表面沾有油污,可用碱煮(如用 10%(质量分数)的 Na_2CO_3 溶液煮沸 10 min)的方法除去。

(2) 在铁屑与硫酸作用的过程中,会产生大量氢气及少量有毒气体(如 H_2S、PH_3、AsH_3 等),应注意通风,避免发生事故。

(3) 在加热过程中,应经常取出锥形瓶摇荡,以加速反应,并适当地往锥形瓶中添加少量水,以补充蒸发掉的水分。

(4) 所制得的硫酸亚铁溶液和硫酸亚铁铵溶液均应保持较强的酸性(pH 值为 1~2)。

(5) 在进行 Fe^{3+} 离子的限量分析时,应使用含氧较少的去离子水(将蒸馏水小火煮沸约 10 min,即可驱除所溶解的氧,盖好冷却后备用)来配制硫酸亚铁铵溶液。

五、思考题

(1) 复盐有何特点? 复盐与简单盐有何区别?

(2) 铁屑与稀硫酸反应,哪种反应物需过量? 为什么?

(3) 铁屑与稀硫酸反应及硫酸亚铁和硫酸铵反应均需用水浴加热,两次加热的目的有何不同?

(4) 浓缩硫酸亚铁铵溶液时,能否浓缩至干? 为什么?

(5) 抽滤得到硫酸亚铁铵晶体后,如何除去晶体表面上吸附着的水?

(6) 怎样计算硫酸亚铁铵的产率? 是根据铁的用量还是硫酸铵的用量? 铁的用量过多对硫酸亚铁铵的制备有何影响?

附注:

Fe^{3+} 标准溶液的配制。

先配制 0.01 mg/mL 的 Fe^{3+} 标准溶液,然后用移液管吸取该标准溶液 5.00 mL、10.00 mL 和 20.00 mL 分别放入 3 支 25 mL 比色管中,各加入 2.00 mL(2.0 mol/L)HCl 溶液和 0.50 mL(1.0 mol/L) KSCN 溶液。用备用的含氧较少的去离子水将溶液稀释到刻度,摇匀得到 25 mL 溶液中含 Fe^{3+} 0.05 mg、0.10 mg 和 0.20 mg 三个级别 Fe^{3+} 标准溶液,它们分别为Ⅰ级、Ⅱ级和Ⅲ级试剂中的 Fe^{3+} 的最高允许含量。

用上述相似的方法配制 25 mL 含 1.00 g 摩尔盐的溶液,若溶液颜色与Ⅰ级试剂的标准溶液的颜色相同或略浅,便可确定为Ⅰ级产品,其中 $w(Fe^{3+})$ 的质量分数 $= \dfrac{0.05 \times 10^{-3} \text{ g}}{1.00 \text{ g}} \times 100\% = 0.005\%$,Ⅱ级和Ⅲ级产品依此类推。

实验三十八　一种钴(Ⅲ)配合物的制备

一、实验目的

掌握用水溶液中的取代反应和氧化还原反应制备金属配合物的方法,了解这种制备方法依据的基本原理。对 Co(Ⅲ)配合物的组成进行初步推断。学会使用电导率仪。

二、实验用品

仪器:台秤、烧杯、锥形瓶、量筒、研钵、漏斗($\varphi = 6$ cm)、铁架台、酒精灯、试管(15 mL)、滴管、药勺、试管夹、漏斗架、石棉网、普通温度计、电导率仪等。

固体药品:氯化铵、氯化钴、硫氰化钾。

液体药品:氨水、HNO_3(浓)、HCl(6 mol/L、浓)、H_2O_2(30%)、$AgNO_3$(2 mol/L)、$SnCl_2$(0.5 mol/L、新配)、奈氏试剂、乙醚、无水乙醇等。

材料:pH 试纸、滤纸。

三、实验原理

运用水溶液中的一种金属盐和一种配体之间的反应来制备金属配合物实际上是用适当的配体来取代金属水合配离子中的水分子。氧化还原反应是将不同氧化态的金属化合物,在配体存在下使其适当地氧化或还原以制备该金属配合物。在酸性介质中,二价钴盐比三价钴盐稳定,但大多数三价钴的配合物比二价钴的配合物稳定,所以常采用氧化 Co(Ⅱ)的配合物来制备 Co(Ⅲ)的配合物。

Co(Ⅱ)的配合物能很快地进行取代反应(是活性的),而 Co(Ⅲ)配合物的取代反应则进行得很慢(是惰性的)Co(Ⅲ)配合物的制备过程一般是通过 Co(Ⅱ)(实际上是它的水合物)和配体之间的一种快速反应生成 Co(Ⅱ)的配合物,然后将它氧化为 Co(Ⅲ)配合物。

氯化钴(Ⅲ)的氨合物主要有[$Co(NH_3)_6$]Cl_3(橙黄色);[$Co(NH_3)_5H_2O$]Cl_3(砖红色);[$Co(NH_3)_5Cl$]Cl_2(紫红色)等,它们的制备条件各不相同。本实验制备出一种氯化钴(Ⅲ)的氨合物,并用物理化学方法初步推断配合物的组成。

用化学分析的方法确定配合物的组成,通常先确定配合物的外界,然后将配离子破坏,再确定其内界的组成。配离子的稳定性受很多因素的影响,通常可用加热改变溶液酸碱性来破坏它。本实验是初步推断,一般用定性、半定量甚至估量的分析方法。推定配合物的化学式后,可用电导率仪来测定一定浓度配合物溶液的导电性,与已知电解质溶液的导电性进行对比,就可以确定该配合物化学式中含有几个离子,进一步确证该化学式。

游离的 Co^{2+} 离子在酸性溶液中可与硫氰化钾作用生成蓝色配合物[$Co(NCS)_4$]$^{2-}$。因其在水中离解度大,故常加入硫氰化钾浓溶液或固体,并加入戊醇和乙醚以提高其稳定性。由此可用来鉴定 Co^{2+} 离子的存在。其反应如下:

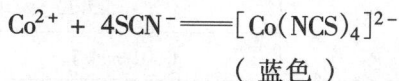

$$Co^{2+} + 4SCN^- \Longrightarrow [Co(NCS)_4]^{2-}$$
$$（蓝色）$$

游离的 NH_4^+ 离子可用奈氏试剂来鉴定,其反应如下:

$$NH_4Cl + 2K_3[HgI_4] + 4KOH = \left[O \begin{array}{c} Hg \\ \diagup \diagdown \\ \diagdown \diagup \\ Hg \end{array} NH_2 \right] I\downarrow + KCl + 7KI + 3H_2O$$

（奈氏试剂） 　　　　　　　（红褐色）

四、实验内容

1．制备 Co(Ⅲ)配合物

在锥形瓶中将 1.0 g 氯化铵溶于 6 mL 浓氨水中，手持锥形瓶颈不断振摇使氯化铵完全溶解。分数次加入研细的 2.0 g 氯化钴粉末，边加边摇动，加完后继续摇动使溶液成棕色稀浆。再往其中滴加 2~3 mL 30% H_2O_2，边加边摇动，加完后再摇动。当固体完全溶解，溶液中停止起泡时，慢慢加入 6 mL 浓盐酸，边加边摇动，并在水浴上微热，温度不要超过 85 ℃，边摇边加热 10~15 mim，然后在室温下冷却混合物并摇动，待完全冷却后过滤出沉淀。用总量为 5 mL 的冷水分数次洗涤沉淀，接着用 5 mL 冷的 6 mol/L 盐酸溶液洗涤，再用少量无水乙醇洗涤，产物在 105 ℃左右干燥 1~2 h 后称量。

2．组成的初步推断

(1) 取 0.3 g 所得的产物于小烧杯中，加入 35 mL 蒸馏水，待产物溶解后用 pH 试纸检验其酸碱性。

(2) 用烧杯取 15 mL 实验(1)中所得溶液，慢慢加入 2 mol/L $AgNO_3$ 溶液并搅动，直至加一滴 $AgNO_3$ 溶液后上部清液没有沉淀生成，然后过滤。往滤液中加 1~2 mL 浓硝酸并搅动，再滴加 $AgNO_3$ 溶液，看有无沉淀。若有，比较一下与前面沉淀的量的多少。

(3) 取 2~3 mL 实验(1)中所得的溶液于试管中，加几滴 0.5 mol/L $SnCl_2$ 溶液，振荡后加入一粒绿豆粒大小的硫氰酸钾固体，振摇后再加入 1 mL 戊醇、1 mL 乙醚，振荡后观察上层溶液中的颜色。

(4) 取 2 mL 实验(1)中所得的溶液于试管中，加入少量蒸馏水，得清亮溶液后，加 2 滴奈氏试剂并观察其变化。

(5) 将实验(1)中剩下的溶液加热，观察溶液变化，直至其完全变成棕黑色后停止加热，冷却后用 pH 试纸检验溶液的酸碱性，然后过滤(必要时用双层滤纸)。取所得清液，分别做一次(3)、(4)实验。观察现象与原来的有什么不同。

通过这些实验你能推断出此配合物的组成吗？能写出其化学式吗？

(6) 由上述自己初步推断的化学式来配制 100 mL 0.01 mol/L 该配合物的溶液，用电导率仪(使用方法见实验九 附注)测量其电导率，然后稀释 10 倍后再测其电导率并与表 38-1 对比，以此确定其化学式中所含离子数。

表 38-1　电解质类型与溶液的电导率

电解质	类　型 (离子数)	电导率/S	
		0.01 mol/L	0.001 mol/L
KCl	1-1 型(2)	1 230	133
$BaCl_2$	1-2 型(3)	2 150	250
$K_3[Fe(CN)_6]$	1-3 型(4)	3 400	420

五、思考题

(1) 在制备 Co(Ⅲ) 配合物时,将氯化钴加入氯化铵与浓氨水的混合液中,可发生什么反应,生成何种配合物?

(2) 氯化钴溶液中加入过氧化氢起什么作用,如果不用过氧化氢还可以用什么试剂?用这些试剂有哪些缺点?实验中加浓盐酸的作用是什么?

(3) 本实验中要提高产品的产率,哪些步骤是关键的?为什么?

(4) 总结出制备 Co(Ⅲ) 配合物的化学原理及制备的步骤。

(5) 有五种不同的配合物,分析其组成后确定有共同的实验式:$K_2CoCl_2I_2(NH_3)_2$;电导测定得知在水溶液中五个化合物的电导率数值均与硫酸钠相近。请写出五个不同配离子的结构式,并说明不同配离子的组成有何不同。

实验三十九　三草酸合铁（Ⅲ）酸钾的制备

一、实验目的

了解三草酸合铁（Ⅲ）酸钾的制备方法和性质。用化学平衡原理指导配合物的制备。掌握水溶液中制备无机物的一般方法。继续练习溶解、沉淀、过滤（常压、减压）、浓缩、蒸发结晶等基本操作。

二、实验用品

仪器：烧杯、量筒、漏斗、抽滤瓶、布氏漏斗、蒸发皿、试管、表面皿。

固体药品：摩尔盐、氢氧化钾、草酸。

液体药品：H_2O_2（30%）、氨水（6 mol/L）、NH_4CNS（0.1 mol/L）、$BaCl_2$（0.1 mol/L）、H_2SO_4（1 mol/L）、$H_2C_2O_4$（饱和溶液）、$K_2C_2O_4$（饱和溶液）、乙醇（95%）、$AgNO_3$（0.1 mol/L）。

材料：定量滤纸等。

三、实验原理

本制备实验是以铁（Ⅱ）盐为起始原料，通过沉淀、氧化还原、配位反应等过程，制得三草酸合铁（Ⅲ）酸钾 $K_3[Fe(C_2O_4)_3]\cdot 3H_2O$ 配合物。主要反应为：

$$FeSO_4\cdot(NH_4)_2SO_4\cdot 6H_2O + H_2C_2O_4 = FeC_2O_4\cdot 2H_2O\downarrow + (NH_4)_2SO_4 + H_2SO_4 + 4\,H_2O$$

$$2FeC_2O_4\cdot 2H_2O + H_2O_2 + H_2C_2O_4 + 3\,K_2C_2O_4 = 2K_3[Fe(C_2O_4)_3]\cdot 3H_2O$$

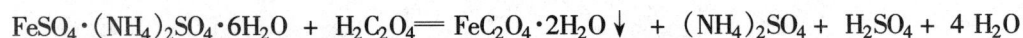

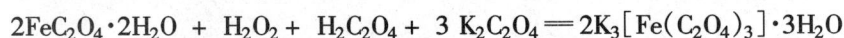

加入乙醇后，便析出三草酸合铁（Ⅲ）酸钾晶体。

三草酸合铁（Ⅲ）酸钾为翠绿色单斜晶体，易溶于水（0 ℃时 4.7 g/100 g 水；100 ℃时 117.7 g/100 g 水），难溶于乙醇等有机溶剂，极易感光，室温下光照变黄色，进行下列光化学反应：

$$2\,[Fe(C_2O_4)_3]^{3-} = 2\,FeC_2O_4 + 3\,C_2O_4^{2-} + 2\,CO_2\uparrow$$

它在日光直射或强光下分解生成的草酸亚铁遇六氰合铁（Ⅲ）酸钾生成滕氏蓝，反应为：

$$3\,FeC_2O_4 + 2\,K_3[Fe(CN)_6] = Fe_3[Fe(CN)_6]_2\downarrow + 3\,K_2C_2O_4$$

因此，在实验室中可做成感光纸，进行感光实验。另外，由于它具有光化学活性，能定量进行光化学反应，常用作化学光量计。

三草酸合铁（Ⅲ）配离子是比较稳定的，$K_稳 = 1.58\times 10^{20}$

四、实验内容

1. 草酸合铁（Ⅲ）酸钾的制备

（1）草酸亚铁的制备。

称 5 g 摩尔盐（或 3 g 氯化亚铁或硫酸亚铁）于 250 mL 烧杯中，加入 15 mL 蒸馏水和几滴 1 mol/L H_2SO_4 溶液，加热溶解后，加入 25 mL 饱和 $H_2C_2O_4$ 溶液，加热至沸，搅拌片刻，停止加热，静置。待黄色晶体 $FeC_2O_4\cdot 2H_2O$ 沉降后倾析弃去上层清液，加入 20～30 mL 蒸馏水，搅拌并温热，静置，弃去上层清液。

（2）草酸合铁（Ⅲ）酸钾的制备。

在 $FeC_2O_4\cdot 2H_2O$ 晶体中，加入 10 mL 饱和 $K_2C_2O_4$ 溶液，在水浴上加热至 40 ℃，用滴管慢慢加入 20 mL 3% 过氧化氢，在 40 ℃恒温，搅拌。再将溶液加热至沸，分两次加入 8 mL 饱和 $H_2C_2O_4$ 溶液，趁热过滤。滤液中加入 10 mL 95% 乙醇，温热溶液，使析出的晶体再溶解，将溶液在避光下过夜。先用少量水洗涤晶体,再用少量95%乙醇洗,用滤纸吸干,计算产率。

2. 草酸合铁(Ⅲ)酸钾的性质

(1) 将少许产品放在表面皿上,在日光下观察晶体颜色变化,与放在暗处的晶体比较。

(2) 制感光纸:按三草酸合铁(Ⅲ)酸钾0.3 g、铁氰化钾0.4 g,加水5 mL的比例配成溶液,涂在纸上即成感光纸(黄色)。附上图案,在日光下直照数秒钟,曝光部分呈深蓝色,被遮盖的没有曝光部分即显影出图案来。

(3) 配感光液:取0.3~0.5 g三草酸合铁(Ⅲ)酸钾,加水5 mL配成溶液,用滤纸条做成感光纸。同上操作,曝光后去掉图案,用约3.5%铁氰化钾溶液湿润或漂洗即显影出图案来。

五、思考题

(1) 为什么在此制备中用过氧化氢作氧化剂,用氨水作沉淀剂?能否用其他氧化剂或沉淀剂,为什么?

(2) 为什么制氢氧化铁沉淀时必须洗涤多次?如不洗涤对产品有何影响?

(3) 为什么在此制备中要经过转化为氢氧化铁步骤,能否不经氢氧化铁一步,直接转化?

(4) 滤液在水浴上浓缩时,能否用蒸干溶液的方法来提高产率?为什么?

(5) 此制备需避光、干燥,所得成品也要放在暗处。如何证明你所制得的产品不是单盐而是配合物?

(6) 写出各步实验现象和反应方程式,并根据摩尔盐的量计算产量和产率。

(7) 现有硫酸铁、氯化钡、草酸钠、草酸钾四种物质为原料,如何制备三草酸合铁(Ⅲ)酸钾?试设计方案并写出各步反应式。

附注:

(1) 若浓缩的绿色溶液带褐色,是由于含有氢氧化铁沉淀,应趁热过滤除去。

(2) 三草酸合铁(Ⅲ)酸钾见光变黄色是因为生成草酸亚铁与碱式草酸铁的混合物。

实验四十　磺基水杨酸铁(Ⅲ)配合物的组成及其稳定常数的测定

一、实验目的

了解用光度法测定配合物的组成及其稳定常数的原理和方法。测定 pH = 2.5 时磺基水杨酸铁(Ⅲ)配合物的组成及其稳定常数。学习分光光度计的使用方法。

二、实验用品

仪器：721 型分光光度计、烧杯、容量瓶(100 mL)、吸管(10 mL 带刻度)、锥形瓶

液体药品：$HClO_4$(0.01 mol/L)、磺基水杨酸(0.010 0 mol/L)、Fe^{3+} 溶液(0.010 0 mol/L)

三、实验原理

当一束波长一定的单色光通过有色溶液时，一部分光被溶液吸收，一部分光透过溶液。对光被溶液吸收和透过的程度，通常有两种表示方法：

一种是用透光率 T 表示。即透过光的强度 I_t 与入射光的强度 I_0 之比。

$$T = \frac{I_t}{I_0}$$

另一种是用吸光度 A(又称消光度，光密度)来表示。它是取透光率的负对数。

$$A = -\lg T = \lg \frac{I_0}{I_t}$$

A 值大，表示光被有色溶液吸收的程度大，反之 A 值小，光被溶液吸收的程度小。实验结果证明：有色溶液对光的吸收程度与溶液的浓度 c 和光穿过的液层厚度 d 的乘积成正比。这一规律称作朗伯 - 比耳定律。

$$A = \varepsilon cd$$

式中 ε 是消光系数(或吸光系数)。当温度和波长一定时，它是有色物质的一个特征常数。当入射光的波长、消光系数和溶液层的厚度一定时，吸光度与溶液的浓度成正比。

磺基水杨酸($HO-\langle\,\rangle-SO_3H$，其中苯环上带有 COOH，记作 H_3L)与 Fe^{3+} 离子可以形成稳定的配合物，因介质酸性的不同，形成配合物的组成也不同。在 pH 2～3 时，生成紫红色的 FeL 配合物；pH 4～9 时生成红色的 FeL_2 配合物；pH 9～11.5 时，生成黄色的 FeL_3 配合物；pH > 12 时，有色配合物被破坏，生成 $Fe(OH)_3$ 沉淀。本实验将测定 pH = 2.5 时形成紫红色的磺基水杨酸铁(Ⅲ)配合物 FeL 的组成及其稳定常数。

用分光光度法研究溶液中配合物性质的前提就是，有色配合物对光的吸收必须服从朗伯 - 比耳定律。本实验是用分光光度法研究磺基水杨酸铁(Ⅲ)配离子的组成并测定其稳定常数。

有色物质对光的选择性吸收，通常用光的吸收曲线来描述。将不同波长的光依次通过一定浓度的有色溶液，分别测定吸光度，以波长为横坐标，吸光度为纵坐标，可绘得光的吸收曲线。最大吸收峰处的波长称为最大吸收波长($\lambda_{最大}$)。

由于所测溶液中，磺基水杨酸是无色的，Fe^{3+} 离子溶液的浓度很稀，也可以认为是无色的，

只有磺基水杨酸铁配离子(ML_n)是有色的。因此,溶液的吸光度只与配离子的浓度成正比。测定溶液的吸光度,就可以求出该配离子的组成。

常用等摩尔系列法进行配离子组成的测定。

对于配合反应:

$$M + nL \rightleftharpoons ML_n$$

(略去电荷)为了测定配合物 ML_n 的组成,可用其物质的量浓度相等的 M 溶液和 L 溶液配成一系列 M 和 L 总物质的量不变,但两者的摩尔分数连续变化的混合溶液。用一系列波长的单色光测定它们的吸光度,作吸光度 – 组成图。与最大吸光度(即溶液对光的吸收最大)相对应的溶液的组成,即是配合物的组成。例如,若在系列混合溶液中,其配位体的摩尔分数 $x_L = 0.5$ 的溶液吸光度最大,那么在该溶液中 L 与 M 的物质量之比为 1:1,所以配合物的组成也是 1:1,即形成 ML 配合物。从图 40 – 1 可以看出,在极大值 B 左边的所有溶液中,对于形成 ML 配合物来说,M 离子是过量的,配合物的浓度由 L 决定。而这些溶液中 x_L 都小于 0.5,所以它们形成的配合物 ML 的浓度也都小于与极大值 B 相对应的溶液,因此其吸光度也都小于 B。处于极大值 B 右边的所有溶液中 L 是过量的,配合物的浓度由 M 决定。而这些溶液的 x_M 也都小于 0.5,因而形成的 ML 的浓度也都小于与极大值 B 相应的溶液。所以,只有在 $x_L = x_M = 0.5$ 的溶液中,也就是其组成(M:L)与配合物组成一致的溶液中,配合物浓度最大,其吸光度也最大。

由于中心离子和配位体基本无色,只有配离子有色,所以配离子的浓度越大,溶液的颜色越深,其吸光度也就越大。若以吸光度对配体的摩尔分数作图,则从图上最大吸收峰处可以求得配合物的组成 n 值,

如图 40 – 1 所示。根据最大吸收处:

配体摩尔分数 $= \dfrac{配体物质的量}{总物质的量} = 0.5$

中心离子摩尔分数 $= \dfrac{中心离子物质的量}{总物质的量} = 0.5$

$$n = \frac{配体摩尔分数}{中心离子摩尔分数}$$

由此可知该配合物的组成是 ML。

由图 40 – 1 可看出,最大吸光度 A 点可被认为是 M 和 L

图 40 – 1 吸光度 – 组成图

全部形成配合物时的吸光度,其值为 ε_1。由于配离子有一部分离解,其浓度要稍小一些,所以实验测得的最大吸光度在 B 点,其值为 ε_2,配离子的离解度 α 可表示为:

$$\alpha = \frac{\varepsilon_1 - \varepsilon_2}{\varepsilon_1}$$

再根据 1:1 组成配合物的关系式即可导出稳定常数 K。

$$M + L \rightleftharpoons ML$$

平衡浓度 $\qquad\qquad c\alpha \qquad c\alpha \qquad c - \alpha$

$$K = \frac{[ML]}{[M][L]} = \frac{1 - \alpha}{c\,\alpha^2}$$

式中　c 为相应于 A 点的金属离子浓度。

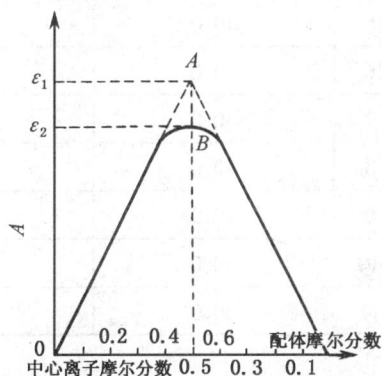

四、实验内容

1. 配制系列溶液

(1) 配制 0.001 0 mol/L Fe^{3+} 溶液。精确吸取 10.0 mL 0.010 0 mol/L Fe^{3+} 溶液,注入 100 mL 容量瓶中,用 0.01 mol/L $HClO_4$ 溶液稀释至刻度,摇匀备用。同法配制 0.001 0 mol/L 磺基水杨酸溶液。

(2) 用三支 10 mL 吸量管按下表列出的体积,分别吸取 0.01 mol/L $HClO_4$、0.001 0 mol/L Fe^{3+} 溶液和 0.001 0 mol/L 磺基水杨酸溶液,一一注入 11 只 50 mL 锥形瓶中摇匀。

2. 测定系列溶液的吸光度

用 721 型分光光度计(用波长为 500 nm 的光源)测定系列溶液的吸光度。将测得的数据记入表 40 – 1。

表 40 – 1　数据记录和处理

序号	$HClO_4$ 溶液的体积/mL	Fe^{3+} 溶液的体积/mL	H_3L 溶液的体积/mL	H_3L 摩尔分数	吸光度
1	10.0	10.0	0.0		
2	10.0	9.0	1.0		
3	10.0	8.0	2.0		
4	10.0	7.0	3.0		
5	10.0	6.0	4.0		
6	10.0	5.0	5.0		
7	10.0	4.0	6.0		
8	10.0	3.0	7.0		
9	10.0	2.0	8.0		
10	10.0	1.0	9.0		
11	10.0	0.0	10.0		

以吸光度对磺基水杨酸溶液的摩尔分数作图,从图中找出最大吸收峰,求出配合物的组成和稳定常数。

五、思考题

(1) 用等摩尔系列法测定配合物组成时,为什么说溶液中金属离子与配体的物质的量之比正好与配离子组成相同时,配离子的浓度最大?

(2) 用吸光度对配体的体积分数作图是否可求得配合物的组成?

(3) 在测定中为什么要加高氯酸,且高氯酸浓度比 Fe^{3+} 离子浓度大 10 倍?

(4) 在测定吸光度时,如果温度变化较大,对测得的稳定常数有何影响?

(5) 在实验中,每个溶液的 pH 是否一样? 如不一样对结果有何影响?

(6) 使用分光光度计要注意哪些事项?

附注:

药品的配制。

(1) 高氯酸(0.01 mol/L):用 4.4 mL 70% 的 $HClO_4$ 注入 50 mL 水中,再稀释到 5 000 mL。

(2) Fe^{3+}溶液($0.010\ 0$ mol/L)：称取 $0.482\ 0$ g 分析纯硫酸铁铵$(NH_4)Fe(SO_4)_2\cdot 12H_2O$ 晶体溶于适量 0.01 mol/L 高氯酸，转移至 100 mL 容量瓶中定容。

(3) 磺基水杨酸($0.010\ 0$ mol/L)：将 $0.254\ 0$ g 分析纯磺基水杨酸晶体溶于适量 0.01 mol/L 高氯酸，转移至 100 mL 容量瓶中定容。

本实验测得的是表观稳定常数，如欲得到热力学稳定常数，还需要控制测定时的温度、溶液的离子强度及配位体在实验条件下的存在状态等因素。

附录

721 型分光光度计的使用。

分光光度计是根据物质对光的选择吸收来测量微量物质浓度的仪器。721 型分光光度计是在可见光范围内进行比色分析的常用仪器，允许测量的波长范围为 360 nm ~ 800 nm，它的结构简单，测量的灵敏度和准确度较高，应用比较广泛。

1. 仪器的基本结构

721 型分光光度计由光源灯、单色器、入射光和出射光调节器、光电管等几部分组成。721 型分光光度计的光学系统如图 40-2 所示：

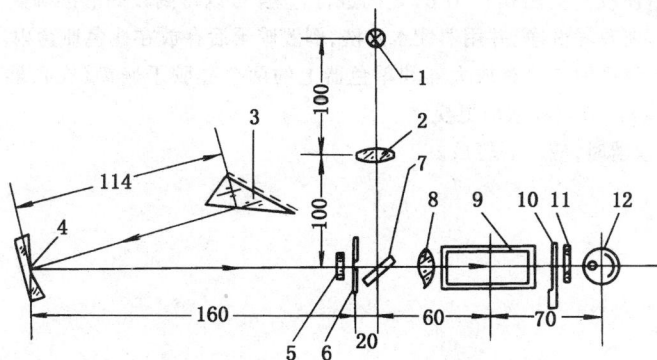

图 40-2 分光光度计的光学系统

1—光源灯；2—聚光透镜；3—色散棱镜；4—准直镜；5—保护玻璃；6—狭缝；
7—反射镜；8—聚光透镜；9—比色皿；10—光门；11—保护玻璃；12—光电管

由光源灯发出的连续辐射光线，射到聚光透镜上，会聚后再经过平面镜转角 90°，反射至入射狭缝，由此射到单色光器内，狭缝正好位于球面准直镜的焦面上，当入射光线经过准直镜反射后，就以一束平行光向棱镜（该棱镜的背面镀铝）进行色散，入射角在最小偏向角，入射光在铝面上反射后是依原路稍偏转一个角度反射回来，这样从棱镜色散后出来的光线再经准直镜反射后，就会聚在出光狭缝上，再通过聚光镜后进入比色皿，单色光一部分被吸收，透过的光进入光电管，光电池将光转化为电流，经放大后，微安计指示出吸光度。镀铝反射镜和透镜装在一个可旋转的转盘上，旋转角度由波长调节器上的凸轮带动，旋转转盘就可以在光狭缝后面得到所需波长的单色光。

仪器的面板图如图 40-3 所示。

2. 操作步骤

(1) 使用本仪器前，应了解仪器的工作原理和各个操作旋钮之功能。

(2) 接通仪器的电源，打开电源开关，指示灯即亮。打开比色皿暗箱盖，预热 20 分钟。

(3) 波长选择旋钮，选择所需用的单色波长，旋转灵敏度旋钮，选择所需用的灵敏度。

(4) 放入盛装蒸馏水的比色皿，调节零电位器，使微安表头指"0"，然后将比色皿暗箱盖合上，推进比色皿拉杆，使比色皿处于校正位置，使光电管受光。旋转透光率调节旋钮，使微安表指针处于"100%"处。

（5）连续几次调"0"和"100%"，仪器即可开始测定样品。

（6）将装有待测液的比色皿推入光路，此时微安表头所指的吸光读数，即为该溶液的吸光度。

3. 注意事项

（1）测定时，比色皿要用少量被测液淋洗 2～3 次，避免被测液浓度改变。

（2）要用柔软的吸水纸将附着在比色皿外表面的液迹擦干。擦时应注意保护其透光面，勿使产生划痕。拿比色皿时，手指只能捏住毛玻璃的两面。

（3）比色皿放入比色皿架内时，应注意它们的位置，尽量使它们前后一致，减小测量误差。

（4）为了防止光电管疲劳，在不测定时，应经常使暗箱盖处于启开位置。连续使用仪器的时间一般不应超过两小时，最好是间歇半小时后，再继续使用。

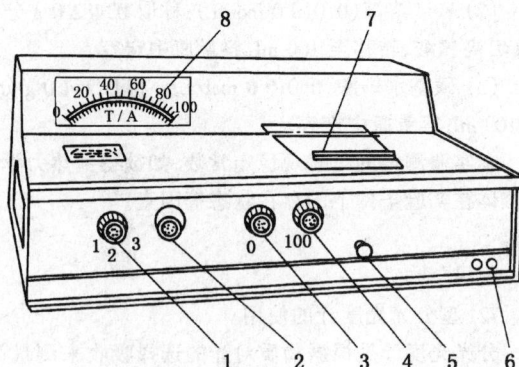

图 40-3　721 型分光光度计的面板

1—灵敏度旋钮；2—透光率调节旋钮；3—零位旋钮；4—波长选择旋钮；5—比色皿拉杆；6—电源开关；7—暗箱盖；8—微安表

（5）测定时，应尽量使吸光度在 0.1～0.65 之间进行，这样可以得到较高的准确度。

（6）比色皿用过后，要及时洗净，并用蒸馏水淋洗，倒置晾干后存放在比色皿盒内。

（7）仪器不能受潮，使用中应注意放大器和单色器上的两个硅胶干燥筒（在仪器底部）里的硅胶是否变色，如果硅胶的颜色已变红，应立即取出更换。

（8）在搬动或移动仪器时，应小心轻放。

实验四十一　未知物的鉴定或鉴别

一、实验目的

运用所学的单质和化合物的基本性质,进行常见物质的鉴别或鉴定,进一步复习和巩固常见离子重要反应的基本知识。

二、实验原理

当一个试样需要鉴定或一组未知物需要鉴别时,通常可根据以下几个方面进行判断:

1. **物态**

(1) 观察试样在常温时的状态,如果是晶体要观察它的晶形。

(2) 观察试样的颜色。溶液试样可根据离子的颜色,固体试样可根据化合物的颜色及配成溶液后的颜色,预测哪些离子可能存在,哪些离子不可能存在。

2. **溶解性**

首先试验在水中的溶解性,在冷水中的溶解性怎样? 在热水中又怎样? 不溶于水的固体试样有可能溶于酸或碱,可依次用盐酸(稀、浓)、硝酸(稀、浓) 、氢氧化钠(稀、浓)溶液试验其溶解性。

3. **酸碱性**

酸或碱可直接加入指示剂或用 pH 试纸检测进行判断。两性物质可利用它既溶于酸又溶于碱的性质进行判断。可溶性盐的酸碱性可用它的水溶液加以判断。有时可以根据试液的酸碱性来排除某些离子存在的可能性。

4. **热稳定性**

物质的热稳定性有时差别很大。有的物质在常温时就不稳定,有的物质加热时易分解,还有的物质受热时易挥发或升华。可根据试样加热后物相的转变、颜色的变化、有无气体放出等现象进行初步判断。

5. **鉴定或鉴别反应**

经过前面对试样的观察和初步试验,再进行相应的鉴定或鉴别反应,就能给出准确的判断。在基础无机化学实验中鉴定反应大致采用以下几种方法:

(1) 通过与某种试剂的反应,生成沉淀,或沉淀溶解,或放出气体。还可再对生成的沉淀或气体进行检验。

(2) 显色反应。

(3) 焰色反应。

(4) 硼砂珠实验。

(5) 其他特征反应。

进行未知试样的鉴别和鉴定时要特别注意干扰离子的存在,尽量采用特效反应进行鉴别和鉴定。

三、实验内容(可选做或调换其他内容)

按照下述实验内容列出实验用品及分析步骤:

(1) 区分两片金属片:一片是铝片,一片是锌片。

(2) 鉴别四种黑色或近于黑色的氧化物:CuO、Co_2O_3、PbO_2、MnO_2。

（3）未知混合液 1，2，3 分别含有 Cr^{3+}，Mn^{2+}，Fe^{3+}，Co^{2+}，Ni^{2+} 离子中的大部分或全部，设计一实验方案以确定未知液中含有哪几种离子，哪几种离子不存在。

（4）鉴别下列化合物：$CuSO_4$、Cu_2SO_4、$FeCl_3$、$BaCl_2$、$NiSO_4$、$CoCl_2$、NH_4HCO_3、NH_4Cl。

（5）盛有以下十种硝酸盐溶液的试剂瓶标签脱落，试加以鉴别：

$AgNO_3$、$Hg(NO_3)_2$、$Hg_2(NO_3)_2$、$Pb(NO_3)_2$、$NaNO_3$、$Cd(NO_3)_2$、$Zn(NO_3)_2$、$Al(NO_3)_3$、KNO_3、$Mn(NO_3)_2$

（6）盛有下列十种固体钠盐的试剂瓶标签被腐蚀，试加以鉴别：

$NaNO_3$、Na_2S、$Na_2S_2O_3$、Na_3PO_4、$NaCl$、Na_2CO_3、$NaHCO_3$、Na_2SO_4、$NaBr$、Na_2SO_3

（7）溶液中可能有如下十种阴离子：S^{2-}、SO_3^{2-}、SO_4^{2-}、PO_4^{3-}、NO_3^-、NO_2^-、Cl^-、Br^-、I^-、CO_3^{2-} 中的四种，试写出分析步骤及鉴定结果。

第三部分 附录

附录一 国际相对原子质量表

（按原子序数排列）

序数	名称	符号	相对原子质量	序数	名称	符号	相对原子质量
1	氢	H	1.007 94	40	锆	Zr	91.224
2	氦	He	4.002 602	41	铌	Nb	92.906 38
3	锂	Li	6.941	42	钼	Mo	95.94
4	铍	Be	9.012 182	43	锝	Tc	(98)
5	硼	B	10.811	44	钌	Ru	101.07
6	碳	C	12.010 7	45	铑	Rh	102.905 50
7	氮	N	14.006 74	46	钯	Pa	106.42
8	氧	O	15.999 4	47	银	Ag	107.868 2
9	氟	F	18.998 403 2	48	镉	Cd	112.411
10	氖	Ne	20.179 7	49	铟	In	114.818
11	钠	Na	22.989 770	50	锡	Sn	118.710
12	镁	Mg	24.305 0	51	锑	Sb	121.760
13	铝	Al	26.981 538	52	碲	Te	127.60
14	硅	Si	28.085 5	53	碘	I	126.904 47
15	磷	P	30.973 761	54	氙	Xe	131.29
16	硫	S	32.066	55	铯	Cs	132.905 45
17	氯	Cl	35.452 7	56	钡	Ba	137.327
18	氩	Ar	39.948	57	镧	La	138.905 5
19	钾	K	39.098 3	58	铈	Ce	140.116
20	钙	Ca	40.078	59	镨	Pr	140.907 65
21	钪	Sc	44.955 910	60	钕	Nd	144.24
22	钛	Ti	47.867	61	钷	Pm	(145)
23	钒	V	50.941 5	62	钐	Sm	150.36
24	铬	Cr	51.996 1	63	铕	Eu	151.964
25	锰	Mn	54.938 049	64	钆	Gd	157.25
26	铁	Fe	55.845	65	铽	Tb	158.925 34
27	钴	Co	58.933 200	66	镝	Dy	162.50
28	镍	Ni	58.693 4	67	钬	Ho	164.930 32
29	铜	Cu	63.546	68	铒	Er	167.26
30	锌	Zn	65.39	69	铥	Tm	168.934 21
31	镓	Ga	69.723	70	镱	Yb	173.04
32	锗	Ge	72.61	71	镥	Lu	174.967
33	砷	As	74.921 60	72	铪	Hf	178.49
34	硒	Se	78.96	73	钽	Ta	180.947 9
35	溴	Br	79.904	74	钨	W	183.84
36	氪	Kr	83.80	75	铼	Re	186.207
37	铷	Rb	85.467 8	76	锇	Os	190.23
38	锶	Sr	87.62	77	铱	Ir	192.217
39	钇	Y	88.905 85	78	铂	Pt	195.078

序数	名称	符号	相对原子质量	序数	名称	符号	相对原子质量
79	金	Au	196.966 55	96	锔	Cm	(247)
80	汞	Hg	200.59	97	锫	Bk	(247)
81	铊	Tl	204.383 3	98	锎	Cf	(251)
82	铅	Pb	207.2	99	锿	Es	(252)
83	铋	Bi	208.980 38	100	镄	Fm	(257)
84	钋	Po	(209)	101	钔	Md	(258)
85	砹	At	(210)	102	锘	No	(259)
86	氡	Rn	(222)	103	铹	Lr	(262)
87	钫	Fr	(223)	104	铲	Rf	(261)
88	镭	Ra	(226)	105	𨧀	Db	(262)
89	锕	Ac	(227)	106	𨭎	Sg	(266)
90	钍	Th	232.038 1	107	铍	Bh	(264)
91	镤	Pa	231.035 88	108	𨭆	Hs	(269)
92	铀	U	238.028 9	109	䥑	Mt	(268)
93	镎	Np	(237)	110		Uun	(271)
94	钚	Pu	(244)	111		Uuu	(272)
95	镅	Am	(234)	112		Uub	

注:摘自 Lide D R. Handbook of Chemistry and Physics. 81st Ed,CRC PRESS, 2000 ~ 2001

附录二 不同温度下一些常见无机化合物的溶解度

g/(100 g H₂O)

序号	分子式	相对分子质量	0 ℃	10 ℃	20 ℃	30 ℃	40 ℃	50 ℃	60 ℃	70 ℃	80 ℃	90 ℃	100 ℃
1	$AgClO_4$	207.32	81.6	83.0	84.2	85.3	86.3	86.9	87.5	87.9	88.3	88.6	88.8
2	$AgNO_3$	169.87	55.9	62.3	67.8	72.3	76.1	79.2	81.7	83.8	85.4	86.7	87.8
3	$AlCl_3$	133.34	30.84	30.91	31.03	31.18	31.37	31.60	31.87	32.17	32.51	32.90	33.32
4	$Al(NO_3)_3$	213.00	37.0	38.2	39.9	42.0	44.5	47.3	50.4	53.8			61.5
5	$Al_2(SO_4)_3$	342.15	27.5			28.2	29.2	30.7	32.6	34.9	37.6	40.7	44.2
6	$BaCl_2$	208.25	23.30	24.88	26.33	27.70	29.00	30.27	31.53	32.81	34.14	35.54	37.05
7	$Ba(NO_3)_2$	261.35	4.7	6.3	8.2	10.2	12.4	14.7	17.0	19.3	21.5	23.5	25.5
8	$Ba(OH)_2$	171.35	1.67			8.4	19	33	52	74	101		
9	BaS	169.39	2.79	4.78	6.97	9.58	12.67	16.18	20.05	24.19	28.55	33.04	37.61
10	$BeCl_2$	79.92	40.5										
11	$BeSO_4$	105.07	26.69	27.58	28.61	29.90	31.51	33.39	35.50	37.78	40.21	42.72	45.28
12	$CaBr_2$	199.89	55	56	59	63	68	71	73				
13	$CaCl_2$	110.99	36.70	39.19	42.13	49.12	52.85	56.05	56.73	57.44	58.21	59.04	59.94
14	$Ca(NO_3)_2$	164.09	50.1	53.1	56.7	60.9	65.4	77.8	78.1	78.2	78.3	78.4	78.5
15	$CaSO_4$	136.14	0.174	0.191	0.202	0.208	0.210	0.207	0.201	0.193	0.184	0.173	0.163
16	$CdCl_2$	183.31	47.2	50.1	53.2	56.3	57.3	57.5	57.8	58.1	58.51	58.98	59.5
17	$Cd(NO_3)_2$	236.40	55.4	57.1	59.6	62.8	66.5	70.6	86.1	86.5	86.8	87.1	87.4
18	$CdSO_4$	208.46	43.1	43.1	43.2	43.6	44.1	43.5	42.5	41.4	40.2	38.5	36.7
19	$CoCl_2$	129.84	30.30	32.60	34.85	37.10	39.27	41.38	43.46	45.50	47.51	49.51	51.50
20	$Co(NO_3)_2$	182.94	45.51	47.0	49.4	52.4	56.0	60.1	62.6	64.9	67.7		
21	$CoSO_4$	155.00	19.9	23.0	26.1	29.2	32.3	34.4	35.9	35.5	33.2	30.6	27.8
22	$CsCl$	168.36	61.83	63.48	64.96	66.29	67.50	68.60	69.61	70.54	71.40	72.21	72.96

序号	分子式	相对分子质量	0℃	10℃	20℃	30℃	40℃	50℃	60℃	70℃	80℃	90℃	100℃
23	$CsNO_3$	194.91	8.64	13.0	18.6	25.1	32.0	39.0	45.7	51.9	57.3	62.1	66.2
24	Cs_2SO_4	361.87	62.6	63.4	64.1	64.8	65.5	66.1	66.7	67.3	67.8	68.3	68.8
25	$CuCl_2$	134.45	40.8	41.7	42.6	43.7	44.8	46.5	47.2	48.5	49.9	51.3	52.7
26	$Cu(NO_3)_2$	187.56	45.2	49.8	56.3	61.1	62.0	63.1	64.5	65.9	67.5	69.2	71.0
27	$CuSO_4$	159.61	12.4	14.4	16.7	19.3	22.2	25.4	28.8	32.4	36.3	40.3	43.5
28	$FeCl_2$	126.75	33.2										48.7
29	$FeCl_3$	162.21	42.7	44.9	47.9	51.6	74.8	76.7	84.6	84.3	84.3	84.4	84.7
30	$Fe(NO_3)_3$	241.86	40.15										
31	$FeSO_4$	151.91	13.5	17.0	20.8	24.8	28.8	32.8	35.5	33.6	30.4	27.1	24.0
32	HIO_3	175.91	73.45	74.10	74.98	76.03	77.20	78.46	79.78	81.13	82.48	83.82	85.14
33	H_3BO_3	61.83	2.61	3.57	4.77	6.27	8.10	10.3	12.9	15.9	19.3	23.1	27.3
34	$HgCl_2$	271.50	4.24	5.05	6.17	7.62	9.53	12.02	15.18	19.16	24.06	29.90	36.62
35	KBr	119.01	35.0	37.3	39.4	41.4	43.2	44.8	46.2	47.6	48.8	49.8	50.8
36	$KBrO_3$	167.00	2.97	4.48	6.42	8.79	11.57	14.71	18.14	21.79	25.57	29.42	33.28
37	$KC_2H_3O_2$	98.15	68.40	70.29	72.09	73.70	75.08	76.27	77.31	78.22	79.04	79.80	80.55
38	KCl	74.56	27.6	31.0	34.0	37.0	40.0	42.6	45.5	48.3	51.1	53.9	56.7
39	$KClO_3$	122.55	3.03	4.67	6.74	9.21	12.06	15.26	18.78	22.65	26.88	31.53	36.65
40	$KClO_4$	138.55	0.70	1.10	1.67	2.47	3.54	4.94	6.74	8.99	11.71	14.94	18.67
41	KF	58.10	30.90	39.8	47.3	53.2					60.0		
42	$KHCO_3$	100.12	18.62	21.73	24.92	28.13	31.32	34.46	37.51	40.45			
43	$KHSO_4$	136.17	27.1	29.7	32.3	35.0	37.8	40.5	43.4	46.2	49.02	51.82	54.6
44	KH_2PO_4	136.09	11.74	14.91	18.25	21.77	25.28	28.95	32.76	36.75	40.96	45.41	50.121
45	KI	166.01	56.0	57.6	59.0	60.4	61.6	62.8	63.8	64.8	65.7	66.6	67.4
46	KIO_3	214.01	4.53	5.96	7.57	9.34	11.09	13.22	15.29	17.41	19.58	21.78	24.03

续表

序号	分子式	相对分子质量	0 ℃	10 ℃	20 ℃	30 ℃	40 ℃	50 ℃	60 ℃	70 ℃	80 ℃	90 ℃	100 ℃
47	KIO_4	230.00	0.16	0.22	0.37	0.70	1.24	1.96	2.83	3.82	4.89	6.02	7.17
48	$KMnO_4$	158.04	2.74	4.12	5.96	8.28	11.11	14.42	18.16				
49	KNO_2	85.11	73.7	74.6	75.3	76.0	76.7	77.4	78.0	78.5	79.1	79.6	80.1
50	KNO_3	101.11	13.3	20.9	31.6	45.8	63.9	83.5	110.0	138	169	201	246
51	KOH	56.11	48.7	50.8	53.2	56.1	57.9	58.6	59.5	60.6	61.8	63.1	64.6
52	$KSCN$	97.18	63.8	66.4	69.1	71.6	74.1	76.5	78.9	81.1	83.3	85.3	87.3
53	K_2CO_3	138.211	51.3	51.7	52.3	53.1	54.0	54.9	56.0	57.2	58.4	59.6	61.0
54	K_2CrO_4	194.20	37.1	38.1	38.9	39.8	40.5	41.3	41.9	42.6	43.2	43.8	44.3
55	$K_2Cr_2O_7$	294.19	4.30	7.12	10.9	15.5	20.8	26.3	31.7	36.9	41.5	45.5	48.9
56	K_2HPO_4	174.18	57.0	59.1	61.5	64.1	67.7		72.7				
57	K_2MoO_4	238.13										66.5	
58	K_2SO_3	158.27	51.30	51.39	51.49	51.62	51.76	51.93	52.11	52.32	52.54	52.79	53.06
59	K_2SO_4	174.27	7.11	8.46	9.95	11.4	12.9	14.2	15.5	16.6	17.7	18.6	19.3
60	$K_3Fe(CN)_6$	329.26	23.9	27.6	31.1	34.3	37.2	39.6	41.7	43.5	45.0	46.1	47.0
61	K_3PO_4	212.28	44.3										
62	$K_4Fe(CN)_6$	368.36	12.5	17.3	22.0	25.6	29.2	32.5	35.5	38.2	40.6	41.4	43.1
63	$LaCl_3$	245.26	49.0	48.5	48.6	49.3	50.5	52.1	54.0	56.3	58.9	61.7	
64	$La(NO_3)_3$	324.92	55.0	56.9	58.9	61.1	63.6	66.3	69.9	74.1			
65	$LiCl$	42.39	40.45	42.46	45.29	46.25	47.30	48.47	49.78	51.27	52.98	54.98	56.34
66	$LiNO_3$	68.94	34.8	37.6	42.7	57.9	60.1	62.2	64.0	65.7	67.2	68.5	69.7
67	$LiOH$	23.95	10.8	10.8	11.0	11.3	11.7	12.2	12.7	13.4	14.2	15.1	16.1
68	Li_2SO_4	109.94	26.3	25.9	25.6	25.3	25.0	24.8	24.5	24.3	24.0	23.8	23.6
69	$MgBr_2$	184.11	49.3	49.8	50.3	50.9	51.5	52.1	52.8	53.5	54.2	55.0	55.7
70	$MgCl_2$	95.21	33.96	34.85	35.58	36.20	36.77	37.34	37.97	38.71	39.62	40.75	42.15

序号	分子式	相对分子质量	0 ℃	10 ℃	20 ℃	30 ℃	40 ℃	50 ℃	60 ℃	70 ℃	80 ℃	90 ℃	100 ℃
71	$Mg(NO_3)_3$	148.32	38.4	39.5	40.8	42.4	44.1	45.9	47.9	50.0	52.2	70.6	72.0
72	$MgSO_4$	120.37	18.2	21.7	25.1	28.2	30.9	33.4	35.6	36.9	35.9	34.7	33.3
73	$MnCl_2$	125.84	38.7	40.6	42.5	44.7	47.0	49.4	54.1	54.7	55.2	55.7	56.1
74	$Mn(NO_3)_2$	178.95	50.0										
75	$MnSO_4$	151.00	34.6	37.3	38.6	38.9	37.7	36.3	34.6	32.8	30.8	28.8	26.7
76	NH_4Cl	53.49	22.92	25.12	27.27	29.39	31.46	33.50	35.49	37.46	39.40	41.33	43.24
77	NH_4F	37.04	41.7	43.2	44.7	46.3	47.8	49.3	50.9	52.5	54.1		
78	NH_4HCO_3	79.06	10.6	13.7	17.6	22.4	27.9	34.2	41.4	49.3	58.1	67.6	78.0
79	$NH_4H_2PO_4$	115.03	17.8	22.0	26.4	31.2	36.2	41.6	47.2	53.0	59.2	65.7	72.4
80	NH_4NO_3	80.04	54.0	60.1	65.5	70.3	74.3	77.7	80.8	83.4	85.8	88.2	90.3
81	NH_4SCN	76.12								81.1			
82	$(NH_4)_2C_2O_4$	124.10	2.31	3.11	4.25	5.73	7.56	9.73	12.2	15.1	18.3	21.8	25.7
83	$(NH_4)_2HPO_4$	132.06	36.4	38.2	40.0	42.0	44.1	46.2	48.5	50.9	53.3	55.9	58.6
84	$(NH_4)_2S_2O_8$	228.20	37.00	40.45	43.84	47.11	50.25	53.28	56.23	59.13	62.00		
85	$(NH_4)_2SO_3$	116.14	32.2	34.9	37.7	40.6	43.7	47.0	50.6	54.5	58.9		
86	$(NH_4)_2SO_4$	132.14	70.6	73.0	75.4	78.0	81.0	84.2	88.0				
87	$NaBr$	102.89	44.4	45.9	47.7	49.6	51.6	53.7	54.1	54.3	54.5	54.7	54.9
88	$NaBrO_3$	150.89	20.0	23.22	26.65	29.86	32.83	35.55	38.05	40.37	42.52		
89	$NaC_2H_3O_2$	82.03	26.5	28.8	31.8	35.5	39.9	45.1	58.3	59.3	60.5	61.7	62.9
90	$NaCl$	59.44	35.7	35.8	36.0	36.3	36.6	36.8	37.3	38.0	38.4	39.0	39.8
91	$NaClO$	74.44	22.7										
92	$NaClO_2$	90.44							95.3				
93	$NaClO_3$	106.44	44.27	46.67	49.3	51.2	53.6	55.5	57.0	58.5	60.5	63.3	67.1
94	$NaClO_4$	122.44	61.9	64.1	66.2	68.3	70.4	72.5	74.1	74.7	75.4	76.1	76.7

序号	分子式	相对分子质量	0 ℃	10 ℃	20 ℃	30 ℃	40 ℃	50 ℃	60 ℃	70 ℃	80 ℃	90 ℃	100 ℃
95	NaF	41.99	3.52	3.72	3.89	4.05	4.20	4.34	4.46	4.57	4.66	4.75	4.82
96	$NaHCO_3$	84.01	6.48	7.59	8.73	9.91	11.13	12.40	13.70	15.02	16.37	17.73	19.10
97	$NaHSO_4$	120.06											33.3
98	NaH_2PO_4	119.98	36.54	41.07	46.00	51.54	57.89	61.7	62.3	65.9	68.7		
99	NaI	149.89	61.2	62.4	63.9	65.7	67.7	69.8	72.0	74.7	74.8	74.9	75.1
100	$NaIO_3$	197.89	2.43	4.40	7.78	9.60	11.67	13.99	16.52	19.25	21.1	22.9	24.7
101	$NaNO_2$	69.00	41.9	43.4	45.1	46.8	48.7	50.7	52.8	55.0	57.2	59.5	61.8
102	$NaNO_3$	84.99	73	80	88	96	104	114	124	135	148	162	180
103	NaOH	40.00	30	39	46	53	58	63	67	71	74	76	79
104	$Na_2B_4O_7$	201.22	1.23	1.71	2.50	3.82	6.02	9.7	14.9	17.1	19.9	23.5	28.0
105	Na_2CO_3	105.99	6.44	10.8	17.9	28.7	32.8	32.2	31.7	31.3	31.1	30.9	30.9
106	$Na_2C_2O_4$	134.00	2.62	2.95	3.30	3.65	4.00	4.36	4.71	5.06	5.41	5.75	6.08
107	Na_2CrO_4	161.97	22.6	32.3	44.6	46.9	48.9	51.0	53.4	55.3	55.5	55.8	56.1
108	$Na_2Cr_2O_7$	261.97	62.1	63.1	64.4	66.1	68.0	70.1	72.3	74.6	77.0	79.6	80.0
109	Na_2HAsO_4	185.91	5.6										67
110	Na_2HPO_4	141.96	1.66	4.19	7.51	16.34	35.17	44.64	45.20	46.81	48.78	50.52	51.53
111	Na_2MoO_4	205.92	30.6	38.8	39.4	39.8	40.3	41.0	41.7	42.6	43.5	44.5	45.5
112	Na_2S	78.04	11.1	13.2	15.7	18.6	22.1	26.7	28.1	30.2	33.0	36.4	41.0
113	Na_2SO_3	126.04	12.0	16.1	20.9	26.3	27.3	25.9	24.8	23.7	22.8	22.1	21.5
114	Na_2SO_4	142.04			16.13	29.22	32.35	31.55	30.90	30.90	30.02	29.79	29.67
115	$Na_2S_2O_3$	158.11	33.1	36.3	40.6	45.9	52.0	62.3	65.7	68.8	69.4	70.1	71.0
116	Na_2WO_4	293.81	41.6	41.9	42.3	42.9	43.6	44.4	45.3	46.2	47.3	48.4	49.5
117	Na_3PO_4	163.94	4.28	7.30	10.8	14.1	16.6	22.9	28.4	32.4	37.6	40.4	43.5
118	$Na_4P_2O_7$	265.90	2.23	3.28	4.81	7.00	10.10	14.38	20.07	27.31	36.03	32.37	30.67

续表

序号	分子式	相对分子质量	0 ℃	10 ℃	20 ℃	30 ℃	40 ℃	50 ℃	60 ℃	70 ℃	80 ℃	90 ℃	100 ℃
119	$NiCl_2$	129.62	34.7	36.1	38.5	41.7	42.1	43.2	45.0	46.1	46.2	46.4	46.6
120	$Ni(NO_3)_2$	182.72	44.1	46.0	48.4	51.3	54.6	58.3	61.0	63.1	65.6	67.9	69.0
121	$NiSO_4$	154.77	21.4	24.4	27.4	30.3	32.0	34.1	35.8	37.7	39.9	42.3	44.8
122	$PbCl_2$	278.10	0.66	0.81	0.98	1.17	1.39	1.64	1.93	2.24	2.60	2.99	3.42
123	$Pb(NO_3)_2$	331.20	28.46	32.13	35.67	39.05	42.22	45.17	47.90	50.42	52.72	54.82	56.75
124	$RbCl$	120.92	43.58	45.65	47.53	49.27	50.86	52.34	53.67	54.92	56.08	57.16	58.15
125	$SbCl_3$	228.11	85.7										
126	$SnCl_2$	189.60	46	64									
127	$SrCl_2$	158.53	31.94	32.93	34.43	36.43	38.93	41.94	45.44	46.81	47.69	48.70	49.87
128	$Sr(NO_3)_2$	211.63	28.2	34.6	41.0	47.0	47.4	47.9	48.4	48.9	49.5	50.1	50.7
129	$Sr(OH)_2$	121.63	0.9										
130	Tl_2SO_4	504.80	2.65	3.56	4.61	5.80	7.09	8.46	9.89	11.33	12.77	14.18	15.53
131	$ZnCl_2$	136.28		76.6	79.0	81.4	81.8	82.4	83.0	83.7	84.4	85.2	86.0
132	$Zn(NO_3)_2$	189.38	47.8	50.8	54.4	58.5	79.1	80.1	87.5	89.9			
133	$ZnSO_4$	161.43	29.1	32.0	35.0	38.2	41.3	43.0	42.1	41.0	39.9	38.8	37.6

注：大部分数据摘自 Lide D R. Handbook of Chemistry and Physics. 81st Ed, CRC PRESS, 2000 ~ 2001

附录三　不同温度下水的饱和蒸气压

（从 0 ℃ ~ 370 ℃）

t/℃	p/kPa	t/℃	p/kPa	t/℃	p/kPa	t/℃	p/kPa	t/℃	p/kPa
0	0.611 29	38	6.629 8	76	40.205	114	163.58	152	501.78
1	0.657 16	39	6.996 9	77	41.905	115	169.02	153	515.23
2	0.706 05	40	7.381 4	78	43.665	116	174.61	154	528.96
3	0.758 13	41	7.784 0	79	45.487	117	180.34	155	542.99
4	0.813 59	42	8.205 4	80	47.373	118	186.23	156	557.32
5	0.872 60	43	8.646 3	81	49.324	119	192.28	157	571.94
6	0.935 37	44	9.107 5	82	51.342	120	198.48	158	586.87
7	1.002 1	45	9.589 8	83	53.428	121	204.85	159	602.11
8	1.073 0	46	10.094	84	55.585	122	211.38	160	617.66
9	1.148 2	47	10.620	85	57.815	123	218.09	161	633.53
10	1.228 1	48	11.171	86	60.119	124	224.96	162	649.73
11	1.312 9	49	11.745	87	62.499	125	232.01	163	666.25
12	1.402 7	50	12.344	88	64.958	126	239.24	164	683.10
13	1.497 9	51	12.970	89	67.496	127	246.66	165	700.29
14	1.598 8	52	13.623	90	70.117	128	254.25	166	717.83
15	1.705 6	53	14.303	91	72.823	129	262.04	167	735.70
16	1.818 5	54	15.012	92	75.614	130	270.02	168	753.94
17	1.938 0	55	15.752	93	78.494	131	278.20	169	772.52
18	2.064 4	56	16.522	94	81.465	132	286.57	170	791.47
19	2.197 8	57	17.324	95	84.529	133	295.15	171	810.78
20	2.338 8	58	18.159	96	87.688	134	303.93	172	830.47
21	2.487 7	59	19.028	97	90.945	135	312.93	173	850.53
22	2.644 7	60	19.932	98	94.301	136	322.14	174	870.98
23	2.810 4	61	20.873	99	97.759	137	331.57	175	891.80
24	2.985 0	62	21.851	100	101.32	138	341.22	176	913.03
25	3.169 0	63	22.868	101	104.99	139	351.09	177	934.64
26	3.362 9	64	23.925	102	108.77	140	361.19	178	956.66
27	3.567 0	65	25.022	103	112.66	141	371.53	179	979.09
28	3.781 8	66	26.163	104	116.67	142	382.11	180	1 000.9
29	4.007 8	67	27.347	105	120.79	143	392.92	181	1 025.2
30	4.245 5	68	28.576	106	125.03	144	403.98	182	1 048.9
31	4.495 3	69	29.852	107	129.39	145	415.29	183	1 073.0
32	4.757 8	70	31.176	108	133.88	146	426.85	184	1 097.5
33	5.033 5	71	32.549	109	138.50	147	438.67	185	1 122.5
34	5.322 9	72	33.972	110	143.24	148	450.75	186	1 147.9
35	5.626 7	73	35.448	111	148.12	149	463.10	187	1 173.8
36	5.945 3	74	36.978	112	153.13	150	475.72	188	1 200.1
37	6.279 5	75	38.565	113	158.29	151	488.61	189	1 226.9

$t/℃$	p/kPa	$t/℃$	p/kPa	$t/℃$	p/kPa	$t/℃$	p/kPa	$t/℃$	p/kPa
190	1 254.2	227	2 644.6	264	5 001.8	301	8 705.4	338	14 232
191	1 281.9	228	2 694.1	265	5 082.3	302	8 828.3	339	14 412
192	1 310.1	229	2 744.2	266	5 163.8	303	8 952.6	340	14 594
193	1 338.8	230	2 795.1	267	5 246.3	304	9 078.2	341	14 778
194	1 368.0	231	2 846.7	268	5 329.8	305	9 205.1	342	14 964
195	1 397.6	232	2 899.0	269	5 414.3	306	9 333.4	343	15 152
196	1 427.8	233	2 952.1	270	5 499.9	307	9 463.1	344	15 342
197	1 458.5	234	3 005.9	271	5 586.4	308	9 594.2	345	15 533
198	1 489.7	235	3 060.4	272	5 674.0	309	9 726.7	346	15 727
199	1 521.4	236	3 115.7	273	5 762.7	310	9 860.5	347	15 922
200	1 553.6	237	3 171.8	274	5 852.4	311	9 995.0	348	16 120
201	1 586.4	238	3 228.6	275	5 943.1	312	10 133	349	16 320
202	1 619.7	239	3 286.3	276	6 035.0	313	10 271	350	16 521
203	1 653.6	240	3 344.7	277	6 127.9	314	10 410	351	16 752
204	1 688.0	241	3 403.9	278	6 221.9	315	10 551	352	16 931
205	1 722.9	242	3 463.9	279	6 317.0	316	10 694	353	17 138
206	1 758.4	243	3 524.7	280	6 413.2	317	10 838	354	17 348
207	1 794.5	244	3 586.3	281	6 510.5	318	10 984	355	17 561
208	1 831.1	245	3 648.8	282	6 608.9	319	11 131	356	17 775
209	1 868.4	246	3 712.1	283	6 708.5	320	11 279	357	17 992
210	1 906.2	247	3 776.2	284	6 809.2	321	11 429	358	18 211
211	1 944.6	248	3 841.2	285	6 911.1	322	11 581	359	18 432
212	1 983.6	249	3 907.0	286	7 014.1	323	11 734	360	18 655
213	2 023.2	250	3 973.6	287	7 118.3	324	11 889	361	18 881
214	2 063.4	251	4 041.2	288	7 223.7	325	12 046	362	19 110
215	2 104.2	252	4 109.6	289	7 330.2	326	12 204	363	19 340
216	2 145.7	253	4 178.9	290	7 438.0	327	12 364	364	19 574
217	2 187.8	254	4 249.1	291	7 547.0	328	12 525	365	19 809
218	2 230.5	255	4 320.2	292	7 657.2	329	12 688	366	20 048
219	2 273.8	256	4 392.2	293	7 768.6	330	12 852	367	20 289
220	2 317.8	257	4 465.1	294	7 881.3	331	13 019	368	20 533
221	2 362.5	258	4 539.0	295	7 995.2	332	13 187	369	20 780
222	2 407.8	259	4 613.7	296	8 110.3	333	13 357	370	21 030
223	2 453.8	260	4 689.4	297	8 226.8	334	13 528	371	21 283
224	2 500.5	261	4 766.1	298	8 344.5	335	13 701	372	21 539
225	2 547.4	262	4 843.7	299	8 463.5	336	13 876	373	21 799
226	2 595.9	263	4 922.3	300	8 583.8	337	14 053	373.98	22 055

注:摘自 Lide D R. Handbook of Chemistry and Physics. 81st Ed, CRC PRESS, 2000 ~ 2001

附录四 常用酸、碱的浓度

试剂名称	密度/(g·cm⁻³)	质量分数/%	物质的量浓度/(mol·L⁻¹)	试剂名称	密度/(g·cm⁻³)	质量分数/%	物质的量浓度/(mol·L⁻¹)
盐酸	1.18	37	12	醋酸	1.05	99	17.5
	1.10	20	6		1.04	35	6
	1.03	7	2		1.0	12	2
硫酸	1.84	98	18	氢氧化钠	1.44	41	14.3
	1.18	25.4	3		1.22	20	6
	1.06	9	1		1.08	7.5	2
硝酸	1.42	70	16	氢氧化钾	1.40	40	10
	1.19	32	6		1.26	27	6
	1.07	12	2		1.09	10	2
磷酸	1.68	85	14.6	氨水	0.90	28	14.8
	1.10	17.5	2		0.96	10.7	6
	1.05	9.4	1		0.98	3.5	2
高氯酸	1.67	70	11.6	碳酸钠	1.19	17.7	2
	1.11	18	2		1.10	9.5	1

附录五 弱酸和弱碱的电离平衡常数

（离子强度等于零的稀溶液）

弱酸的电离平衡常数

弱酸的分子式	$t/℃$	级	K_a	pK_a
H_3AsO_4	25	1	5.5×10^{-2}	2.26
	25	2	1.7×10^{-7}	6.76
	25	3	5.1×10^{-12}	11.29
H_3AsO_3	25		5.1×10^{-10}	9.29
H_3BO_3	20	1	5.4×10^{-10}	9.27
	20	2		> 14
$HBrO$	18		2.8×10^{-9}	8.55
H_2CO_3	25	1	4.5×10^{-7}	6.35
	25	2	4.7×10^{-11}	10.33
$HClO$	25		4.0×10^{-8}	7.40
$HClO_2$	25		1.1×10^{-2}	1.94
$HClO_4$	20		40	-1.6
H_2CrO_4	25	1	1.8×10^{-1}	0.74
	25	2	3.2×10^{-7}	6.49
$HCNO$	25		3.5×10^{-4}	3.46
HCN	25		6.2×10^{-10}	9.21
HF	25		6.3×10^{-4}	3.20
HIO	25		3×10^{-11}	10.5
HIO_3	25		1.7×10^{-1}	0.78
HIO_4	25		2.3×10^{-2}	1.64
HNO_2	25		5.6×10^{-4}	3.25
H_2O_2	25	1	2.4×10^{-12}	11.62
H_3PO_4	25	1	6.9×10^{-3}	2.16
	25	2	6.23×10^{-8}	7.21
	25	3	4.8×10^{-13}	12.32
H_3PO_3	20	1	5×10^{-2}	1.3
	20	2	2.0×10^{-7}	6.70
$H_4P_2O_7$	25	1	1.2×10^{-1}	0.91
	25	2	7.9×10^{-3}	2.10
	25	3	2.0×10^{-7}	6.70
	25	4	4.8×10^{-10}	9.32
$HSCN$	25	1	633	-2.8
H_2SeO_4	25	2	2×10^{-2}	1.7
H_2SeO_3	25	1	2.4×10^{-3}	2.62
	25	2	4.8×10^{-9}	8.32
H_4SiO_4	30	1	1×10^{-10}	9.9
	30	2	2×10^{-12}	11.8
	30	3	10^{-12}	12
	30	4	10^{-12}	12

弱酸的分子式	$t/℃$	级	K_a	pK_a
H_2S	25	1	8.9×10^{-8}	7.05
	25	2	1×10^{-19}	19
H_2SO_4	25	2	1.0×10^{-2}	1.99
H_2SO_3	25	1	1.4×10^{-2}	1.85
	25	2	6×10^{-8}	7.2
H_2TeO_4	18	1	2.1×10^{-8}	7.68
	18	2	1.0×10^{-11}	11.0
H_2TeO_3	20	1	5.4×10^{-7}	6.27
	25	2	3.7×10^{-9}	8.43
$HCOOH$	20		1.77×10^{-4}	3.75
HAc	25		1.76×10^{-5}	4.75
$H_2C_2O_4$	25	1	5.9×10^{-2}	1.23
	25	2	6.4×10^{-5}	4.19

弱碱的电离平衡常数

弱碱的分子式	$t/℃$	级	K_b	pK_b
$NH_3 \cdot H_2O$	25		1.79×10^{-5}	4.75
* $Be(OH)_2$	25	2	5×10^{-11}	10.30
* $Ca(OH)_2$	25	1	3.74×10^{-3}	2.43
	30	2	4.0×10^{-2}	1.4
NH_2NH_2	20		1.2×10^{-6}	5.9
NH_2OH	25		8.71×10^{-9}	8.06
* $Pb(OH)_2$	25		9.6×10^{-4}	3.02
* $AgOH$	25		1.1×10^{-4}	3.96
* $Zn(OH)_2$	25		9.6×10^{-4}	3.02

摘自 Lide D R, Handbook of Chemistry and Physics, 81st Ed. 2000 ~ 2001

* 摘自 Weast R C, Handbook of Chemistry and Physics, 81st Ed. 2000 ~ 2001

附录六 一些难溶化合物的溶度积常数

化 合 物	溶度积($t/℃$)	化 合 物	溶度积($t/℃$)
* $Al(OH)_3$	$1.9 \times 10^{-33}(20)$	PbF_2	$3.3 \times 10^{-8}(25)$
$BaCO_3$	$2.58 \times 10^{-9}(25)$	$Pb(OH)_2$	$1.43 \times 10^{-20}(25)$
$BaCrO_4$	$1.17 \times 10^{-10}(25)$	$Pb(IO_3)_2$	$3.69 \times 10^{-13}(25)$
BaF_2	$1.84 \times 10^{-7}(25)$	PbI_2	$9.8 \times 10^{-9}(25)$
$Ba(IO_3)_2$	$1.67 \times 10^{-9}(25)$	$PbSO_4$	$2.53 \times 10^{-8}(25)$
* BaC_2O_4	$1.2 \times 10^{-7}(18)$	* PbS	$3.4 \times 10^{-28}(18)$
* $BaSO_4$	$1.08 \times 10^{-10}(25)$	Li_2CO_3	$8.15 \times 10^{-4}(25)$
$CdCO_3$	$1.0 \times 10^{-12}(25)$	LiF	$1.84 \times 10^{-3}(25)$
$CdC_2O_4 \cdot 3H_2O$	$1.42 \times 10^{-8}(25)$	$MgCO_3$	$6.82 \times 10^{-6}(25)$
$Cd(OH)_2$	$7.2 \times 10^{-15}(25)$	$MgCO_3 \cdot 3H_2O$	$2.38 \times 10^{-6}(25)$
* CdS	$3.6 \times 10^{-29}(18)$	$MgCO_3 \cdot 5H_2O$	$3.79 \times 10^{-6}(25)$
$CaCO_3$	$3.36 \times 10^{-9}(25)$	MgF_2	$5.16 \times 10^{-11}(25)$
CaF_2	$3.45 \times 10^{-11}(25)$	* $MgNH_4PO_4$	$2.5 \times 10^{-13}(25)$
$Ca(OH)_2$	$5.02 \times 10^{-6}(25)$	$Mg(OH)_2$	$5.61 \times 10^{-12}(25)$
$Ca(IO_3)_2$	$6.47 \times 10^{-6}(25)$	$MgC_2O_4 \cdot 2H_2O$	$4.83 \times 10^{-6}(25)$
$Ca(IO_3)_2 \cdot 6H_2O$	$7.10 \times 10^{-7}(25)$	$Mg_3(PO_4)_2$	$1.04 \times 10^{-24}(25)$
CaC_2O_4	$2.32 \times 10^{-9}(25)$	$MnCO_3$	$2.24 \times 10^{-11}(25)$
* $CaC_2O_4 \cdot H_2O$	$2.57 \times 10^{-9}(25)$	* $Mn(OH)_2$	$4 \times 10^{-14}(18)$
$Ca_3(PO_4)_2$	$2.07 \times 10^{-33}(25)$	$MnC_2O_4 \cdot 2H_2O$	$1.7 \times 10^{-7}(25)$
$CaSO_4$	$4.93 \times 10^{-5}(25)$	* MnS	$1.4 \times 10^{-15}(18)$
$CaSO_4 \cdot 2H_2O$	$3.14 \times 10^{-5}(25)$	Hg_2Br_2	$6.40 \times 10^{-23}(25)$
$Co(OH)_2$	$5.92 \times 10^{-15}(25)$	Hg_2CO_3	$3.6 \times 10^{-17}(25)$
* $\alpha - CoS$	$4.0 \times 10^{-21}(25)$	Hg_2Cl_2	$1.43 \times 10^{-18}(25)$
* $\beta - CoS$	$2.0 \times 10^{-25}(25)$	Hg_2F_2	$3.10 \times 10^{-6}(25)$
$CuBr$	$6.27 \times 10^{-9}(25)$	Hg_2I_2	$5.2 \times 10^{-29}(25)$
$CuCl$	$1.72 \times 10^{-7}(25)$	$Hg_2C_2O_4$	$1.75 \times 10^{-13}(25)$
$CuCN$	$3.47 \times 10^{-20}(25)$	$HgBr_2$	$6.2 \times 10^{-20}(25)$
CuI	$1.27 \times 10^{-12}(25)$	HgI_2	$2.9 \times 10^{-29}(25)$
$CuSCN$	$1.77 \times 10^{-13}(25)$	* $Hg(OH)_2$①	$3.0 \times 10^{-26}(25)$
$Cu(IO_3)_2 \cdot H_2O$	$6.94 \times 10^{-8}(25)$	* $HgS(red)$	$4.0 \times 10^{-53}(25)$
CuC_2O_4	$4.43 \times 10^{-10}(25)$	* $HgS(black)$	$1.6 \times 10^{-52}(25)$
$Cu_3(PO_4)_2$	$1.40 \times 10^{-37}(25)$	$NiCO_3$	$1.42 \times 10^{-7}(25)$
* Cu_2S	$2 \times 10^{-47}(25)$	$Ni(OH)_2$	$5.48 \times 10^{-16}(25)$
* CuS	$8.5 \times 10^{-45}(18)$	* $\alpha - NiS$	$3.2 \times 10^{-19}(25)$
$FeCO_3$	$3.13 \times 10^{-11}(25)$	* $\beta - NiS$	$1.0 \times 10^{-24}(25)$
FeF_2	$2.36 \times 10^{-6}(25)$	$\gamma - NiS$	$2.0 \times 10^{-26}(18 \sim 25)$
$Fe(OH)_2$	$4.87 \times 10^{-17}(25)$	$AgBrO_3$	$5.38 \times 10^{-5}(25)$
$Fe(OH)_3$	$2.79 \times 10^{-39}(25)$	$AgBr$	$5.35 \times 10^{-13}(25)$
$FePO_4 \cdot 2H_2O$	$9.91 \times 10^{-16}(25)$	Ag_2CO_3	$8.46 \times 10^{-12}(25)$
* FeS	$3.7 \times 10^{-19}(25)$	$AgCl$	$1.77 \times 10^{-10}(25)$
$PbCO_3$	$7.4 \times 10^{-14}(25)$	Ag_2CrO_4	$1.12 \times 10^{-12}(25)$
* $PbCrO_4$	$1.17 \times 10^{-14}(18)$	$AgCN$	$5.97 \times 10^{-17}(25)$
$PbCl_2$	$1.7 \times 10^{-5}(25)$	$AgIO_3$	$3.17 \times 10^{-8}(25)$

化 合 物	溶度积(t/℃)	化 合 物	溶度积(t/℃)
AgI	$8.52 \times 10^{-17}(25)$	SrSO$_4$	$3.44 \times 10^{-7}(25)$
Ag$_2$SO$_4$	$1.20 \times 10^{-5}(25)$	Sn(OH)$_2$	$5.45 \times 10^{-27}(25)$
AgSCN	$1.03 \times 10^{-12}(25)$	ZnCO$_3$	$1.46 \times 10^{-10}(25)$
SrCO$_3$	$5.60 \times 10^{-10}(25)$	Zn(OH)$_2$	$3 \times 10^{-17}(25)$
SrF$_2$	$4.33 \times 10^{-9}(25)$		

注:摘自 Lide D R. Handbook of Chemistry and Physics. 81st Ed,CRC PRESS, 2000～2001

　＊摘自 Weast R C, Handbook of Chemistry and Physics, 81st Ed. 2000～2001

附录七 常见沉淀物的 pH

金属氢氧化物沉淀的 pH(包括形成氢氧配离子的大约值)

氢氧化物	开始沉淀时的 pH 初浓度[M^{n+}]		沉淀完全时的 pH(残留离子浓度 $< 10^{-5}$ mol/L)	沉淀开始溶解时的 pH	沉淀完全溶解时的 pH
	1 mol/L	0.01 mol/L			
$Al(OH)_3$	3.3	4.0	5.2	7.8	10.8
Ag_2O	6.2	8.2	11.2	12.7	—
$Be(OH)_2$	5.2	6.2	8.8	—	—
$Cd(OH)_2$	7.2	8.2	9.7	—	—
$Ce(OH)_4$		0.8	1.2	—	—
$Co(OH)_2$	6.6	7.6	9.2	14.1	—
$Cr(OH)_3$	4.0	4.9	6.8	12	15
$Fe(OH)_2$	6.5	7.5	9.7	13.5	—
$Fe(OH)_3$	1.5	2.3	4.1	14	—
HgO	1.3	2.4	2.4	11.5	—
H_2MoO_4				~ 8	~ 9
H_2WO_4		~ 0	0	—	—
H_2UO_4		3.6	5.1	—	—
$Mg(OH)_2$	9.4	10.4	12.4	—	—
$Mn(OH)_2$	7.8	8.8	10.4	14	—
$Ni(OH)_2$	6.7	7.7	9.5	—	—
$Pb(OH)_2$		7.2	8.7	10	13
* $Rn(OH)_3$		6.8 ~ 8.5	~ 9.5		
$Sn(OH)_2$	0.9	2.1	4.7	10	13.5
$Sn(OH)_4$	0	0.5	1	13	15
$Th(OH)_4$		0.5			
$TiO(OH)_2$	0	0.5	2.0	—	—
$Tl(OH)_3$		~ 0.6	~ 1.6	—	—
$Zn(OH)_2$	5.4	6.4	8.0	10.5	12 ~ 13
$ZrO(OH)_2$	1.3	2.3	3.8	—	—

沉淀金属硫化物的 pH

pH	被 H_2S 沉淀的金属
1	Ag,As,Au,Bi,Cd,Cu,Ge,Hg,Ir,Mo,Os,Pb,Pd.Pt,Rh,Sb,Se,Te
2 ~ 3	Ga,In,Ti,Zn
5 ~ 6	Co,Ni
> 7	Mn,Fe

在溶液中硫化物能沉淀时的盐酸最高浓度

硫化物	Ag_2S	Bi_2S_3	CdS	CoS	CuS	FeS	HgS	MnS	PbS	Sb_2S_3	SnS_2	ZnS
盐酸浓度:mol/L	12	2.5	0.7	0.001	7.0	0.000 1	7.5	0.000 08	0.35	3.7	2.3	0.02

摘自 北京师范大学化学系无机化学教研室编. 简明化学手册. 北京:北京出版社,1980

附录八　标准电极电势(298.16K)

在酸性溶液中

电 极 反 应	$\varphi^{\ominus}$ /V	电 极 反 应	$\varphi^{\ominus}$ /V
$Ag^+ + e^- \rightleftharpoons Ag$	+ 0.799 6	$ClO_4^- + 8H^+ + 7e^- \rightleftharpoons 1/2Cl_2 + 4H_2O$	+ 1.39
$AgBr + e^- \rightleftharpoons Ag + Br^-$	+ 0.071 33	$ClO_4^- + 2H^+ + 2e^- \rightleftharpoons ClO_3^- + H_2O$	+ 1.189
$AgCl + e^- \rightleftharpoons Ag + Cl^-$	+ 0.222 33	$Co^{2+} + 2e^- \rightleftharpoons Co$	− 0.28
$AgI + e^- \rightleftharpoons Ag + I^-$	− 0.152 24	$Co^{3+} + e^- \rightleftharpoons Co^{2+}$	+ 1.92
$[Ag(S_2O_3)_2]^{3-} + e^- \rightleftharpoons Ag + 2S_2O_3^{2-}$	+ 0.01	$Cr^{3+} + 3e^- \rightleftharpoons Cr$	− 0.744
$Ag_2CrO_4 + 2e^- \rightleftharpoons 2Ag + CrO_4^{2-}$	+ 0.447 0	$Cr^{3+} + e^- \rightleftharpoons Cr^{2+}$	− 0.407
$Al^{3+} + 3e^- \rightleftharpoons Al$	− 1.662	$Cr^{2+} + e^- \rightleftharpoons Cr$	− 0.913
$AlF_6^{3-} + 3e^- \rightleftharpoons Al + 6F^-$	− 2.069	$Cr_2O_7^{2-} + 14H^+ + 6e^- \rightleftharpoons Cr^{3+} + 7H_2O$	+ 1.232
$HAsO_2 + 3H^+ + 3e^- \rightleftharpoons As + 2H_2O$	+ 0.248	$Cs^+ + e^- \rightleftharpoons Cs$	− 3.026
$H_3AsO_4 + 2H^+ + 2e^- \rightleftharpoons HAsO_2 + 2H_2O$	+ 0.560	$Cu^+ + e^- \rightleftharpoons Cu$	+ 0.521
$Au^{3+} + 3e^- \rightleftharpoons Au$	+ 1.498	$CuBr + e^- \rightleftharpoons Cu + Br^-$	+ 0.033
$AuCl_4^- + 3e^- \rightleftharpoons Au + 4Cl^-$	+ 1.002	$CuCl + e^- \rightleftharpoons Cu + Cl^-$	+ 0.137
$H_3BO_3 + 3H^+ + 3e^- \rightleftharpoons B + 3H_2O$	− 0.869 8	$CuI + e^- \rightleftharpoons Cu + I^-$	− 0.185
$Ba^{2+} + 2e^- \rightleftharpoons Ba$	− 2.912	$Cu^{2+} + 2e^- \rightleftharpoons Cu$	+ 0.341 9
$Be^{2+} + 2e^- \rightleftharpoons Be$	− 1.847	$Cu^{2+} + e^- \rightleftharpoons Cu^+$	+ 0.153
$Bi^{3+} + 3e^- \rightleftharpoons Bi$	+ 0.308	$Cu^{2+} + Br^- + e^- \rightleftharpoons CuBr$	+ 0.640
$BiO^+ + 2H^+ + 3e^- \rightleftharpoons Bi + H_2O$	+ 0.320	$Cu^{2+} + Cl^- + e^- \rightleftharpoons CuCl$	+ 0.538
$Bi_2O_5 + 6H^+ + 4e^- \rightleftharpoons 2BiO^+ + 3H_2O$	+ 1.6	$Cu^{2+} + I^- + e^- \rightleftharpoons CuI$	+ 0.86
$Br_2(aq) + 2e^- \rightleftharpoons 2Br^-$	+ 1.087 3	$F_2 + 2e^- \rightleftharpoons 2F^-$	+ 2.866
$Br_2(l) + 2e^- \rightleftharpoons 2Br^-$	+ 1.066	$F_2(g) + 2H^+ + 2e^- \rightleftharpoons 2HF(aq)$	+ 3.053
$HBrO + H^+ + 2e^- \rightleftharpoons Br^- + H_2O$	+ 1.331	$Fe^{2+} + 2e^- \rightleftharpoons Fe$	− 0.447
$HBrO + H^+ + e^- \rightleftharpoons 1/2Br_2(l) + H_2O$	+ 1.596	$Fe^{3+} + 3e^- \rightleftharpoons Fe$	− 0.037
$BrO_3^- + 6H^+ + 5e^- \rightleftharpoons 1/2 Br_2 + 3H_2O$	+ 1.482	$Fe^{3+} + e^- \rightleftharpoons Fe^{2+}$	+ 0.771
$Ca^{2+} + 2e^- \rightleftharpoons Ca$	− 2.868	$[Fe(CN)_6]^{3-} + e^- \rightleftharpoons [Fe(CN)_6]^{4-}$	+ 0.358
$Cd^{2+} + 2e^- \rightleftharpoons Cd$	− 0.403 0	$FeO_4^{2-} + 8H^+ + 3e^- \rightleftharpoons Fe^{3+} + 4H_2O$	+ 2.20
$Ce^{3+} + 3e^- \rightleftharpoons Ce$	− 2.336	$Ga^{3+} + 3e^- \rightleftharpoons Ga$	− 0.549
$Cl_2(g) + 2e^- \rightleftharpoons 2Cl^-$	+ 1.358 27	$H_2(g) + 2e^- \rightleftharpoons 2H^-$	− 2.23
$HOCl + H^+ + 2e^- \rightleftharpoons Cl^- + H_2O$	+ 1.482	$2H^+ + 2e^- \rightleftharpoons H_2(g)$	0
$HOCl + H^+ + e^- \rightleftharpoons 1/2Cl_2 + H_2O$	+ 1.611	$2H^+ (c_{H^+} = 10^{-7} mol/L) + 2e^- \rightleftharpoons H_2$	$\varphi = -0.414$
$HClO_2 + 2H^+ + 2e^- \rightleftharpoons HClO + H_2O$	+ 1.645	$Hg^{2+} + 2e^- \rightleftharpoons 2Hg$	+ 0.797 3
$ClO_3^- + 6H^+ + 6e^- \rightleftharpoons Cl^- + 3H_2O$	+ 1.451	$Hg_2Cl_2 + 2e^- \rightleftharpoons 2Hg + 2Cl^-$	+ 0.268 08
$ClO_3^- + 6H^+ + 5e^- \rightleftharpoons 1/2Cl_2 + 3H_2O$	+ 1.47	$Hg_2I_2 + 2e^- \rightleftharpoons 2Hg + 2I^-$	− 0.040 5
$ClO_3^- + 3H^+ + 2e^- \rightleftharpoons HClO_2 + H_2O$	+ 1.214	$Hg^{2+} + 2e^- \rightleftharpoons Hg$	+ 0.851
$ClO_4^- + 8H^+ + 8e^- \rightleftharpoons Cl^- + 4H_2O$	+ 1.389		

电 极 反 应	$\varphi^{\ominus}$ /V	电 极 反 应	$\varphi^{\ominus}$ /V
$[HgI_4]^{2-} + 2e^- \rightleftharpoons Hg + 4I^-$	-0.04	$PbI_2 + 2e^- \rightleftharpoons Pb + 2I^-$	-0.365
$2Hg^{2+} + 2e^- \rightleftharpoons Hg_2^{2+}$	$+0.920$	$PbSO_4 + 2e^- \rightleftharpoons Pb + SO_4^{2-}$	$-0.358\ 8$
$I_2 + 2e^- \rightleftharpoons 2I^-$	$+0.535\ 5$	$PbO_2 + 4H^+ + 2e^- \rightleftharpoons Pb^{2+} + 2H_2O$	$+1.455$
$I_3^- + 2e^- \rightleftharpoons 3I^-$	$+0.536$	$PbO_2 + SO_4^{2-} + 4H^+ + 2e^- \rightleftharpoons PbSO_4 + 2H_2O$	$+1.691\ 3$
$HIO + H^+ + 2e^- \rightleftharpoons I^- + H_2O$	$+0.987$	$PbO_2 + 2H^+ + 2e^- \rightleftharpoons PbO(s) + H_2O$	$+0.28$
$HIO + H^+ + e^- \rightleftharpoons 1/2I_2 + H_2O$	$+1.439$	$Pd^{2+} + 2e^- \rightleftharpoons Pd$	$+0.951$
$IO_3^- + 6H^+ + 6e^- \rightleftharpoons I^- + 3H_2O$	$+1.085$	$Pt^{2+} + 2e^- \rightleftharpoons Pt$	$+1.18$
$IO_3^- + 6H^+ + 5e^- \rightleftharpoons 1/2I_2 + 3H_2O$	$+1.195$	$[PtCl_4]^{2-} + 2e^- \rightleftharpoons Pt + 4Cl^-$	$+0.755$
$H_5IO_6 + H^+ + 2e^- \rightleftharpoons IO_3^- + 3H_2O$	$+1.610$	$[PtCl_6]^{2-} + 2e^- \rightleftharpoons [PtCl_4]^{2-} + 2Cl^-$	$+0.68$
$In^+ + e^- \rightleftharpoons In$	-0.14	$S + 2H^+ + 2e^- \rightleftharpoons H_2S(aq)$	$+0.142$
$In^{3+} + 3e^- \rightleftharpoons In$	$-0.338\ 2$	$H_2SO_3 + 4H^+ + 4e^- \rightleftharpoons S + 3H_2O$	$+0.449$
$K^+ + e^- \rightleftharpoons K$	-2.931	$S_2O_3^{2-} + 6H^+ + 4e^- \rightleftharpoons 3H_2O + 2S$	$+0.5$
$La^{3+} + 3e^- \rightleftharpoons La$	-2.379	$2H_2SO_3 + 2H^+ + 4e^- \rightleftharpoons S_2O_3^{2-} + 3H_2O$	$+0.40$
$Li^+ + e^- \rightleftharpoons Li$	$-3.040\ 1$	$4H_2SO_3 + 4H^+ + 6e^- \rightleftharpoons S_4O_6^{2-} + 6H_2O$	$+0.51$
$Mg^{2+} + 2e^- \rightleftharpoons Mg$	-2.372	$SO_4^{2-} + 4H^+ + 2e^- \rightleftharpoons H_2SO_3 + H_2O$	$+0.172$
$Mn^{2+} + 2e^- \rightleftharpoons Mn$	-1.185	$S_2O_8^{2-} + 2e^- \rightleftharpoons 2SO_4^{2-}$	$+2.010$
$Mn^{3+} + 3e^- \rightleftharpoons Mn$	$+1.541\ 5$	$Sb_2O_3 + 6H^+ + 6e^- \rightleftharpoons 2Sb + 3H_2O$	$+0.152$
$MnO_2 + 4H^+ + 2e^- \rightleftharpoons Mn^{2+} + 2H_2O$	$+1.224$	$SbO^+ + 2H^+ + 3e^- \rightleftharpoons Sb + H_2O$	$+0.212$
$MnO_4^- + 8H^+ + 5e^- \rightleftharpoons Mn^{2+} + 4H_2O$	$+1.507$	$Sb_2O_5 + 6H^+ + 4e^- \rightleftharpoons 2SbO^+ + 3H_2O$	$+0.581$
$MnO_4^- + 4H^+ + 3e^- \rightleftharpoons MnO_2 + 2H_2O$	$+1.679$	$Se + 2e^- \rightleftharpoons Se^{2-}$	-0.924
$MnO_4^- + e^- \rightleftharpoons MnO_4^{2-}$	$+0.558$	$Se + 2H^+ + 2e^- \rightleftharpoons H_2Se(aq)$	-0.399
$Mo^{3+} + 3e^- \rightleftharpoons Mo$	-0.200	$H_2SeO_3 + 4H^+ + 4e^- \rightleftharpoons Se + 3H_2O$	$+0.74$
$N_2O + 2H^+ + 2e^- \rightleftharpoons N_2 + H_2O$	$+1.766$	$SeO_4^{2-} + 4H^+ + 2e^- \rightleftharpoons H_2SeO_3 + H_2O$	$+1.151$
$2NO + 2H^+ + 2e^- \rightleftharpoons N_2O + H_2O$	$+1.591$	$Si + 4H^+ + 4e^- \rightleftharpoons SiH_4(g)$	$+0.102$
$2HNO_2 + 4H^+ + 4e^- \rightleftharpoons N_2O + 3H_2O$	$+1.297$	$SiO_2 + 4H^+ + 4e^- \rightleftharpoons Si + 2H_2O$	$+0.857$
$HNO_2 + H^+ + e^- \rightleftharpoons NO + H_2O$	$+0.983$	$[SiF_6]^{2-} + 4e^- \rightleftharpoons Si + 6F^-$	-1.24
$N_2O_4 + 4H^+ + 4e^- \rightleftharpoons 2NO + 2H_2O$	$+1.035$	$Sn^{2+} + 2e^- \rightleftharpoons Sn$	$-0.137\ 5$
$N_2O_4 + 2H^+ + 2e^- \rightleftharpoons 2HNO_2$	$+1.065$	$Sn^{4+} + 2e^- \rightleftharpoons Sn^{2+}$	$+0.151$
$NO_3^- + 3H^+ + 2e^- \rightleftharpoons HNO_2 + H_2O$	$+0.934$	$Sr^{2+} + 2e^- \rightleftharpoons Sr$	-4.10
$NO_3^- + 4H^+ + 3e^- \rightleftharpoons NO + 2H_2O$	$+0.957$	$Ti^{2+} + 2e^- \rightleftharpoons Ti$	-1.630
$2NO_3^- + 4H^+ + 2e^- \rightleftharpoons N_2O_4 + 2H_2O$	$+0.803$	$TiO^{2+} + 2H^+ + 4e^- \rightleftharpoons Ti + H_2O$	-0.89
$Na^+ + e^- \rightleftharpoons Na$	-2.71	$TiO_2 + 4H^+ + 4e^- \rightleftharpoons Ti + 2H_2O$	-0.86
$Ni^{2+} + 2e^- \rightleftharpoons Ni$	-0.257	$TiO^{2+} + 2H^+ + e^- \rightleftharpoons Ti^{3+} + H_2O$	$+0.1$
$O_2 + 4H^+ + 4e^- \rightleftharpoons 2H_2O$	$+1.229$	$Ti^{3+} + e^- \rightleftharpoons Ti^{2+}$	-0.9
$O_2 + 2H^+ + 2e^- \rightleftharpoons H_2O_2$	$+0.695$	$V^{2+} + 2e^- \rightleftharpoons V$	-1.175
$H_2O_2 + 2H^+ + 2e^- \rightleftharpoons 2H_2O$	$+1.776$	$V^{3+} + e^- \rightleftharpoons V^{2+}$	-0.255
$P(白磷) + 3H^+ + 3e^- \rightleftharpoons PH_3(g)$	-0.063	$V^{4+} + 2e^- \rightleftharpoons V^{2+}$	-1.186
$H_3PO_2 + H^+ + e^- \rightleftharpoons P + 2H_2O$	-0.508	$VO^{2+} + 2H^+ + e^- \rightleftharpoons V^{3+} + H_2O$	$+0.337$
$H_3PO_3 + 2H^+ + 2e^- \rightleftharpoons H_3PO_2 + H_2O$	-0.499	$V(OH)_4^+ + 4H^+ + 5e^- \rightleftharpoons V + 4H_2O$	-0.254
$H_3PO_4 + 2H^+ + 2e^- \rightleftharpoons H_3PO_3 + H_2O$	-0.276	$V(OH)_4^+ + 2H^+ + e^- \rightleftharpoons VO^{2+} + 3H_2O$	$+1.00$
$Pb^{2+} + 2e^- \rightleftharpoons Pb$	$-0.126\ 2$	$VO_2^+ + 4H^+ + 2e^- \rightleftharpoons V^{4+} + 2H_2O$	$+0.62$
$PbCl_2 + 2e^- \rightleftharpoons Pb + 2Cl^-$	$-0.267\ 5$	$Zn^{2+} + 2e^- \rightleftharpoons Zn$	$-0.761\ 8$

在碱性溶液中

电 极 反 应	$\varphi^{\ominus}/V$	电 极 反 应	$\varphi^{\ominus}/V$
$AgCN + e^- \rightleftharpoons Ag + CN^-$	-0.017	$IO^- + H_2O + 2e^- \rightleftharpoons I^- + 2OH^-$	$+0.485$
$[Ag(CN)_2]^- + e^- \rightleftharpoons Ag + 2CN^-$	-0.31	$IO_3^- + 3H_2O + 6e^- \rightleftharpoons I^- + 6OH^-$	$+0.26$
$[Ag(NH_3)_2]^+ + e^- \rightleftharpoons Ag + 2NH_3$	$+0.373$	$H_3IO_6^{2-} + 2e^- \rightleftharpoons IO_3^- + 3OH^-$	$+0.7$
$Ag_2O + H_2O + 2e^- \rightleftharpoons 2Ag + 2OH^-$	$+0.342$	$La(OH)_3 + 3e^- \rightleftharpoons La + 3OH^-$	-2.90
$Ag_2S + 2e^- \rightleftharpoons 2Ag + S^{2-}$	-0.691	$Mg(OH)_2 + 2e^- \rightleftharpoons Mg + 2OH^-$	-2.690
$2AgO + H_2O + 2e^- \rightleftharpoons Ag_2O + 2OH^-$	$+0.607$	$Mn(OH)_2 + 2e^- \rightleftharpoons Mn + 2OH^-$	-1.56
$H_2AlO_3^- + H_2O + 3e^- \rightleftharpoons Al + 4OH^-$	-2.33	$MnO_2 + 2H_2O + 2e^- \rightleftharpoons Mn(OH)_2 + 2OH^-$	-0.05
$AsO_2^- + 2H_2O + 3e^- \rightleftharpoons As + 4OH^-$	-0.68	$MnO_4^{2-} + 2H_2O + 2e^- \rightleftharpoons MnO_2 + 4OH^-$	$+0.60$
$AsO_4^{3-} + 2H_2O + 2e^- \rightleftharpoons AsO_2^- + 4OH^-$	-0.71	$MnO_4^- + 2H_2O + 3e^- \rightleftharpoons MnO_2 + 4OH^-$	$+0.595$
$[Au(CN)_2]^- + e^- \rightleftharpoons Au + 2CN^-$	-0.60	$MoO_4^{2-} + 4H_2O + 6e^- \rightleftharpoons Mo + 8OH^-$	-0.92
$H_2BO_3^- + H_2O + 3e^- \rightleftharpoons B + 4OH^-$	-1.79	$NO_3^- + H_2O + 2e^- \rightleftharpoons NO_2^- + 2OH^-$	$+0.01$
$Ba(OH)_2 \cdot 8H_2O + 2e^- \rightleftharpoons Ba + 2OH^- + 8H_2O$	-2.99	$2NO_3^- + 2H_2O + 2e^- \rightleftharpoons N_2O_4 + 4OH^-$	-0.85
$Be_2O_3^{2-} + 3H_2O + 4e^- \rightleftharpoons 2Be + 6OH^-$	-2.63	$Ni(OH)_2 + 2e^- \rightleftharpoons Ni + 2OH^-$	-0.72
$BrO^- + H_2O + 2e^- \rightleftharpoons Br^- + 2OH^-$	$+0.761$	$Ni(OH)_3 + e^- \rightleftharpoons Ni(OH)_2 + OH^-$	$+0.48$
$2BrO^- + 2H_2O + 2e^- \rightleftharpoons Br_2 + 4OH^-$	$+0.45$	$O_2 + 2H_2O + 4e^- \rightleftharpoons 4OH^-$	$+0.401$
$BrO_3^- + 3H_2O + 6e^- \rightleftharpoons Br^- + 6OH^-$	$+0.61$	$O_3 + H_2O + 2e^- \rightleftharpoons O_2 + 2OH^-$	$+1.24$
$Ca(OH)_2 + 2e^- \rightleftharpoons Ca + 2OH^-$	-3.02	$P + 3H_2O + 3e^- \rightleftharpoons PH_3(g) + 3OH^-$	-0.87
$Cd(OH)_2 + 2e^- \rightleftharpoons Cd + 2OH^-$	-0.809	$PO_4^{3-} + 2H_2O + 2e^- \rightleftharpoons HPO_3^{2-} + 3OH^-$	-1.05
$ClO^- + H_2O + 2e^- \rightleftharpoons Cl^- + 2OH^-$	$+0.81$	$PbO_2 + H_2O + 2e^- \rightleftharpoons PbO + 2OH^-$	$+0.47$
$ClO_2^- + 2H_2O + 4e^- \rightleftharpoons Cl^- + 4OH^-$	$+0.76$	$Pt(OH)_2 + 2e^- \rightleftharpoons Pt + 2OH^-$	$+0.14$
$ClO_2^- + H_2O + 2e^- \rightleftharpoons ClO^- + 2OH^-$	$+0.66$	$S + 2e^- \rightleftharpoons S^{2-}$	$-0.476\ 27$
$ClO_3^- + 3H_2O + 6e^- \rightleftharpoons Cl^- + 6OH^-$	$+0.62$	$S_4O_6^{2-} + 2e^- \rightleftharpoons 2S_2O_3^{2-}$	$+0.08$
$ClO_3^- + H_2O + 2e^- \rightleftharpoons ClO_2^- + 2OH^-$	$+0.33$	$SO_3^{2-} + 3H_2O + 6e^- \rightleftharpoons S^{2-} + 6OH^-$	-0.66
$ClO_4^- + H_2O + 2e^- \rightleftharpoons ClO_3^- + 2OH^-$	$+0.36$	$2SO_3^{2-} + 3H_2O + 4e^- \rightleftharpoons S_2O_3^{2-} + 6OH^-$	-0.571
$Co(OH)_2 + 2e^- \rightleftharpoons Co + 2OH^-$	-0.73	$SO_4^{2-} + H_2O + 2e^- \rightleftharpoons SO_3^{2-} + 2OH^-$	-0.93
$Co(OH)_3 + e^- \rightleftharpoons Co(OH)_2 + OH^-$	$+0.17$	$SbO_2^- + 2H_2O + 3e^- \rightleftharpoons Sb + 4OH^-$	-0.66
$[Co(NH_3)_6]^{3+} + e^- \rightleftharpoons [Co(NH_3)_6]^{2+}$	$+0.108$	$H_3SbO_6^{4-} + H_2O + 2e^- \rightleftharpoons SbO_2^- + 5OH^-$	-0.40
$Cr(OH)_3 + 3e^- \rightleftharpoons Cr + 3OH^-$	-1.48	$SeO_4^{2-} + H_2O + 2e^- \rightleftharpoons SeO_3^{2-} + 2OH^-$	$+0.05$
$CrO_2^- + 2H_2O + 3e^- \rightleftharpoons Cr + 4OH^-$	-1.2	$SiO_3^{2-} + 3H_2O + 4e^- \rightleftharpoons Si + 6OH^-$	-1.697
$CrO_4^{2-} + 4H_2O + 3e^- \rightleftharpoons Cr(OH)_3 + 5OH^-$	-0.13	$SnS + 2e^- \rightleftharpoons Sn + S^{2-}$	-0.94
$[Cu(CN)_2]^- + e^- \rightleftharpoons Cu + 2CN^-$	-0.429	$HSnO_2^- + H_2O + 2e^- \rightleftharpoons Sn + 3OH^-$	-0.909
$[Cu(NH_3)_2]^+ + e^- \rightleftharpoons Cu + 2NH_3$	-0.12	$[Sn(OH)_6]^{2-} + 2e^- \rightleftharpoons HSnO_2^- + H_2O + 3OH^-$	-0.93
$Cu_2O + H_2O + 2e^- \rightleftharpoons 2Cu + 2OH^-$	-0.360	$[Zn(CN)_4]^{2-} + 2e^- \rightleftharpoons Zn + 4CN^-$	-1.26
$Fe(OH)_2 + 2e^- \rightleftharpoons Fe + 2OH^-$	-0.877	$[Zn(NH_3)_4]^{2+} + 2e^- \rightleftharpoons Zn + 4NH_3(aq)$	-1.04
$Fe(OH)_3 + e^- \rightleftharpoons Fe(OH)_2 + OH^-$	-0.56	$Zn(OH)_2 + 2e^- \rightleftharpoons Zn + 2OH^-$	-1.249
$2H_2O + 2e^- \rightleftharpoons H_2 + 2OH^-$	$-0.827\ 7$	$ZnO_2^{2-} + 2H_2O + 2e^- \rightleftharpoons Zn + 4OH^-$	-1.216
$HgO + H_2O + 2e^- \rightleftharpoons Hg + 2OH^-$	$+0.097\ 7$	$ZnS + 2e^- \rightleftharpoons Zn + S^{2-}$	-1.44

以上数据摘自 Lide D R , Handbook of Chemistry and Physics , 8 - 21 ~ 8 - 26 , 81st Ed. 2000 ~ 2001

附录九　常见配离子的稳定常数

配离子	$K_稳$	$\lg K_稳$	配离子	$K_稳$	$\lg K_稳$
Br$^-$			$[Cu(NH_3)_2]^+$	7.24×10^{10}	10.86
$[CdBr_4]^{2-}$	5.0×10^3	3.70	$[Cu(NH_3)_4]^{2+}$	7.24×10^{12}	12.86
$[HgBr_4]^{2-}$	1.0×10^{21}	21.00	$[Hg(NH_3)_4]^{2+}$	1.91×10^{19}	19.28
Cl$^-$			$[Mn(NH_3)_2]^{2+}$	2.0×10^1	1.3
$[AuCl_2]^+$	6.3×10^9	9.8	$[Ni(NH_3)_6]^{2+}$	5.50×10^8	8.74
$[CdCl_4]^{2-}$	6.3×10^2	2.80	$[Pt(NH_3)_6]^{2+}$	2.0×10^{35}	35.3
$[CuCl_3]^{2-}$	5.0×10^5	5.7	$[Zn(NH_3)_4]^{2+}$	2.88×10^9	9.46
$[FeCl_4]^-$	1.0	0.01	**OH$^-$**		
$[HgCl_4]^{2-}$	1.18×10^{15}	15.07	$[Al(OH)_4]^-$	1.07×10^{33}	33.03
$[PbCl_4]^{2-}$	3.98×10^1	1.60	$[Cd(OH)_4]^{2-}$	4.17×10^8	8.62
$[PtCl_4]^{2-}$	1.0×10^{16}	16.0	$[Cr(OH)_4]^-$	7.9×10^{29}	29.9
$[ZnCl_4]^{2-}$	1.59	0.20	$[Cu(OH)]^+$	1.0×10^5	5.00
F$^-$			$[Cu(OH)_4]^{2-}$	3.2×10^{18}	18.5
$[AlF_6]^{3-}$	6.92×10^{19}	19.84	$[Pb(OH)_6]^{4-}$	1.0×10^{61}	61.0
$[FeF_6]^{3-}$	1.0×10^{16}	16.00	$[Zn(OH)_4]^{2-}$	4.57×10^{17}	17.66
I$^-$			**S$_2$O$_3{}^{2-}$**		
$[CdI_4]^{2-}$	2.57×10^{15}	5.41	$[Ag(S_2O_3)_2]^{3-}$	2.88×10^{13}	13.46
$[CuI_2]^-$	7.08×10^8	8.85	$[Cd(S_2O_3)]^{2-}$	2.75×10^6	6.44
$[PbI_4]^{2-}$	2.96×10^4	4.47	$[Cu(S_2O_3)_3]^{5-}$	6.46×10^{13}	13.81
$[HgI_4]^{2-}$	6.76×10^{29}	29.83	$[Hg(S_2O_3)_4]^{6-}$	1.74×10^{33}	33.24
CN$^-$			**NCS$^-$**		
$[Ag(CN)_2]^-$	1.0×10^{21}	21.00	$[Ag(NCS)_2]^-$	3.72×10^7	7.57
$[Ag(CN)_3]^{2-}$	4.90	0.69	$[Au(NCS)_2]^-$	1.0×10^{23}	23
$[Ag(CN)_4]^{3-}$	3.98×10^{20}	20.6	$[Cd(NCS)_4]^{2-}$	3.98×10^3	3.6
$[Au(CN)_2]^-$	2.0×10^{38}	38.30	$[Co(NCS)_4]^{2-}$	1.0×10^3	3.00
$[Cd(CN)_4]^{2-}$	6.03×10^{18}	18.78	$[Cu(NCS)_2]^-$	1.51×10^5	5.18
$[Co(CN)_6]^{3-}$	1.0×10^{64}	64.00	$[Fe(NCS)_2]^+$	2.29×10^3	3.36
$[Cu(CN)_2]^-$	2.0×10^{38}	38.30	$[Fe(NCS)_3]^0$	2.0×10^3	3.30
$[Cu(CN)_4]^{3-}$	2.0×10^{30}	30.30	$[Hg(SCN)_4]^{2-}$	1.70×10^{21}	21.23
$[Fe(CN)_6]^{3-}$	1.0×10^{42}	42	$[Ni(NCS)_3]^-$	6.46×10^1	1.81
$[Fe(CN)_6]^{4-}$	1.0×10^{35}	35.00	$[Zn(NCS)_4]^{2-}$	2.0×10^1	1.30
$[Hg(CN)_4]^{2-}$	2.5×10^{41}	41.4	**C$_2$O$_4{}^{2-}$**		
$[Ni(CN)_4]^{2-}$	2.0×10^{31}	31.3	$[Al(C_2O_4)_3]^{3-}$	2.0×10^{16}	16.30
$[Zn(CN)_4]^{2-}$	1.0×10^{16}	16.00	$[Cd(C_2O_4)_2]^{2-}$	5.89×10^5	5.77
NH$_3$			$[Co(C_2O_4)_3]^{4-}$	5.0×10^9	9.7
$[Ag(NH_3)_2]^+$	1.1×10^7	7.05	$[Co(C_2O_4)_3]^{3-}$	1.0×10^{20}	20
$[Cd(NH_3)_4]^{2+}$	3.55×10^6	6.55	$[Fe(C_2O_4)_3]^{4-}$	1.66×10^5	5.22
$[Cd(NH_3)_6]^{2+}$	1.38×10^5	5.14	$[Fe(C_2O_4)_3]^{3-}$	1.60×10^{20}	20.2
$[Co(NH_3)_6]^{2+}$	1.29×10^5	5.11	$[Mn(C_2O_4)_3]^{4-}$	6.31×10^5	5.80
$[Co(NH_3)_6]^{3+}$	1.6×10^{35}	35.2	$[Zn(C_2O_4)_3]^{4-}$	1.41×10^8	8.15

配离子	$K_稳$	$\lg K_稳$	配离子	$K_稳$	$\lg K_稳$
en			$[CrY]^{2-}$	4.0×10^{13}	13.6
$[Ag(en)_2]^+$	6.92×10^7	7.84	$[CuY]^{2-}$	5.0×10^{18}	18.70
$[Cd(en)_3]^{2+}$	1.23×10^{12}	12.09	$[FeY]^{2-}$	2.14×10^{14}	14.33
$[Co(en)_3]^{2+}$	8.71×10^{13}	13.94	$[HgY]^{2-}$	6.31×10^{21}	21.80
$[Co(en)_3]^{3+}$	4.79×10^{48}	48.68	$[MnY]^{2-}$	6.31×10^{13}	13.8
$[Cu(en)_3]^{2+}$	1.0×10^{21}	21.0	$[NiY]^{2-}$	3.63×10^{18}	18.56
$[Fe(en)_3]^{2+}$	5.01×10^9	9.70	$[PbY]^{2-}$	2.0×10^{18}	18.3
$[Mn(en)_3]^{2+}$	4.68×10^5	5.67	$[SnY]^{2-}$	1.26×10^{22}	22.1
$[Ni(en)_3]^{2+}$	2.14×10^{18}	18.33	$[SrY]^{2-}$	6.31×10^8	8.80
$[Zn(en)_3]^{2+}$	1.29×10^{14}	14.11	$[ZnY]^{2-}$	2.5×10^{16}	16.4
$\mathbf{Y^{4-}}$			$[VOY]^{2-}$	1.0×10^{18}	18.0
$[AgY]^{3-}$	2.09×10^7	7.32	$[CoY]^-$	1.0×10^{36}	36.00
$[AlY]^-$	1.29×10^{16}	16.11	$[CrY]^-$	1.0×10^{23}	23
$[NaY]^{3-}$	4.57×10^1	1.66	$[FeY]^-$	1.70×10^{24}	24.23
$[BaY]^{2-}$	6.03×10^7	7.78	$[GaY]^-$	1.78×10^{20}	20.25
$[CaY]^{2-}$	1.0×10^{11}	11.0	$[InY]^-$	8.91×10^{24}	24.95
$[CdY]^{2-}$	2.51×10^{16}	16.4	$[TlY]^-$	3.16×10^{22}	22.5
$[CoY]^{2-}$	2.04×10^{16}	16.31	$[TlHY]$	1.48×10^{23}	23.17

注:Y 表示 EDTA 的酸根;en 表示乙二胺

数据主要摘自 Lide D R. Handbook of Chemistry and Physics. 81st Ed,CRC PRESS, 2000~2001

附录十　某些试剂溶液的配制

试　　　剂	浓度/mol·L^{-1}	配 制 方 法
三氯化铋 $BiCl_3$	0.1	溶解 31.6 g $BiCl_3$ 于 330 mL 6 mol/L HCl 中,加水稀释至 1 L
三氯化锑 $SbCl_3$	0.1	溶解 22.8 g $SbCl_3$ 于 330 mL 6 mol/L HCl 中,加水稀释至 1 L
二氯化锡 $SnCl_2$	0.1	溶解 22.6 g $SnCl_2·2H_2O$ 于 330 mL 6 mol/L HCl 中,加水稀释至 1 L,加入少量锡粒。
硝酸汞 $Hg(NO_3)_2$	0.1	溶解 33.4 g $Hg(NO_3)_2·1/2H_2O$ 于 0.6 mol/L HNO_3 中,加水稀释至 1 L
硝酸亚汞 $Hg_2(NO_3)_2$	0.1	溶解 56.1 g $Hg_2(NO_3)_2·2H_2O$ 于 0.6 mol/L HNO_3 中,加水稀释至 1 L,并加入少量金属汞
碳酸铵 $(NH_4)_2CO_3$	1	96 g 研细的 $(NH_4)_2CO_3$ 溶于氨水
硫酸铵 $(NH_4)_2SO_4$	饱　和	50 g $(NH_4)_2SO_4$ 溶于 100 mL 热水,冷却后过滤
硫酸亚铁 $FeSO_4$	0.5	溶解 69.5 g $FeSO_4·7H_2O$ 于适量水中,加入 5 mL 18 mol/L H_2SO_4,再用水稀释至 250 mL,加入几枚小铁钉
六羟基锑酸钠 $Na[Sb(OH)_6]$	0.1	溶解 12.2 g 锑粉于 50 mL 浓 HNO_3 中微热,使锑粉完全作用,所得的白色粉末洗涤数次,再加入 50 mL 6 mol/L NaOH,使其溶解,稀释至 1 L
六硝基钴酸钠 $Na_3[Co(NO_2)_6]$		溶解 230 g $NaNO_2$ 于 500 mL H_2O 中,加入 165 mL 6 mol/L HAc 和 30 g $Co(NO_3)_2·6H_2O$ 放置 24 h,取其清液,稀释至 1L,保存在棕色瓶中。该溶液应呈橙色,若变为红色,表明已分解,应重新配制
硫化钠 Na_2S	2	溶解 240 g $Na_2S·9H_2O$ 和 40 g NaOH 于水中,稀释至 1 L
仲钼酸铵 $(NH_4)_6Mo_7O_{24}$		溶解 124 g $(NH_4)_6Mo_7O_{24}·4H_2O$ 于 1 L 水中,将所得溶液倒入 1 L 6 mol/L HNO_3 中,放置 24 h,取其澄清液
硫化铵 $(NIL_4)_2S$		取一定量氨水,将其分为两份,往其中一份通硫化氢至饱和,再将其与另一份氨水混合
六氰合铁酸钾 $K_3[Fe(CN)_6]$		溶解 0.7~1 g 六氰合铁酸钾于水中,稀释至 100 mL(使用前临时配制)
五氰氧氮合铁(Ⅲ)酸钠 $Na_2[Fe(CN)_5NO]$		溶解 10 g 五氰氧氮合铁(Ⅲ)酸钠于 100 mL 水中。保存于棕色瓶中,如果溶液变绿,应重新配制
铬黑 T		将铬黑 T 和烘干的 NaCl 按 1:100 的比例研细,均匀混合,贮于棕色瓶中
二苯胺		将 1 g 二苯胺溶于 100 mL 98% 的硫酸或 100 mL 85% 的磷酸中
铝试剂		1 g 铝试剂溶于 1 L 水中
镁试剂		溶解 0.01 g 镁试剂于 1 L 1 mol/L NaOH 溶液中
镍试剂		溶解 10 g 镍试剂(二乙酰二肟)于 1 L 95% 的乙醇中
镁铵试剂		将 100 g $MgCl_2·6H_2O$ 和 100 g NH_4Cl 溶于水,加入 50 mL 浓氨水,再加水稀释至 1 L
奈氏试剂		溶解 115 g HgI_2 和 80 g KI 于水中,稀释至 500 mL,加入 500 mL 6 mol/L NaOH 溶液,静置后,取其清液,保存在棕色瓶中
甲基红		溶解 2 g 甲基红于 1 L 60% 的乙醇中
甲基橙	0.1	溶解 1 g 甲基橙于 1 L 水中
酚　酞		溶解 1g 酚酞于 1L 90% 的乙醇中

试 剂	浓度/mol·L⁻¹	配 制 方 法
溴甲酚蓝 （溴甲酚绿）		溶解 1 g 溴甲酚蓝于 1 L 20% 的乙醇中
石 蕊		将 2 g 石蕊溶解于 50 mL 水中,静置一昼夜后过滤,滤液中加入 30 mL 95% 的乙醇,再稀释至 100 mL
品红溶液		0.1 g 品红溶于 100 mL 水中
淀粉溶液	0.2%	将 0.2 g 淀粉与少量冷水调成糊状,倒入 100 mL 沸水中,煮沸后冷却至 室温
格里斯试剂		(1) 溶解 0.5 g 对氨基苯磺酸于 50 mL 热的 30% HAc 中,贮于暗处保 存; (2) 将 0.4 g α-萘胺与 100 mL 水混合煮沸,在从蓝色渣滓中倾出的无 色溶液中加入 6mL 80% HAc 使用前将(1)、(2)两溶液等体积混合
打萨宗 （二苯缩氨硫脲）		溶解 0.1 g 打萨宗于 1L CCl₄ 或 CH₃Cl 中
氯 水		在水中通入氯气至饱和,使用时临时配制
溴 水		在水中滴入液溴至饱和
碘溶液	0.01	溶解 1.3 g 碘和 5 g KI 于少量水中,稀释至 1 L
NH₃–NH₄Cl 缓冲溶液		溶解 20 g 氯化铵于少量水中,加入 100 mL 28% 的氨水,混合后稀释至 1 L,pH = 10

附录十一　危险药品的分类、性质和管理

一、危险药品的分类、性质和管理

危险药品是指受光、热、空气、水或撞击等外界因素的影响,可能引起燃烧、爆炸的药品,或具有强腐蚀性、剧毒性的药品。常用的危险药品按危害性可分为以下几类来管理:

危险品的类别、性质和管理

类　别		常用药品	性　质	注意事项
1. 爆炸品		硝酸铵、苦味酸、三硝基甲苯	遇高热或摩擦、撞击等,引起剧烈反应,放出大量气体和热量,产生猛烈爆炸	存放在阴凉、离地面较低处。轻拿轻放
2. 易燃品	自燃品	黄磷	在常温下即可被空气氧化、放热,达到燃点导致自燃	保存在水中
	易燃气体	氢气、乙炔、甲烷	与空气按一定比例混合引起爆炸,受热或被撞击导致燃烧	存放在阴凉处,不得将贮气钢瓶放在实验室内
	易燃液体	甲醇、乙醚、乙醇、丙酮、苯等有机溶剂	沸点低、易挥发、遇火燃烧以致引起爆炸	存放在阴凉处,远离明火和热源
	易燃固体	红磷、硫磺、萘、硝化纤维	燃点低,受热、撞击、摩擦或遇氧化剂,引起燃烧甚至爆炸	存放于阴凉处,远离明火和热源
	遇水易燃品	金属钾、钠	遇水剧烈反应,产生可燃性气体,引起燃烧或爆炸	保存在煤油中,绝对不能与水接触
3. 氧化剂		过氧化氢、过氧化钠、氯酸钾、硝酸钾、高锰酸钾	有强氧化性,遇热或与还原剂、易燃物混合,引起燃烧甚至爆炸	存放在阴凉处,切忌与还原剂、易燃品存放在一起
4. 腐蚀性药品		强酸、强碱、磷酸、氟化氢、溴、酚	具有强烈的腐蚀性,触及物品造成腐蚀,与皮肤接触引起烧伤	单独存放,盛装容器要耐腐蚀,搬运时要轻拿轻放,戴好保护用品
5. 剧毒品		氰化钾、三氧化二砷、氯化汞、氯化钡、有机氯和有机磷农药	剧毒,误食、伤口接触或吸入粉尘,引起中毒以致死亡	专人、专柜保管,使用要有记录,用后立即交回

二、剧毒药品的分级

根据中华人民共和国公共安全行业标准 GA58—93,剧毒药品分为 A,B 两级,其分级标准如下:

剧毒物品急性毒性分级标准

级别	口服剧毒物品的半致死量 /$(mg \cdot kg^{-1})$	皮肤接触剧毒物品的半致死量 /$(mg \cdot kg^{-1})$	吸入剧毒物品粉尘、烟雾的半致死量 /$(mg \cdot L^{-1})$	吸入剧毒物品液体的蒸气或气体的半致死量 /$(mL \cdot m^{-3})$
A	$\leqslant 5$	$\leqslant 40$	$\leqslant 0.5$	$\leqslant 1\,000$
B	$5 \sim 50$	$40 \sim 200$	$0.5 \sim 2$	$\leqslant 3\,000$ (A)

三、A 级无机剧毒药品品名

氟、氟化氢（无水）、二氟化氧、三氟化氯、三氟化磷、四氟化硫、四氟化硅、五氟化氯、五氟化磷、六氟化硒、六氟化碲、六氟化钨、氯（液化的）、氯化溴、三氯化砷、氯化汞、溴化羰

氰（液化的）氰化钠、氰化钾、氰化钙、氰化钡、氰化铅、氰化铜、氰化亚铜、氰化银、氰化镉、氰化汞、氰化钴、氰化亚钴、氰化镍、氰化铈、氰化银钾、氰化金钾、氰化汞钾、氰化钴钾、氰化镍钾、氰化溴、氢氰酸、氰化氢（液化的）、氯化氰、氧氰化汞

二氧化硫、一氧化氮、二氧化氯、四氧化二氮（液化的）、三氧化二砷、五氧化二砷、氧化镉、硒化氢、氧氯化硒

叠氮酸、叠氮化钠、叠氮化钡、黄磷、磷化氢、磷化钠、磷化钾、磷化镁、磷化铝、磷化铝农药、砷化氢、锑化氢

硒酸钠、亚硒酸钠、硒酸钾、亚砷酸钠、亚砷酸钾

四羰基镍、五羰基铁

参 考 文 献

1 Mahan and Myers. University Chemistry(fourth edition) the Benjamin/Cummings Publishing Company. Inc, 1987

2 华彤文,杨骏英. 普通化学原理. 北京：北京大学出版社,1989

3 严宣申,王长富. 普通无机化学. 北京：北京大学出版社,1987

4 武汉大学,吉林大学等校编. 无机化学(第三版)上、下册. 北京:高等教育出版社, 1994

5 北京师范大学,华中师范大学,南京师范大学无机化学教研室编. 无机化学(第三版)上、下册. 北京：高等教育出版社, 1992

6 陈寿椿. 重要无机化学反应(第二版). 上海：上海科学技术出版社,1982

7 Chandler and Barnes. Laboratory Experiments in General Chemistry. Glencoe Publishing Co, Inc. 1981

8 Manufacturing Chemist Association. Guide for Safety in the Chemical Laboratory (second edition). Van Nostrand Reihold Company, 1972

9 Bassam Z, Shakhashiri. Chemistry the Univ, of Wisconsin Press,1983

10 H. Clark Metcalf, John E, Williams, Joseph F. Castka. Laboratory Experiments in Chemistry, 1987

11 Emil J, Slowinski Wayne L. Walsey William C. Masteerton, Chemical Principles in the Laboratory (fourth edition), 1985

12 北京大学化学系普通化学教研室. 普通化学实验. 北京：北京大学出版社,1981

13 北京师范大学无机化学教研室等编. 无机化学实验(第三版),北京：高等教育出版社, 2001

14 中山大学等校编. 无机化学实验(第三版). 北京：高等教育出版社, 1992

15 Lide D R. Handbook of Chemistry and Physics 81st edition CRC PRESS, 2000 – 2001

16 Weast R C. Handbook of Chemistry and Physics 81st edition, 2000 – 2001